シリーズ 現代の天文学［第2版］ 第9巻

太陽系と惑星

井田 茂・渡部潤一・佐々木 晶［編］

日本評論社

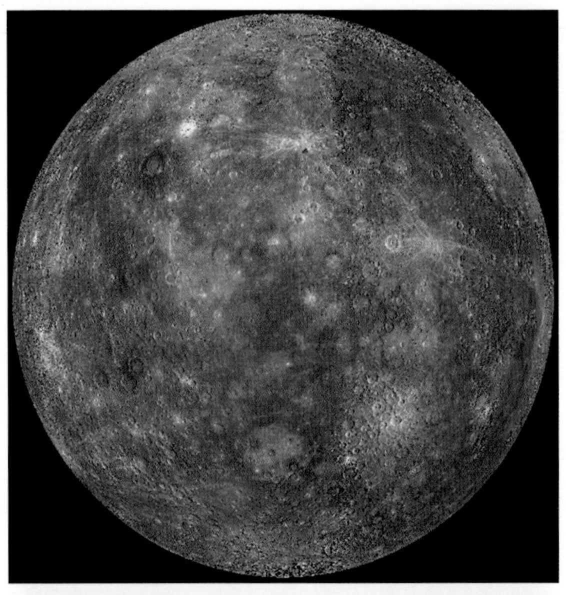

口絵1
メッセンジャーが撮った水星の合成画像
(p.41, NASA 提供)

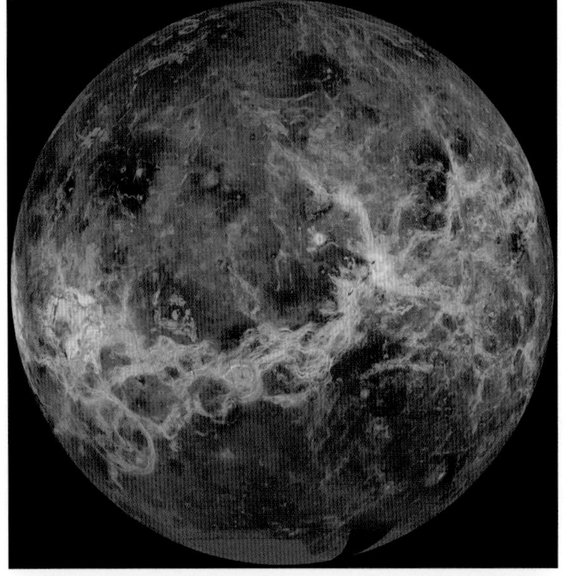

口絵2
マゼラン探査機の撮った金星のレーダー合成画像. 図の中心は東経90度, 赤道である(p.47, NASA 提供)

口絵3
旧ソ連の金星探査機ベネラ号の撮影した金星表面(1章, 2章参照, NASA提供)

口絵4　ハッブル宇宙望遠鏡が撮影した火星．両極がヘイズに覆われ，また朝方夕方に霧のような雲が湧いていることがわかる（p.55, Space Telescope Science Institute提供）

口絵5　マーズグローバルサーベイヤーのレーザー高度計が取得した火星の地形．南緯70度から北緯70度までの範囲が描かれている．標高が高くてクレーターの多い南半球と，火山地域を除いては標高が低く相対的にクレーターの少ない北半球に分けられる（p.56, NASA提供）

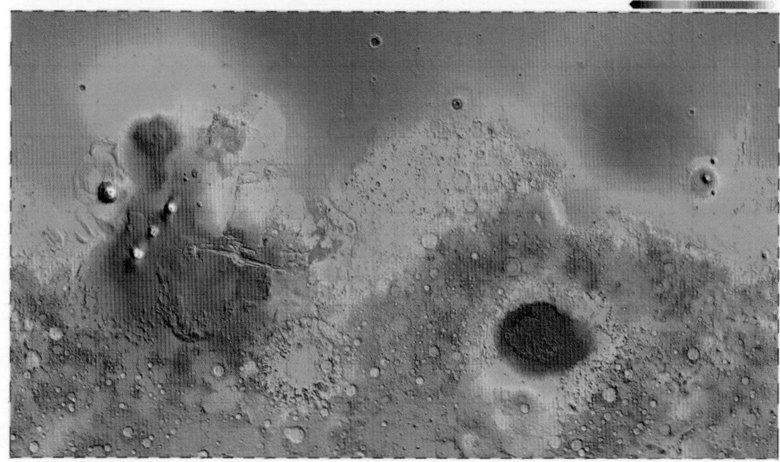

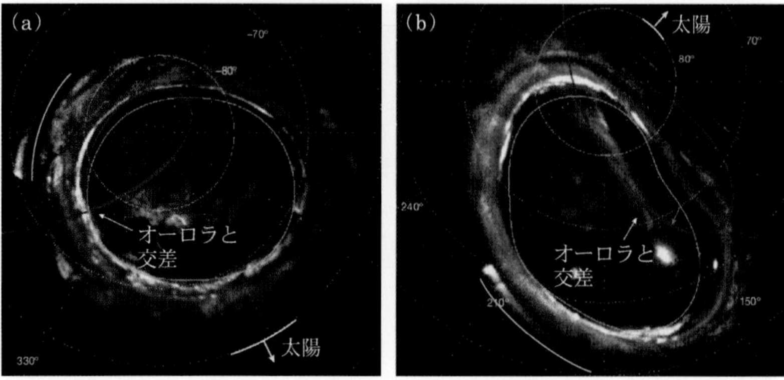

口絵6　探査機ジュノーのUltraviolet Spectrograph (UVS) が捉えた木星オーロラ. 高エネルギー電子に対応する発光を赤色, 低エネルギーを青色, 中間を緑色に割り当てた擬似カラー画像である. 南極オーロラ (a) はPJ4 (第4回の近木点通過時), 北極オーロラ (b) はPJ3 (第3回) の際に撮影された (p.83, B. Mauk *et al.* 2017, *Nature*, 549, 66)

口絵7　探査機ジュノーが捉えた複雑な木星極渦. 上段が北極, 下段が南極で, いずれも左が可視光, 右が赤外線の画像. 北極では8個, 南極では5個のサイクロンが極を取り囲んでいる (p.91, A. Adriani *et al.* 2018, *Nature*, 555, 216)

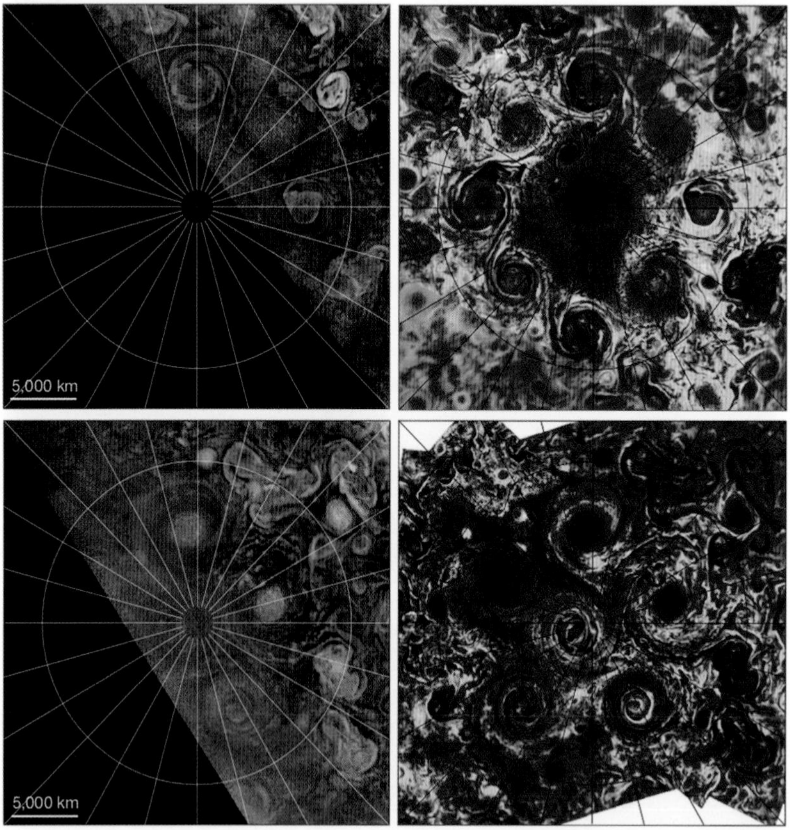

5,000 km

5,000 km

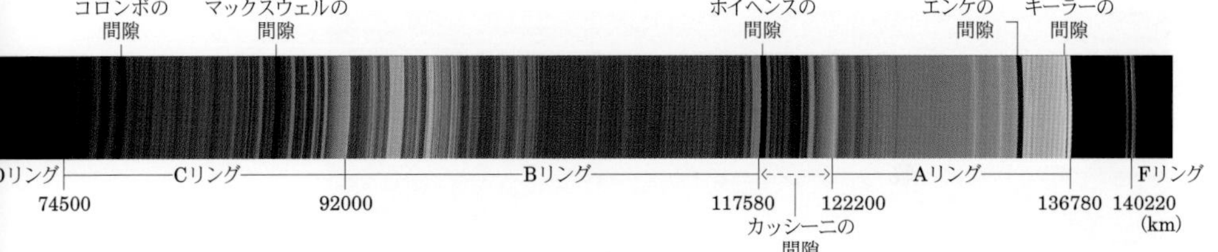

口絵8
壮大な環をもつ土星. ハッブル宇宙望遠鏡によって撮影された全体像(p.66, NASA 提供)

口絵9
土星探査機カッシーニが接近して撮影した土星の環の詳細な構造. 内側のDリングからFリングまでカバーされている(4章参照, NASA提供)

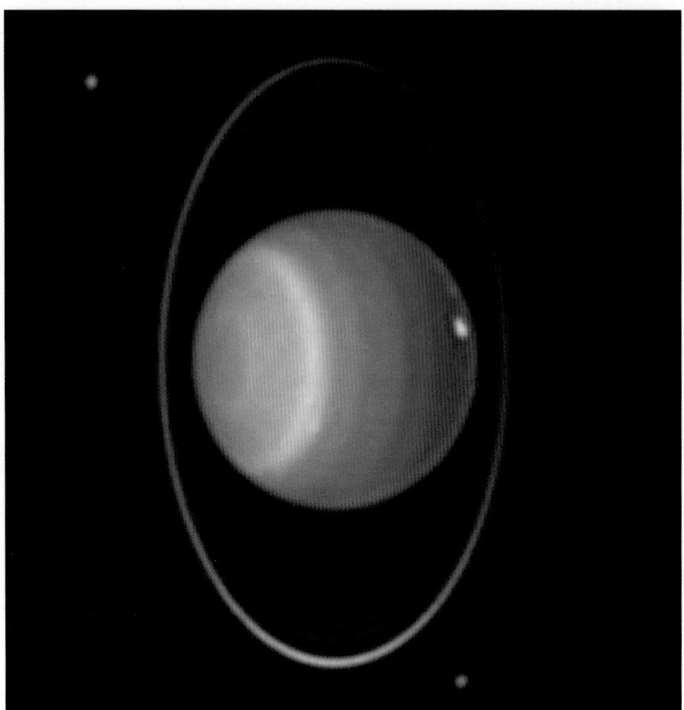

口絵10
ハッブル宇宙望遠鏡が赤外線で撮影した天王星. 可視光ではのっぺりした本体でも, 模様が際立ち, リングも目立つ(p.66, NASA提供)

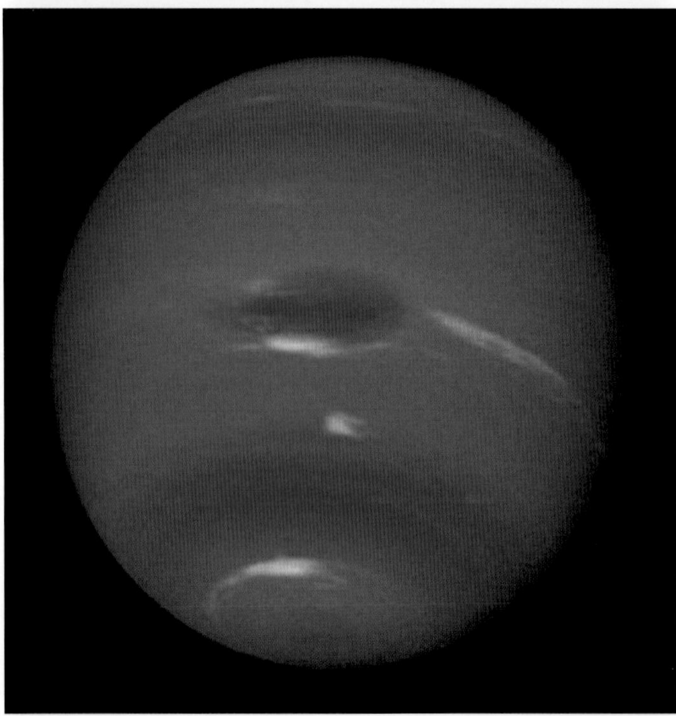

口絵11
ボイジャー2号が接近時に撮影した海王星. 中央には大暗斑がみえる(p.66, NASA提供)

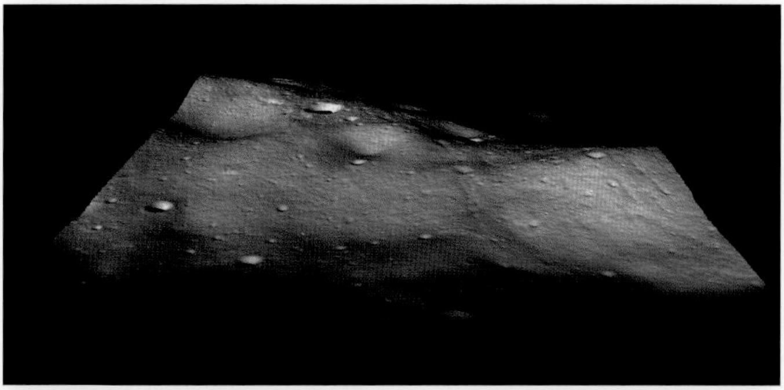

口絵12
「かぐや」の地形カメラの撮像した月の表面（立体画像処理）（4章参照，JAXA提供）

口絵13
「はやぶさ2」の撮像した小惑星リュウグウ．特徴的なコマ型の形状をしている（p.150，JAXA提供）

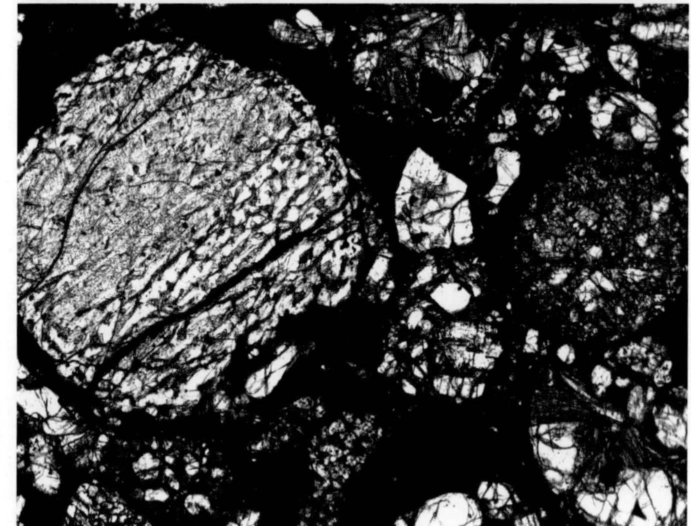

口絵14
ティーシッツ隕石（普通コンドライト）薄片の透過顕微鏡写真（画像横幅約1.7 mm）（5章参照）

口絵15　2007年に出現したマックノート彗星（2007年1月20日）．南半球では大彗星となって，塵の尾に筋状の構造がみえている（5章参照，S. Deiries(ESO)提供）

口絵16　すばる望遠鏡に搭載されたHiCIAOカメラによる，太陽型恒星まわりの惑星GJ504b の赤外線カラー合成画像．コロナグラフにより中心の明るい主星（黒く隠された部分の十字の位置にある）の影響は抑制されている．右はノイズに対する信号強度を画素ごとに表したもので，惑星検出が十分に有意であることが分かる．また，主星の中心部から放射状に広がっている斑状の信号は，主星の光による雑信号であることも示している．明るさから推定された惑星質量は約4木星質量で，中心星から約44 au の距離にある（p.269，国立天文台提供）

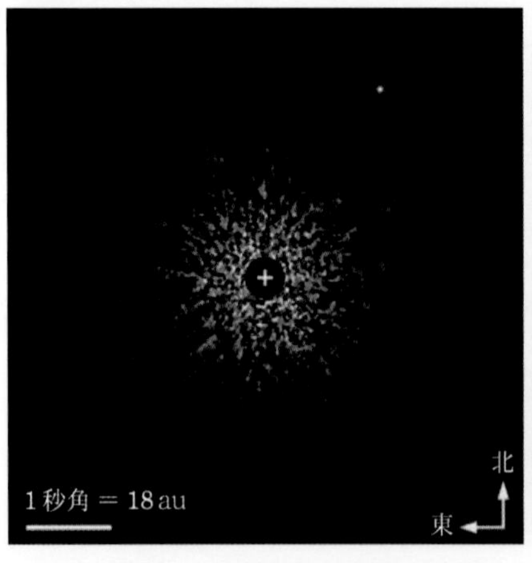

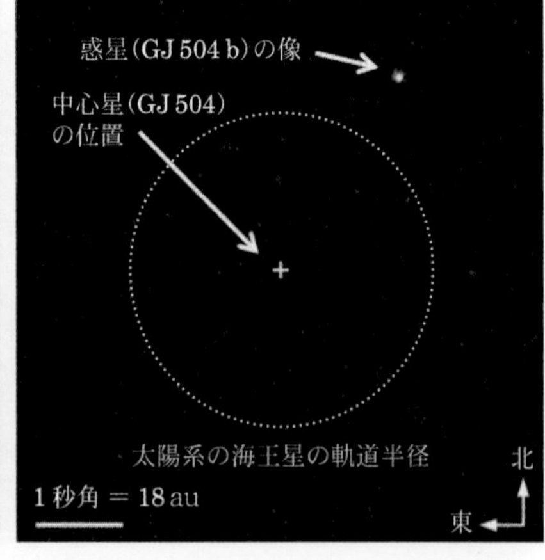

シリーズ第2版刊行によせて

本シリーズの第1巻が刊行されて10年が経過しましたが，この間も天文学のめざましい発展は続きました．2015年9月14日に，アメリカの重力波望遠鏡LIGOによってブラックホール同士の合体から発せられた重力波が検出されました．これによって人類は，電磁波とニュートリノなどの粒子に加えて，宇宙を観測する第三の手段を獲得しました．太陽系外惑星の探査も進み，今や太陽以外の恒星の周りを回る3500個を越す惑星が知られています．生物の住む惑星はもとより究極の夢である高等文明の探査さえ人類の視野に入ろうとしています．観測された最遠方の銀河の距離は134億光年へと伸びました．宇宙の年齢は138億年ですから，この銀河はビッグバンからわずか4億年後の宇宙にあるのです．また，身近な太陽系の探査でも，冥王星の表面に見られる複数の若い地形や土星の衛星エンケラドス表面からの水の噴き出しなど，驚きの発見が相次いでいます．

さまざまな最先端の観測装置の建設も盛んでした．チリのアタカマ高原にある日本（東アジア），アメリカ，ヨーロッパの三極が運用する電波干渉計アルマ（ALMA）と，銀河系の星全体の1%にあたる10億個の星の位置を精密に測るヨーロッパのGaia衛星が観測を始めています．今後に向けても，我が国の重力波望遠鏡KAGRA，口径30 mの望遠鏡TMT，長波長帯の電波干渉計SKA，ハッブル宇宙望遠鏡の後継機JWSTなどの建設が始まっています．

このような天文学の発展を反映させるべく，日本天文学会の事業として，本シリーズの第2版化を行うことになりました．第1巻から始めて適切な巻から順次全17巻を2版化して行く予定です．「新版シリーズ現代の天文学」が多くの方々に宇宙への夢を育む座右の教科書として使っていただければ幸いです．

2017年1月

日本天文学会第2版化WG　岡 村 定 矩・茂 山 俊 和

シリーズ刊行によせて

近年めざましい勢いで発展している天文学は，多くの人々の関心を集めています．これは，観測技術の進歩によって，人類の見ることができる宇宙が大きく広がったためです．宇宙の果てに向かう努力は，ついに 129 億光年彼方の銀河にまでたどり着きました．この銀河は，ビッグバンからわずか 8 億年後の姿を見せています．2006 年 8 月に，冥王星を惑星とは異なる天体に分類する「惑星の定義」が国際天文学連合で採択されたのも，太陽系の外縁部の様子が次第に明らかになったことによるものです．

このような時期に，日本天文学会の創立 100 周年記念出版事業として，天文学のすべての分野を網羅する教科書「シリーズ現代の天文学」を刊行できることは大きな喜びです．

このシリーズでは，第一線の研究者が，天文学の基礎を解説するとともに，みずからの体験を含めた最新の研究成果を語ります．できれば意欲のある高校生にも読んでいただきたいと考え，平易な文章で記述することを心がけました．特にシリーズの導入となる第 1 巻は，天文学を，宇宙－地球－人間という観点から俯瞰して，世界の成り立ちとその中での人類の位置づけを明らかにすることを目指しています．本編である第 2－第 17 巻では，宇宙から太陽まで多岐にわたる天文学の研究対象，研究に必要な基礎知識，天体現象のシミュレーションの基礎と応用，およびさまざまな波長での観測技術が解説されています．

このシリーズは，「天文学の教科書を出してほしい」という趣旨で，篤志家から日本天文学会に寄せられたご寄付によって可能となりました．このご厚意に深く感謝申し上げるとともに，多くの方々がこのシリーズにより，生き生きとした天文学の「現在」にふれ，宇宙への夢を育んでいただくことを願っています．

2006 年 11 月

編集委員長　岡 村 定 矩

はじめに

第9巻は，天文学の中でも地球を含む太陽系・惑星の最新の知見を紹介するものである．本巻の扱う領域を，惑星科学と総称することもある．通常の天文学と異なり，対象とする天体の探査機による直接観測や，その場観測が可能であるという大きな特徴がある．その意味で，地球科学の視点を応用した研究が可能であり，地質学，鉱物学，気象学，あるいは生物学などの諸分野の視点で研究が進められつつある．一方で，7章で紹介する系外惑星に触れるまでもなく，太陽系内にあまた存在する小天体の多様な姿を解き明かすために，あるいは未知の天体の捜索観測など，まだまだ天文学的手法による研究も盛んである．

また，本分野の進歩も著しく急速である．2006年夏の国際天文学連合総会で，冥王星が惑星という分類から，準惑星という分類に鞍替えされたことは記憶に新しいだろう．その背景には，太陽系外縁部に小天体が続々と発見され，我々の理解が急速に進んだことにある．このように第9巻では，学問的な進歩が急速であったため，原稿の改訂を余儀なくされ，出版が予定よりも遅れてしまったことは否めないが，その分，最新の知見を盛り込めたと考えている．

1章では，わが太陽系の力学的・熱的構造，組成，そして探査について概観している．太陽系の中心にある太陽については，第10巻で扱うので，ここでは触れない．2章では，太陽系の惑星の中でも太陽に近い4つの地球型惑星について，その比較を行った上で，各惑星の特徴を詳細に紹介する．3章では，残りの4つの木星型惑星について，同じく比較の上で，各惑星の特徴を紹介する．4章では，惑星に付随する構造であるリング（環）と衛星を扱う．まず，様々な惑星の衛星の分類や起源について解説し，地球の衛星である月について紹介している．特筆すべき衛星としては，木星のガリレオ衛星のイオ，エウロパ，そして土星のタイタンについて取り上げている．続いて，各惑星のリングについて，最新の知見を紹介する．

太陽系の研究を行う上で，衛星やリングを含めた惑星以外の小さな天体は重要である．惑星のように大型天体になってしまうと，地質学的な活動などによって初期の原材料や物理状況は失われてしまう．しかしながら小天体の場合は，そのような初期条件に近い状態が保存されていると考えられている．5 章では，それらの様々な小天体について紹介している．岩石質の小天体である小惑星，その破片が地球に落下してきた隕石，揮発性物質に富む小天体である彗星，地球大気に飛び込んで発光する流星，太陽系外縁部に存在するエッジワース–カイパーベルトと冥王星，それに数では太陽系空間を圧倒している惑星間塵について，それぞれ紹介している．

これらの各天体の研究結果とともに，他の惑星ができつつあるであろう星形成領域を観測することで得られた知見および理論的な研究成果から，太陽系の起源の謎はひも解かれてきた．6 章では，これまでの太陽系起源論を振り返りつつ，原始惑星系円盤の誕生から，地球型，木星型惑星の形成と，大気の起源について紹介する．

7 章では，一般にも関心の高く，かつ進展の早い系外惑星の分野について扱っている．その発見の歴史と現状を概観し，系外惑星の多様性についての理論的研究，今後の研究の進展についての展望を述べる．8 章では，生命の起源に迫るアプローチの方法として，その材料である有機物と氷の研究，また生命を生み出したであろう初期の地球の環境について，さらに実験室における生命の起源についての研究を紹介している．巻末には惑星や，1 章で扱った太陽系の元素のデータを掲載した．

多数の執筆者が分担することで，最後まで文章のトーンにばらつきが残ってしまったという欠点はあるものの，各専門分野における最新の知見を盛り込めたことは，本巻の編集責任者としても満足である．辛抱強く，原稿を待っていただき，多大なご尽力をいただいた佐藤大器氏と筧裕子氏に深く感謝する次第である．

2008 年 1 月

渡 部 潤 一

[第 2 版にあたって]

2008 年の初版から 13 年が過ぎた．その間，火星には「キュリオシティ」を始めとした探査機が次々と降り立ち，水星には「メッセンジャー」，金星には JAXA の「あかつき」，木星には「ジュノー」が到達した．土星では「カッシーニ」が 2017 年のグランドフィナーレまで観測を続けた．JAXA の「はやぶさ２」は期待以上の量のサンプルを地球に届けた．

2008 年までに発見された系外惑星はほとんどが木星や土星のような巨大ガス惑星だったが，2010 年頃から地球サイズの数倍以下の「スーパーアース」が発見されるようになった．2011 年にはケプラー宇宙望遠鏡による 1000 個ものスーパーアースの発見が一度に報告された．地球サイズ以下の惑星も発見されるようになった．太陽型星の約半分にはスーパーアースやそれ以下のサイズの惑星がまわっていることがわかり，一部の惑星では大気成分の観測も可能になった．

そして ALMA 電波望遠鏡である．2014 年，最初の試験観測がうつし出したのは，若い星のまわりのガス円盤に浮かび上がる多数のくっきりしたリング構造だった．このような原始惑星系円盤の高精度の像は ALMA のゴールのひとつとして期待されていたのだが，それが試験観測で達成されてしまった．ALMA はその後も次々と多様な原始惑星系円盤の構造を暴いている．

太古の火星では海または湖が存在したことがほぼ確実になった．その頃は生命が住んでいたのかもしれない．土星の氷衛星エンケラダスの噴水の解析も進み，内部海は高温で活発な化学反応があるらしいことがわかった．系外惑星系のハビタブルゾーンでは地球サイズの惑星が次々と発見された．それらの場所には今も生命が住んでいるかもしれない．初版のまえがきで渡部潤一さんが「地質学，鉱物学，気象学，あるいは生物学などの諸分野の視点で研究が進められつつある」と書いたが，その通りになってきた．

このような状況の中，第 2 版では可能な限り，内容の改訂を行った．だが，太陽系惑星・衛星探査は次々と計画され，系外惑星を狙った宇宙望遠鏡の打ち上げや巨大地上望遠鏡の建設も多数進んでいる．第 3 版が必要になるのもすぐかもしれない．

2021 年 6 月

井田　茂

MAS
Modern Astronomy Series
2
Nd.ed.

第1章

太陽系概観

1.1　太陽系の構造

1.1.1　太陽系の構成要素

われわれの太陽系は，太陽を中心にした八つの惑星，惑星になりかけたものの成長できずに終わった小天体や衛星，それに広大な空間に存在する塵（惑星間空間塵）やおもに太陽から放出されているプラズマ，高エネルギー粒子などで構成されている．ほとんどの質量（99%）は，恒星である太陽が担っており，惑星を含めた他の天体をすべてあわせても太陽の質量の100分の1にも満たない．

惑星は国際天文学連合の定義により，

（1）　太陽を周回し，

（2）　十分な質量があって重力が強いために，固体に働く種々の力を上回って平衡形状（ほとんど球形）となり，

（3）　自分の軌道の周囲から，衝突合体や重力散乱によって，他の天体をきれいになくしてしまったもの

と定義されている．太陽に近い順に水星，金星，地球，火星，木星，土星，天王星，海王星の八つである．水星が最も小さく，木星が最大である．太陽に近い四つの惑星：水星，金星，地球，火星は岩石質からなり，外側の四つの惑星：木星，

土星，天王星，海王星はガスの割合が多い．前者を地球型惑星，後者を木星型惑星と呼ぶ．しばしば後者をさらに細分化し，木星と土星を巨大ガス惑星，天王星と海王星を巨大氷惑星と分けて呼ぶ場合も多くなってきている．木星や土星が太陽と同じ水素やヘリウムからできているのに対して，天王星や海王星は巨大な氷核をもち，内部構造が異なっているからである．これらの惑星は，太陽の赤道面に近い，一つの平面にほぼ並んでいるといえる．地球の軌道面を黄道面と呼ぶが，ほどんどの惑星の軌道面は，この黄道面からの傾きは 10 度未満である．これは 6 章で紹介するような惑星の形成シナリオを考えれば，自然に納得できる．

惑星以外の天体も，ランダムに存在しているわけではなく，またその成分もさまざまである．地球型惑星の存在領域と木星型惑星の存在領域の間，つまり火星と木星の間に小惑星帯と呼ばれるおもに岩石質からなる小天体群が存在する．その数は軌道が決まったものではすでに五十万個を超えている．さらに，木星型惑星の存在する領域の外側，つまり海王星の外側には，氷を含んだ小天体群が存在する領域があり，太陽系外縁天体と呼ばれている（かつてエッジワース–カイパーベルト天体，あるいはカイパーベルト天体または海王星以遠天体とも呼ばれたものである）．これらの小天体群もおもに黄道面に沿っているものが多数を占めているが，なかには大きく傾いた天体も存在する．

これらの天体群の中には，惑星に準じるほど大きな天体もある．かつて第 9 惑星とされていた冥王星は，太陽系外縁天体に属し，近年は冥王星よりも大きな天体も発見されつつある．こういった天体を，惑星と呼ぶか否かが議論となり，国際天文学連合では前述の惑星の定義の三条件のうち，(3) を満たさない天体を準惑星（Dwarf Planet）と呼ぶことにした．これは惑星に含めないとされており，2006 年の国際天文学連合で策定された新しい種別である．小惑星帯のなかで最も大きなケレス，および太陽系外縁天体の中で，冥王星とエリス，マケマケ，ハウメアの五天体が，現在のところ準惑星に分類されており，今後も数は増える見込みである．一方，太陽系外縁天体であり，なおかつ準惑星クラスの天体は，特に冥王星型天体（Plutoid）と呼ばれている．最近では太陽系外縁天体の軌道分布から，惑星と呼べる程度の大きな天体が存在するのではないか，という仮説もある．

惑星や準惑星以外の天体は，太陽系小天体（Small Solar System Bodies）と一括して呼ばれ，小惑星，彗星，太陽系外縁天体，惑星間空間塵の大部分が含まれる．彗星は，氷をはじめとする揮発性物質が含まれる小天体で，太陽に近づくとそれらが蒸発し，質量放出をする．彗星は一般に軌道が細長く，ほとんど放物線であるものや弱い双曲線軌道を描くものさえある．周期が 200 年以下のものを短周期彗星，それ以上のものを長周期彗星と便宜的に呼んでいる．短周期彗星の大部分は，惑星と同じ黄道面に集中し，惑星のめぐる向きに公転しているが，長周期彗星の軌道面は黄道面とはほぼ無関係で，ランダムに分布している．このことから，短周期彗星は太陽系外縁天体が，長周期彗星はオールトの雲と呼ばれる，太陽系を大きく取り巻く球殻状の小天体群が，それぞれ起源と考えられている．ただし，後者のオールトの雲については，長周期彗星の遠日点（その軌道で太陽から最も離れる場所）の分布から，実在が間接的に示されているにすぎない．天文学的には，観測をしたときに，その小天体に質量放出の兆候があるものを彗星，それが確認されずに恒星状になっているものを小惑星と定義している．ただ，最近では明らかに小惑星帯に存在しながら，彗星的な質量放出を行っているものや，彗星のような軌道を持ちながら質量放出がみられない小惑星などが発見されており，その境界は曖昧になりつつある．

ところで，衛星については，定義そのものが国際天文学連合ではいまだに決められていないものの，一般には惑星や小天体のまわりを回る軌道にあり，その母天体に対して小さく，なおかつその重力圏を離れるだけのエネルギーがないものとされる．木星型惑星の衛星については，母惑星に近い軌道を同じ向きに回るものと，相当に外側を逆向きで回る逆行衛星群が知られている．

いずれにしろ，これらの太陽系の構成要素は基本的には太陽の重力の支配下にある．惑星や小天体などは，その強大な重力に支配されており，そのまわりを回る軌道にある．衛星も，一義的には惑星などのまわりを回りながらも，太陽の重力の支配下にあることは間違いない．

一方，惑星間空間塵ほどの小さな天体になると，太陽からの放射圧や，電磁気的な力など，重力以外の力が働くようになる．惑星間空間塵は，彗星や小惑星が，その起源と考えられている．一般に黄道面に集中しているとされているが，これだけ小さなサイズになると，太陽放射圧の影響によって太陽系内部に留まる寿命は，他の天体に比較すれば圧倒的に短い．

惑星間空間を満たすプラズマは，一般に太陽から吹き付ける太陽風と称され，重力よりも電磁気力の方がその運動を支配している．第10巻でふれるので，この巻では詳しくは扱わない．太陽系のおもな構成要素である，それぞれの天体の各種データについては，巻末の付表にまとめてあるので，参照されたい．

1.1.2　太陽系の力学的安定性

われわれの太陽系の構成要素のほとんどは，太陽をほぼ中心にして，それぞれが公転運動をしている．太陽系の99%以上の質量は太陽が担っているため，太陽系のすべての天体の共通重心（Baricenter）は，太陽の近傍に存在する．厳密に言えば，太陽系天体は（実際には惑星の位置によって太陽の内部にきたり，外部になったりを繰り返す）共通重心のまわりを公転しているが，ほぼ太陽を中心として，公転しているとみなしても構わない．公転運動によって描かれる道筋を軌道と呼ぶ．一方，太陽系全体の角運動量のほとんどは，逆に惑星が担っている．

八つの惑星の軌道は，ほぼ黄道面に沿っており，またそれぞれが円形に近く，互いに交差するようなことはなく，数値計算によっても太陽系の年齢のオーダーできわめて安定である．一方，惑星以外の天体の場合は，軌道がこれだけ長期にわたって安定とは必ずしも限らない．

準惑星や大部分の小惑星，特に小惑星帯にある小惑星の大部分は，その軌道も円軌道に近く，なおかつ軌道傾斜もそれほど大きなケースは少ない．ところが，圧倒的に数が多いために相互の衝突や接近遭遇は無視できない．小惑星帯のなかには，同じ軌道の性質を持つ一群の小惑星が見つかることがあり，これを族（Family）と呼ぶが，その起源は基本的には衝突によって分裂した破片と考えられている．

また，サイズの小さな小惑星の場合は，重力以外の効果，たとえば小惑星表面からの熱放射の反作用が蓄積して軌道が変化するヤーコフスキー（Yarkovsky）効果などによって，軌道が次第に変化し，木星の重力の影響を受けやすい共鳴*1領域に入り込むことがある．こうなると軌道が大きく歪み，最終的には小惑星帯から放り出されることになる．こうして一部の天体は安定な軌道を外れ，惑

*1 公転運動をする天体が互いに規則的・周期的に，かつ効果的に重力を及ぼし合う現象を，天体力学では共鳴と呼ぶ．両者の公転周期が簡単な整数比になる場合を平均運動共鳴と呼び，小惑星では木星との公転周期比で共鳴領域が決まっている（5.1 節参照）．

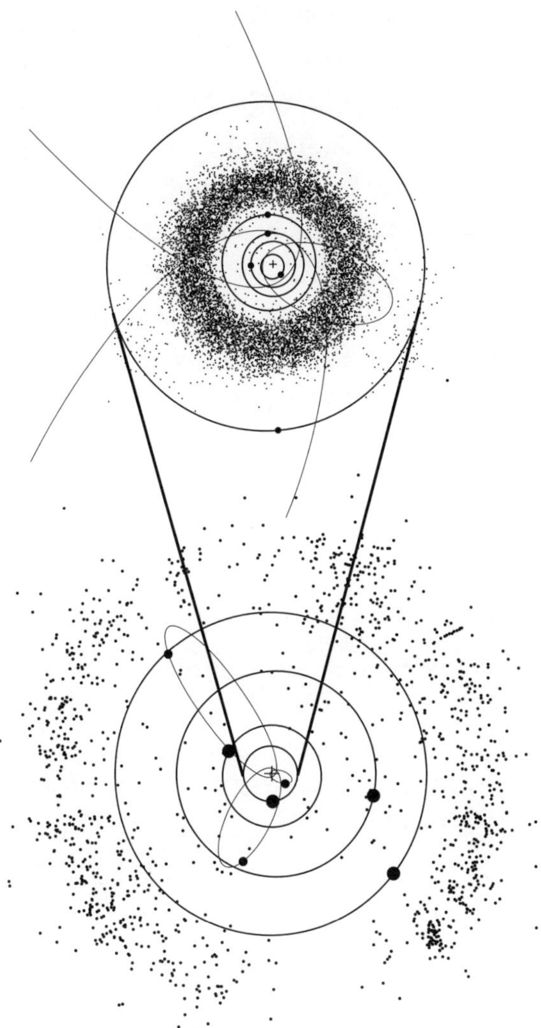

図 **1.1** 太陽系の概観図．上が木星までの軌道図で，木星と火星の間に無数の小惑星が存在している．下は，その外側の軌道図で海王星の軌道の外側には太陽系外縁天体が分布しているのがわかる．薄く書いた楕円形の三つの軌道は，彗星の典型例としてハレー彗星（左上），エンケ彗星（右下），テンペル・タットル彗星（左下）を示す．銀河面と重なる方向であるため，5–6 時の方向に外縁天体が少ない．

星の軌道を横切るようになる．惑星軌道を横切るような天体になると，その惑星に接近するために，たちまち安定ではなくなる．数百年から数万年といった短い時間で，軌道はどんどん変化していき，一部は惑星に衝突し，あるいは惑星への接近で，双曲線軌道に投入され，太陽系を脱出してしまうことさえある．地球に近づく小惑星（地球近傍小惑星，あるいは近地球小惑星）も，もともと小惑星帯にあったものが，このような軌道の変化を受けたものと考えられている．

彗星はもともとこうした不安定な軌道を持つ場合が多い．1994年に木星に衝突したシューメーカー–レビー第9彗星のように（3.5節参照），惑星へ衝突したりして失われるものもあるが，もともと太陽熱の影響で質量放出をし続けるため，崩壊して雲散霧消するケースもみられ，その物理的な寿命は短い．それゆえに，常に供給されていると考えられている．単純にいえば，短周期彗星の大部分，黄道面に沿って順行軌道を持つ彗星（木星族彗星とも呼ばれる）は，太陽系外縁天体から，衝突や力学的効果によって供給されていると考えられる．

太陽系外縁部から内部へ軌道進化する彗星は，海王星，天王星，土星，木星と次々にバケツリレーのように移動していく．こうして太陽に近づくようになると彗星活動，つまり太陽の熱によって揮発成分を蒸発させ，彗星と認識されるのである．太陽系外縁天体から彗星へと軌道が変化しつつある天体群も発見されており，軌道半長径が海王星よりも内側に入り込んでいる天体をケンタウルス族と呼ぶことがある．これらは太陽からまだ遠いために彗星としての活動はまだみられないものが多く，小惑星に分類されているものが多い．

一方，長周期彗星のうち，黄道面とはほとんど無関係な長周期彗星は，太陽系を1–10万au（天文単位）で大きく球殻状に取り巻くオールトの雲を起源としている．もともと放物線軌道に近く，太陽の重力を振り切る手前ぎりぎりでとどまっているため，太陽に近づき彗星になったときの本体からの物質放出の異方性による効果（非重力効果）や惑星の摂動*2によって，弱い双曲線軌道になり，二度と回帰しないものが相当数に上る．回帰する軌道であっても，数千年や数万年以上の周期となって，次回の正確な回帰予測は困難である．

*2 一般には力学系で主要な力の寄与（主要項）による運動が，副次的な力の寄与（摂動項）によって乱される現象を摂動と呼ぶ．太陽系においては，衛星のような場合を除いて，一般的には太陽が主要項で，他の惑星の重力的影響が摂動である．

衛星については，もともと惑星や小天体のまわりを回るかなり安定な軌道にあるものが多い．一般に，その重力圏を離れるだけのエネルギーがないとされているからで，何事もなければ母天体から遠くに離れてしまうことはない．ただし，木星型惑星の衛星の中で，かなり外側を逆向きで回る逆行衛星群などは，その安定性が疑問視されている．木星に衝突したシューメーカー–レビー第9彗星などは，軌道計算の結果，数十年にわたって一時的に木星の重力圏内にとらえられていたと考えられ，こういった一時的な天体を衛星と呼ぶのかどうかは議論がある．

惑星間空間塵は大きさによっても異なるが，基本的には寿命は短い．彗星起源の塵のうち，小さなものは太陽放射圧の影響で，ほとんど双曲線軌道になり，太陽系を脱出する．砂粒ほどの大きな粒子の場合は，母親である彗星の軌道をたどり続ける場合が多いが，この軌道そのものがもともと不安定であるゆえ，力学的寿命は短い．彗星軌道が地球に接近している場合は，こういった塵の一部が地球に衝突し，流星群となって観測される（5.4.3 節参照）．小惑星起源の塵は，太陽放射によるポインティング–ロバートソン効果（5.6.3 節参照）の影響を大きく受けながら，次第に円軌道となって，内側へと進化していく．こうして数千万年をかけて，太陽に近づき，成分によって，太陽からある距離の場所で蒸発し，太陽風と一緒にとばされる．これがベータ・メテオロイドと呼ばれる，太陽から飛んでくるミクロン粒子の起源である．

また，内側へ進化する惑星間空間塵が，蒸発する寸前の場所では，一時的に塵の空間密度が高くなると考えられている．こういった領域が存在することが指摘されたこともあるが，一時的に観測されるようで，あまり安定して存在しているわけではない．なお，地球には一日に何トンという惑星間空間塵が絶え間なく衝突している．太陽系天体の天体力学的な側面については第13巻で紹介されている．

1.1.3 太陽系の温度構造

太陽によって，太陽系の温度構造もほとんど規定されている．太陽のエネルギーの源泉は核融合反応である．そのエネルギーが光となって，太陽の表面から宇宙に放たれている．表面温度は約5800度という高温だが，幸いなことに，このエネルギー放射量はきわめて安定していて，おかげで地球はほぼ安定した気候環境を維持できている．太陽からの放射を受け取る量は，太陽に近ければ近いほど多くなるから，太陽に近いほど熱く，遠ければ寒くなる．太陽に最も近い水星の昼側の表面温度は摂氏 400 度にもなる一方，海王星付近ではマイナス 220 度である．太陽から受け取るエネルギーおよび再び宇宙へ放射するエネルギーのバランスによって，ほぼ温度が決まるが，これを放射平衡温度と呼ぶ．大気のない場合の放射平衡温度は，一般に大気がある場合に比べて低くなる．大気による温室効果が効かなくなるからである．

惑星の温度を決める，もう一つの大きな要因は，惑星そのものからの熱発生量である．地球の地熱などはほとんど無視できる量だが，木星型の場合は，重力収縮による相当量の発熱がある．一方，大気を持たない小天体の場合は，これらの影響はほとんどなく，表面の物性などで左右されるものの，ほとんど放射平衡に近い温度となる．小天体の場合，その影響を大きく受けるのは彗星のように，氷などの揮発性物質を大量に含んでいる場合で，姿形が大きく変化する．

さらに，惑星間空間塵の場合は，単純な放射平衡よりも温度が高くなる場合がある．これは場所にも物性にも依存するが，一般に彗星の放出した塵の温度は，相当に高い．塵は太陽エネルギーを可視光で受け取り，温度が上がる．一般には，そのエネルギーを波長 10 μm 程度の赤外線で放射するが，この波長よりも小さい塵だと，効率よく放射することができない．このサイズの塵が彗星では多数存在するため，温度が高くなることが多い．ところで，ちょうど地球の軌道付近は水が固体からガスになる温度環境となっている．大気圧が適切になると，氷は水となるため，こういった領域を生命存在可能な領域と考え，ハビタブル・ゾーンと呼ぶことがある．

6 章で紹介するように，この温度構造は太陽系天体の成分を決める大きな原因ともなっている．小惑星帯あたりよりも遠いと氷——固体になってしまう．一方，それよりも近いと融けてガスになるため，固体に取り込まれない．そのため，火星より近い惑星の成分は岩石が主成分となって，氷がほとんどない．水惑星と呼ばれる地球の場合でも，水は全体のほんの一部分である．

一方，木星よりも遠方では，水は氷となって，固体として振る舞う．そのため，木星や土星の衛星には氷を相当な成分として持つ，氷衛星がたくさんある．たとえば，木星の衛星エウロパでは表面の少なくとも 3–4 キロメートルを氷の大地が覆い，その下に海があるといわれている．さらに海王星よりも遠方では，メタンなどのガスも凍り始める．土星の衛星であるタイタンではメタンが固体となったり液体となったり，気体になったりしているといわれている．この衛星では氷が地球でいうところの“地殻”の役割をしており，内部の圧力が高い場所では，氷が溶けて水のマグマとなって噴出し，大地を作っている．このあたりが限度で，さらに遠方では，メタンさえも完全に凍りつき，太陽系外縁天体である冥王星の表面には窒素の氷河が存在していることもわかっている．なお，太陽系外縁天体あたりでは，遠方であるために，太陽放射はきわめて少なくなり，表面温度は絶対温度で，せいぜい 30 度から 50 度程度である．

1.1.4 太陽系の電磁気学的構造

太陽系の最も小さな構成要素である惑星間空間プラズマは，そのほとんどが陽子と電子で構成される，太陽を起源とするものである．一般に太陽表面から半径の 1–2 倍までの範囲では，太陽の磁場がじゅうぶんに強いので，熱いガスを保持しておくことができる．しかし，それより外側では磁場は弱くなり，コロナのガスが，むしろ磁場を伴って宇宙空間に流れ出ていく．一度，流れ出ていき始めると，磁場の力はどんどん弱くなり，そしてガスの密度も下がって，加速していく．これが太陽系空間を流れている太陽風である．太陽風は磁場を伴いながら放射状に吹き出しており，その極性や速度は（11 年周期の）太陽活動に伴って変化する．短い周期としては，太陽の自転周期で変動し，地球では 27 日周期となる．太陽風でも高速になると地球付近では秒速は数百キロメートルに達する．

太陽風は，太陽系の天体に衝突し，さまざまな現象を引き起こしている．とりわけ大気を持つ惑星の場合は，興味深い．地球をはじめ，磁場のある惑星は，独自の磁気圏をもっており，この磁気圏の中に，太陽風は直接入り込むことができない．しかし，太陽風と磁気圏との相互作用により，特に極域においては，高エネルギー粒子の注ぎ込みがあり，オーロラなどの現象が観測される．オーロラは地球だけではなく，木星や土星でも観測されている．金星など，磁場が弱い惑星の場合は，上層大気と太陽風が直接相互作用することで，わずかながら大気をはぎ取るなどの現象を起こしている．

小天体の場合は，それほどの現象を起こすことはないものの，活発にガスを放出する彗星では，そのガスが太陽の紫外線などの影響で電離する．こうなると太陽風の影響を受けやすくなり，彗星頭部から次第に太陽と反対方向へ加速されて，いわゆるプラズマの尾（ガスの尾）を形成する．可視光でとらえられるプラズマの尾は，おもに一酸化炭素イオンや水のイオンである．言ってみれば，この彗星の尾は太陽風を可視化させたような現象であり，しばしば尾がとぎれたりするのは，太陽風の極性が変わったり，速度が急変したりするためであると考えられている．

最終的に，この太陽風が星間空間の電磁気的な風とせめぎあう場所までが太陽圏（ヘリオスフェア）と呼ばれている．太陽から約 90 億 km から 150 億 km のあたりに，その境界があるといわれているが，その境界面をヘリオポーズと呼ぶ．おそらく太陽活動によって，この場所は変動していると考えられる．パイオニアあるいはボイジャーといった探査機が，もうすぐこのヘリオポーズに到達すると考えられており，ボイジャー 1 号は 2012 年に到達したとみられる．電磁気的には，太陽風が星間風とせめぎ合う場所が太陽系の範囲とする考え方もあり，そういう意味で太陽系の果ては，ヘリオポーズといっても構わないだろう．

通常は，太陽系の果てといえば，太陽がその重力の影響を保ち，重力圏内にとどめておける範囲であり，一般にはオールトの雲までと考えられる．一方，惑星が存在する黄道面付近の延長上で考えると，太陽系外縁天体あたりが太陽系の果てと考えるのが妥当かもしれない．

1.2　太陽系の組成

1.2.1　太陽系の平均的化学組成とは

太陽系にはどのような元素が存在しているのだろうか．太陽系の化学組成が意味するものはなんだろうか．

太陽系の全質量の 99%以上を占めるのは，中心に輝く太陽である．すなわち，太陽の化学組成が太陽系の平均化学組成を代表することになる．太陽の化学組成の決定につながる重要な発見は，19 世紀初頭，フラウンホーファー（J. von Fraunhofer）が見つけた太陽光スペクトル中の 500 本を越える暗線（フラウンホーファー線）である．のちにキルフホッフ（G.R. Kirchhoff）によって，太陽

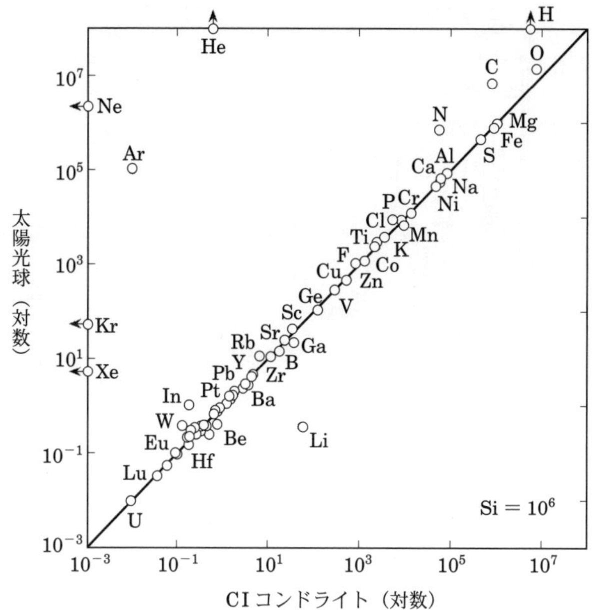

図 1.2 太陽光球と CI コンドライトの元素存在度（Si 存在度 $\equiv 1 \times 10^6$）.

光球中の原子がそれぞれに特徴的な波長の光を吸収することで，フラウンホーファー線がつくられることが示され，太陽を形づくる元素の正体が初めて明らかにされた[*3]．現在では，光の吸収の程度と太陽光球中での放射や運動量の輸送モデルを組み合わせて，太陽光球における元素の存在度（組成）が決定されている（巻末の付表（表 3））．

太陽系の平均化学組成に関する情報は，太陽光球以外からも得ることができる．CI コンドライトと呼ばれる隕石は（5 章参照），水素，炭素，窒素，リチウムや希ガスなどの一部の元素を除き，ほとんどの元素の存在度が太陽光球の元素存在度と非常によく一致する（図 1.2）．隕石の化学組成は，太陽光球の組成より精度良く求めることができるため，太陽系の元素存在度（Solar System Elemental Abundance）は，太陽光球の組成だけでなく，CI コンドライトの組

[*3] この手法によって，ヘリウムが地球上ではなく太陽光の観測で初めて発見された.

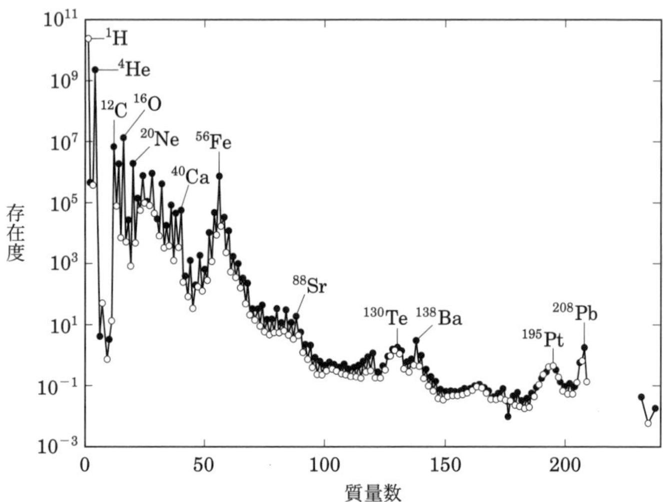

図 1.3　太陽系の核種存在度（Si 存在度$\equiv 1\times 10^{6}$）．黒丸が偶数核種，白丸が奇数核種．

成も基にして決定されている[*4]（巻末の付表（表 3））．また，同位体も含めた太陽系での核種の存在度を図 1.3 および巻末の付表（表 4）に示す．

このようにして求められた太陽系の核種存在度のパターン（図 1.3）を見ると，次のような特徴に気付くだろう．

(1)　水素（H）とヘリウム（He）の量が圧倒的に多く，両者で全核種存在量の 99%以上を占める．次いで多いのは，^{16}O, ^{12}C である．

(2)　全体的に，質量数の増加とともに存在度が減少する傾向がある．しかし，以下に述べる重要な例外も存在する．

(3)　リチウム（Li），ベリリウム（Be），ホウ素（B）は，周辺の核種に比べて，存在度が極端に低い．

(4)　^{20}Ne, ^{24}Mg, ^{28}Si, ^{32}S, ^{36}Ar, ^{40}Ca といった質量数が 4 の倍数の核種の存在度が高い．

(5)　^{56}Fe の周辺の核種の存在度が高い．

[*4] 太陽大気のスペクトルと隕石の化学組成から，太陽系の元素存在度を求める初めての試みは，ゴールドシュミット（V.M. Goldschmidt）によってなされた（1938 年）．

(6) ^{88}Sr, ^{138}Ba, ^{208}Pb 周辺の核種，質量数 130, 195 周辺の核種の存在度が高い．

(7) 質量数が偶数の核種は，隣接する質量数が奇数の元素に比べて，存在比が高い．

これらの特徴は，次のように説明することができる．

(1) 水素，ヘリウムはビッグバンで形成された宇宙の主要元素である．豊富に存在するヘリウム原子核の恒星内での燃焼により ^{12}C, ^{16}O はつくられる．この反応は比較的低温で，重い核種の合成以前に起こる．

(2) 水素，ヘリウムといった軽い元素から段階的に重い元素がつくられていくため，質量数が大きいほど存在度が低くなる傾向を持つ．

(3) リチウム，ベリリウム，ホウ素は，原子核の結合エネルギーが弱く，恒星内で破壊されてしまい，その存在度が圧倒的に低い．CI コンドライト中のリチウム存在量に比べ，太陽光球のリチウム量が少ないのは，太陽誕生から現在までに壊されたためである（図 1.2）．

(4) ^{20}Ne, ^{24}Mg, ^{28}Si などは質量数 4（ヘリウム原子核）の倍数の質量数をもつ核種であるため，存在度が高い．

(5) ^{56}Fe は結合エネルギーが最も高く（すなわち最も安定）であり，恒星内部の超高温・高密度状態で原子核の熱平衡が達成される場合，最も量が多くなることが予想される．

(6) ^{88}Sr, ^{138}Ba, ^{208}Pb は，魔法数と呼ばれる 50, 82, 126 個の中性子を原子核に含むことで，核が閉殻状態になる核種である．このような核種は，中性子を捕獲する確率が低く，s 過程（第 1 巻 3 章参照）で多くつくられる．質量数 130, 195 周辺の核種に関しては，r 過程（第 1 巻 3 章参照）でつくられた魔法数の中性子を含む不安定核種の β 崩壊によってつくられたものと考えられる．これらの核種が豊富に存在することは，鉄より重い元素の合成がおもに中性子捕獲（s 過程，r 過程）でおこなわれることを示唆する．

(7) 陽子数，中性子数がともに偶数の核種の原子核の結合エネルギーは，どちらかが奇数，もしくは両方が奇数の核種に比べて大きく，安定となる．そのため，質量数が偶数の核種が多くつくられる（図 1.3）．

このように，太陽系元素存在度に見られる特徴は，ビッグバンでつくられる水素，ヘリウムを除いて，すべて恒星内部での元素合成過程で説明できることになる*5．太陽系に存在する元素のほとんどは，恒星でつくられた元素が次世代の星に引き継がれ，新たに元素がつくられるというサイクルを幾度も繰り返し，太陽系にもたらされたものだと言える．私たちの身体をつくる炭素，生命を生み出した海（水）を構成する酸素，地球を構成する金属元素，それらはすべて太陽系が誕生する以前に他の星々でつくられた．私たちは星くずからできているのだ．

以前は，太陽系の元素存在度を宇宙の平均的な元素存在度と見なすことも多かった．恒星の化学組成の多様性が知られている現在では（第 7 巻参照），太陽系元素存在度が宇宙の平均的な化学組成も代表しているとは考えにくい．しかし，太陽系（太陽）の化学組成は，46 億年前に太陽が形成された領域の星間ガスの組成であると同時に，最もよくわかっている恒星の化学組成であり，恒星内部の元素合成や宇宙の化学進化を議論する際の基準として用いられている（第 1 巻 3 章参照）．

1.2.2 元素の宇宙化学的分類・地球化学的分類

太陽系の平均的化学組成について 1.2.1 節で述べた．しかし，太陽系には，私たちの住む地球をはじめとする惑星や小惑星，彗星と多様な天体が存在し，それらの化学組成は太陽系元素存在度と必ずしも一致しない．これは初期太陽系の記憶をとどめる始源的隕石コンドライトの多くが CI コンドライトとは異なる組成を示していることからも示唆される（この化学組成の違いを利用してコンドライトは分類される．5 章参照）．また，地球型惑星や小惑星の一部のように，金属鉄の核，ケイ酸塩のマントル，地殻といった層構造を持つ天体では，各層が天体全体の化学組成とは異なる組成を持つ．

惑星や隕石に見られる化学組成の違いや，その違いをつくり出したプロセスを考えるためには，各元素の持つ性質を整理し分類しておくと都合がよい．本節では，それらの議論によく用いられる元素の揮発性の違いに基づいた宇宙化学的分類および元素が取り込まれやすい物質相の違いに基づいた地球化学的分類について紹介しよう．

---

*5 太陽系元素存在度のパターンに基づき，1957 年，バービッジ夫妻（G.R. Burbidge & E.M. Burbidge），ファウラー（W.A. Fowler），ホイル（F. Hoyle）は，恒星内部での元素合成理論（B^2FH 理論）を生み出した．

元素の宇宙化学的分類

圧力の低い宇宙空間では，液相は安定に存在することが難しく，物質の相変化はおもに固相と気相の間の反応で起きる．そのため，固相に凝縮[*6]しやすいか，気相へと蒸発[*6]しやすいかといった揮発性の違いが元素分類の指標として用いられる（元素の宇宙化学的分類）．この分類法を用いることで，コンドライトの化学組成の多様性を整理することができる（5 章参照）．

太陽系元素存在度を考えると，固体をつくる元素として，酸素に次いで多いのは，マグネシウム，ケイ素および鉄，硫黄である．太陽系元素存在度をもったガスから熱力学平衡を保ちながら固体が凝縮する過程（平衡凝縮）を考えると，マグネシウム，ケイ素，鉄は，マグネシウムケイ酸塩や鉄ニッケル合金として，約 1300 K（全圧 $\sim 10^{-5}$ bar の場合）で凝縮する．硫黄は，約 700 K で金属鉄と反応し，トロイライト（FeS）を形成する．これらの凝縮温度を基準とし，マグネシウムケイ酸塩や鉄ニッケル合金より高温で凝縮する元素を難揮発性元素，トロイライトより低温で凝縮する元素を揮発性元素と呼ぶ．それらの中間の温度で凝縮する元素は，中程度揮発性元素と呼ばれる（図 1.4（a））．

元素は多様な鉱物の主成分や微量成分として凝縮する．どのような鉱物が凝縮するのかを見てみよう．全圧 10^{-5} bar で太陽系元素存在度のガスから平衡凝縮する鉱物の凝縮温度および存在度を図 1.5 (a), (b) に示す．高温のガスから，最初に凝縮するのは難揮発性元素であるアルミニウムやカルシウムを主成分とするコランダム（Al_2O_3），ヒボナイト（$CaAl_{12}O_{19}$），ゲーレナイト（$Ca_2Al_2SiO_7$）といった鉱物である．冷却が進むと，代表的ケイ酸塩鉱物であるフォルステライト（Mg_2SiO_4）や金属鉄が凝縮する．主要元素が凝縮することで，固相の割合が急激に増える．以降の冷却では，主として，すでに凝縮している鉱物とガスとの反応により，元素の凝縮が進む．

鉱物の凝縮温度は全圧の低下とともに低下する（図 1.5（b））．全圧が変化しても，凝縮する順序は大きくは変わらない．ただし，主要鉱物には例外が見られ，鉄ニッケル合金とフォルステライトおよびエンスタタイト（$MgSiO_3$）の凝縮順序は全圧によって入れ替わる．また，トロイライトの形成温度は全圧に関わ

[*6] 固相が気相に変わる場合も，気相が固相に変わる場合も昇華という言葉が使われるが，ここでは両者を区別するため，凝縮，蒸発とする．

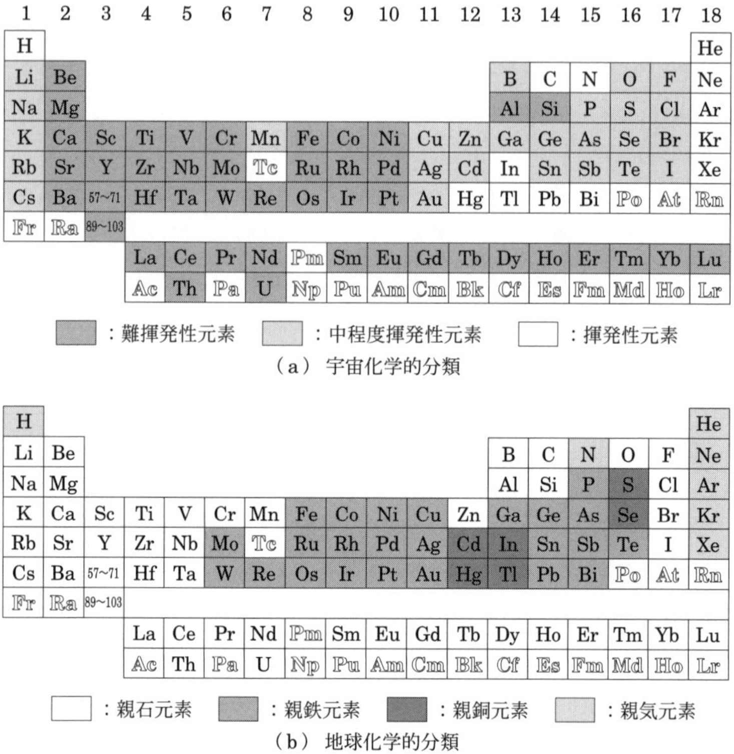

1	2	3	4	5	6	7	8	9	10	11	12	13	14	15	16	17	18
H																	He
Li	Be											B	C	N	O	F	Ne
Na	Mg											Al	Si	P	S	Cl	Ar
K	Ca	Sc	Ti	V	Cr	Mn	Fe	Co	Ni	Cu	Zn	Ga	Ge	As	Se	Br	Kr
Rb	Sr	Y	Zr	Nb	Mo	Tc	Ru	Rh	Pd	Ag	Cd	In	Sn	Sb	Te	I	Xe
Cs	Ba	57~71	Hf	Ta	W	Re	Os	Ir	Pt	Au	Hg	Tl	Pb	Bi	Po	At	Rn
Fr	Ra	89~103															
			La	Ce	Pr	Nd	Pm	Sm	Eu	Gd	Tb	Dy	Ho	Er	Tm	Yb	Lu
			Ac	Th	Pa	U	Np	Pu	Am	Cm	Bk	Cf	Es	Fm	Md	Ho	Lr

：難揮発性元素　：中程度揮発性元素　：揮発性元素

（a） 宇宙化学的分類

H																	He
Li	Be											B	C	N	O	F	Ne
Na	Mg											Al	Si	P	S	Cl	Ar
K	Ca	Sc	Ti	V	Cr	Mn	Fe	Co	Ni	Cu	Zn	Ga	Ge	As	Se	Br	Kr
Rb	Sr	Y	Zr	Nb	Mo	Tc	Ru	Rh	Pd	Ag	Cd	In	Sn	Sb	Te	I	Xe
Cs	Ba	57~71	Hf	Ta	W	Re	Os	Ir	Pt	Au	Hg	Tl	Pb	Bi	Po	At	Rn
Fr	Ra	89~103															
			La	Ce	Pr	Nd	Pm	Sm	Eu	Gd	Tb	Dy	Ho	Er	Tm	Yb	Lu
			Ac	Th	Pa	U	Np	Pu	Am	Cm	Bk	Cf	Es	Fm	Md	Ho	Lr

：親石元素　：親鉄元素　：親銅元素　：親気元素

（b） 地球化学的分類

図 1.4　(a) 元素の宇宙化学的分類，(b) 元素の地球化学的分類.

らず一定である.

太陽系元素組成とは異なる組成を持つガスからの凝縮の場合には，異なる凝縮過程が予想される．炭素が酸素に比べて多い場合（$C/O > 1$）の凝縮計算の結果が図 1.5（c)，(d）に示されている．高温で凝縮するのはグラファイトや炭化物であり，太陽系元素存在度（$C/O \approx 0.5$）のガスからの凝縮の場合にはケイ酸塩に取り込まれていたケイ素，アルミニウム，カルシウムなども炭化物，合金，硫化物，窒化物として凝縮する．このような環境は，炭素星から放出されるガス中での固体形成時に相当すると考えられる．この場合，太陽系元素存在度での宇宙化学的分類が使用できないことになる.

C/O 比の変化がもたらす凝縮相や凝縮順序の違いの原因について，簡単に述

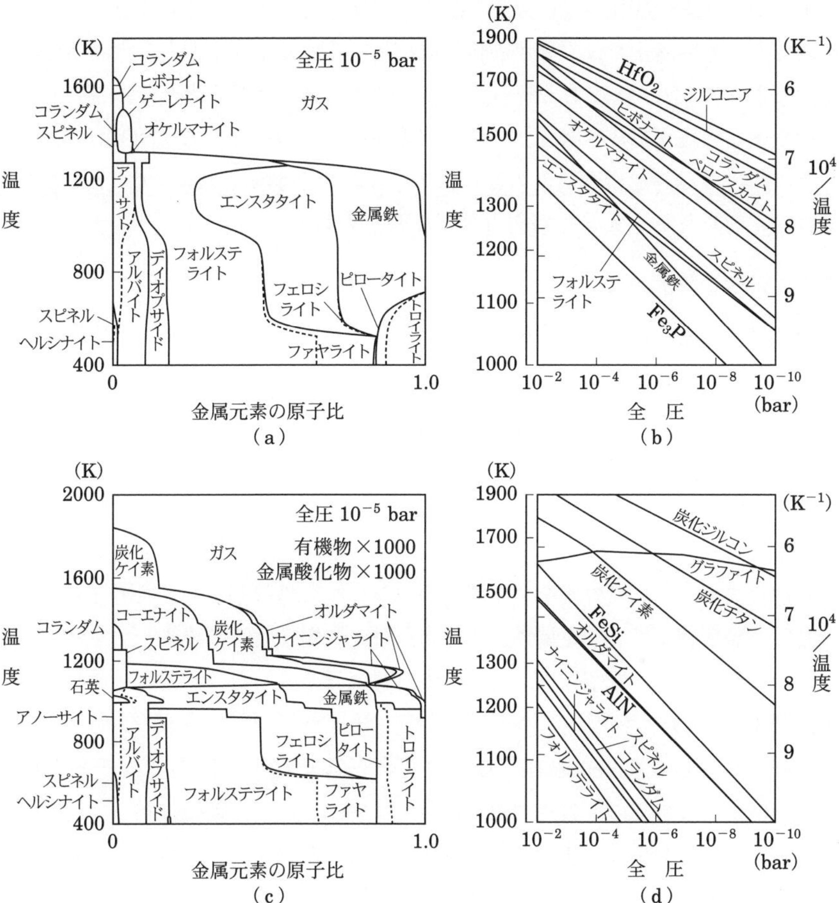

図 1.5 平衡凝縮モデル.(a) 太陽系組成からの平衡凝縮する鉱物とその量比,(b) 主要元素を含む鉱物の凝縮温度の圧力依存性,(c) 太陽系組成の金属元素酸化物量を 1000 倍,有機物を 1000 倍にした系で平衡凝縮する鉱物とその量比,(d) 炭素に富んだ N 型星のガスにおける鉱物の凝縮温度の圧力依存性(Wood & Hashimoto 1993, *Geochim. Cosmochim. Acta*, 57, 2377; Lodders & Fegley 1999, in *Asymptotic Giant Branch Stars*, 279 より改変).

べておこう．炭素と酸素は高温のガス中では一酸化炭素という非常に安定なガス分子をつくる．一酸化炭素は鉱物の凝縮には関与せず，一酸化炭素をつくらずに過剰となった酸素または炭素が固体形成に用いられる．すなわち，太陽系元素存在度のように C/O 比が 1 より小さい場合には，過剰となるのが酸素なので，酸化物やケイ酸塩が形成される．一方，炭素星のまわりのような C/O 比が 1 より大きな環境では，過剰な炭素の存在により炭化物が形成される．C/O 比は 1 を境に安定な鉱物種を大きく変える重要な要素である．

元素の地球化学的分類

地球は，形成時に内部で大規模な分化が起こった結果，集積した天体の構造を残さず，中心に金属鉄を主成分とする核，そのまわりをケイ酸塩を主成分とするマントル，地殻が取り囲む層構造をなしている（2 章参照）．他の地球型惑星や一部の小惑星も似たような層構造を持つと考えられている（2, 5 章参照）．これらの層を構成する物質の間で元素は分配され，元素によって選択的に取り込まれやすい物質が異なる．ゴールドシュミットは，地球は金属鉄の核を持ち，その外側を硫化物層，さらに外側をケイ酸塩のマントルと地殻が覆い，表層を大気が覆うという層構造を考え，金属鉄，硫化物，ケイ酸塩，大気に濃集しやすい元素をそれぞれ親鉄元素，親銅元素，親石元素，親気元素とした（元素の地球化学的分類，図 1.4（b））．

現在では，硫化物層は存在しないと考えられており（2 章），ゴールドシュミットの描いた地球の姿は正しいとは言えない．しかし，彼の提案した元素の地球化学的分類の有用性は失われておらず，分化した天体の化学組成や形成・進化の議論に用いられる．また，揮発性による宇宙化学的分類と組み合わせ，難揮発性親石元素（アルミニウム，カルシウムなど），難揮発性親鉄元素（イリジウム，モリブデンなど）という形でも用いられている．

1.3 太陽系探査

1.3.1 月探査

1957 年 10 月 4 日，最初の人工衛星「スプートニク 1 号」が宇宙に打ち上げられるとすぐに，宇宙探査の次のターゲットは月になった．史上初めて月に到達したのが旧ソ連の「ルナ2号」で，1959年9月14日，月面に衝突した．引き続く「ルナ3号」は，同じ年の10月7日に，月の裏側の撮影に成功した．これは，太陽系探査機が新しいデータを史上初めて提供した最初の記念すべきミッションである．「ルナ3号」の撮像した月の裏側は予想に反して，「海」地域は少なかった．その後も無人探査機ではソ連のリードは続き，月面軟着陸は「ルナ9号」(1966年1月)，月軌道周回は「ルナ10号」(1966年3月) によって達成された．

一方，アメリカは有人探査により月の主導権を握るようになった．1969年12月24日，「アポロ8号」で初の有人月周回飛行が行われた．そして1969年7月20日16時17分40秒 (UT; 世界標準時)，「アポロ11号」の着陸船イーグルは月面の「静かの海」の北緯0度40分，東経23度20分の地点に着陸した．翌21日2時56分15秒，人類は初めて地球外の天体表面に降り立った．宇宙飛行士ニール・アームストロング，エドウィン・オルドリンの月面滞在時間は1日に満たず，月面活動はわずか2時間半であったが，22 kgの月の石を持ち帰った．

その後，アポロ計画は，1972年末の「アポロ17号」まで計6回の有人月着陸/帰還に成功した (アポロ13号は着陸せず)．月面を踏査して，計400 kg以上の月のサンプルを持ち帰るとともに，さまざまな観測機器を月面に展開した．地震計や熱流量計は，原子力電池に支えられて，その後長期間の間，データを送り続けた．月面に設置されたレーザー反射板 (コーナーキューブ) は現在でも，月の距離の変化や自転のゆらぎなどを計測するのに役立っている．アポロ計画最後の「17号」では，74時間59分の月面滞在時間中に，22時間5分の月面活動を行った．はじめて地質学者 (ハリソン・シュミット) が，月面に降り立ち，月の地質の観察，サンプル採取を行った．

旧ソ連は月の無人着陸探査を継続して行った．無人月面車による月面調査「ルナ17, 21号」や，月のサンプルリターンを行った「ルナ16, 20, 24号」．この無人着陸船には将来の有人月面着陸機を誘導する役割も考えられていたが，旧ソ連は結局，有人月探査は行わなかった．

アポロ，ルナの時代のあと，月探査には長い空白期があった．その後にはじめて月に送られた探査機は1990年1月29日に打ち上げられた日本の「ひてん」であったが，科学観測機器はダスト計測器しか搭載されていなかった．

1994 年 1 月 25 日に打ち上げられたアメリカの「クレメンタイン」は，北極・南極上空を通る極軌道から月全球の撮像を行い，また，レーザー高度計により極域をのぞく月の正確な地形を求めた．1998 年 1 月 6 日に打ち上げられた「ルナ・プロスペクター」は，ガンマ線分光計により表面の元素分布とくに放射性元素の分布を明らかにし，磁力計により月の残留磁化の分布を調べた．

2007–2008 年には，日本，中国，インド，アメリカが相次いで月周回探査機を送った．2007 年 9 月 14 日に打ち上げられた日本の探査機「かぐや（SELENE）」には 14 の観測機器が搭載されている．高分解能カメラや分光機器で月全面の撮像・データ取得を行った．とくに，二つの子衛星を用いて月の裏側全域の重力計測を世界で初めて行い，また，地下レーダーにより月浅部の内部構造を全球的に調べた．

アメリカは，「ルナ・リコネサンス」「グレイル」により，50 cm 解像度の月面画像，詳細地形・重力データを取得している．独自の計画（嫦娥）をすすめているのが中国で，2 つの周回機を成功させた後，2013 年 12 月に「嫦娥 3 号」が月面に着陸し，ローバとともに科学観測を行った．2019 年 1 月には，「嫦娥 4 号」が月の裏側への着陸に成功，そして 2020 年 12 月には，「嫦娥 5 号」が，嵐の大洋にある比較的若い火山活動を反映している台地に着陸して，1.7 kg のレゴリス（8.2 節参照）を地球に持ち帰った．

1.3.2　火星探査

1960 年代，米ソの宇宙探査競争は，月だけではなく火星でも展開がはじまっていた．ソ連が 5 機，アメリカが 1 機の火星探査機を失敗した後，1965 年，アメリカの「マリナー 4 号」は初めて火星に接近して，20 枚あまりの画像を送ってきた．その後，1971 年 5 月 30 日に打ち上げられた「マリナー 9 号」は 11 月 13 日から 1 年近く火星を周回して，7000 枚以上の火星表面の画像を送ってきた．これにより，火星には人工的な運河などはないが，古い大洪水地形や巨大な火山があることが明らかになった．

初めて火星に軟着陸した探査機は 1971 年のソ連の「マルス 3 号」であったが，着陸 20 秒後に交信が途絶えた．その後ソ連が 2 機の着陸船を失敗した後，アメリカは生命探査を目的とした，「バイキング 1 号，2 号」を 1975 年に打ち上げ，1976 年に火星に到達し，着陸船により表面の化学組成や大気組成の重要なデータを得るとともに，周回機から数多くの表面地形の画像を取得した．

その後の火星探査は，困難な時期を迎える．旧ソ連の「フォボス 1 号，2 号」，アメリカの「マーズオブザーバー」，ロシアの「マルス 96」はいずれも失敗に終わる．1996 年に打ち上げられた，アメリカの「マーズパスファインダー」は翌年 7 月 4 日に，大洪水の跡地であるアレス谷に着陸して，ソジャーナと名付けられた小さなローバ（小型探査車）で周囲を観察した．また，同じく 1996 年に打ち上げられた「マーズグローバルサーベイヤー」は，本格的な火星リモートセンシング衛星で，レーザー高度計による地形探査，高分解能カメラによる表面探査，さらに赤外放射計による大気探査を行い，2006 年まで継続して観測を行った．

地球から火星へは，ほぼ 2 年に 1 回，探査機の打ち上げの「窓」がある．ホーマン軌道という近日点が地球軌道，遠日点が火星軌道に接する楕円をとる遷移軌道である．地球から探査機がこの遷移軌道を取って遠日点で火星軌道に到達したとき，ちょうど火星がその付近にあるタイミングが約 2 年に 1 度ある．これが火星への衛星打ち上げ期，いわゆる「窓」になる．1998–99 年の打ち上げ期には，3 機の火星探査機が打ち上げられた．アメリカの「マーズクライメイトオービター」，「マーズポーラーランダー」はともに失敗．日本の「のぞみ」は，地球離脱で燃料を使いすぎたために軌道計画を変更したが，最終的には 2003 年に火星周回軌道に入ることはできなかった．次の機会である，2001 年に打ち上げられた「マーズオデッセイ」は成功して，ガンマ線や中性子線分光器で火星の表層付近の氷の存在を明らかにした．また，2003 年に打ち上げられた，ヨーロッパ宇宙機構の「マーズエキスプレス」は，着陸船は失敗したが，軌道船によるリモートセンシング探査からは，火星大気中のメタンの存在，火星表面の含水鉱物の存在など，興味深いデータが得られている．また火星表面の高精度のステレオ画像を取得した．

2003 年には，2 機の火星ローバ，「スピリット」と「オポチュニティ」が打ち上げられ，2004 年 1 月に，赤道近くのグセフクレーター，メリディアニ平原にそれぞれ着陸した．堆積岩，水質変成岩など，火星の過去に水が存在した直接の証拠を明らかにした．火星表面の強い風により太陽電池パネルの塵が除去されるという幸運もあり「マーズ・ローバ」の運用期間は当初の 3 か月より大幅に伸びた.「スピリット」は 2010 年 3 月まで 6 年間わたり,「オポチュニティ」は 2018 年まで 14 年以上にわたり観測を続けた. 2006 年からは「マーズリコネサンス」が火星の詳細観測を開始している. 2007 年には, アメリカの「フェニックス」が打ち上げられ, 北半球の高緯度に着陸して氷の存在を確認した. 2011 年には, 分析機器を多く搭載した探査車「キュリオシティ」が打ち上げられた.「キュリオシティ」は翌 2012 年から 10 年近く観測を続けている. 2018 年に火星に着陸した「インサイト」は, 地震計を搭載しており, これまで 500 回以上の「火震」を観測している. さらに, 2021 年にジェゼロクレーター内部の河川流入地域に着陸した「パーサビアランス」が活動を開始している. 2.5 節の火星の項を参照されたい.

1.3.3　金星探査

最初に金星を観測した探査機はアメリカの「マリナー 2 号」で, 1962 年に金星から 30000 km のところを通過して金星表面が高温であることを発見した. その後,「マリナー 5 号, 10 号」が金星大気や雲を観測した. 金星に数多く探査機を飛ばしたのは旧ソ連である. ベネラシリーズで続々と探査機を送った. 1969 年の「ベネラ 4 号」は大気を観測したが着陸前に故障した. 最初に着陸に成功したのは「ベネラ 7 号」で 1970 年 12 月 15 日であった. 金星表面の撮影に成功したのは, 1975 年 10 月 22 日, 25 日に相次いで着陸した「ベネラ 9 号, 10 号」である. 1978 年の「ベネラ 11 号, 12 号」も軟着陸に成功した. 1981 年に打ち上げられた「ベネラ 13 号, 14 号」は金星表面のカラー撮像や, 岩石の分析を行った. 金星は表面気圧 90 bar の厚い大気があるため, 着陸そのものは技術的に容易であるが, 温室効果のために表面温度が高く, 着陸船の寿命が短いという問題がある. さらに, ハレー彗星探査に向かう途中に,「ベガ 1 号, 2 号」は金星に着陸船を放出して, 軟着陸に成功した.

金星大気中の雲のため, 可視光や赤外線領域では表面地形を調べることはできない. そのため, レーダーによる探査が必要である. アメリカは 1978 年に打ち上げた「パイオニアビーナス 1 号」で長期間にわたり金星大気の観測を行うとともに, 合成開口レーダーで数キロメートル精度の表面地形の情報を得た. 旧ソ連は 1983 年に打ち上げた「ベネラ 15 号, 16 号」で, 合成開口レーダーによる地表撮影を行い，金星表面の 4 分の 1 の地域を 1–2 km の解像度で撮像した．1990 年に打ち上げられたアメリカの「マゼラン」が合成開口レーダーにより，金星表面地形の詳細な地図作りを行った．ほぼ全域を解像度 100–300 m で撮像するとともに，高度や重力のデータを取得した．

その後，2006 年から 2014 年までヨーロッパの「ビーナスエクスプレス」が金星大気の観測を行った．日本が 2010 年に打ち上げた金星探査機「あかつき」は，2015 年に金星周回軌道に投入され，雲層の時間変化を調べることで，金星大気のスーパーローテーション（上層大気の高速運動）の機構を解明した．

1.3.4 水星探査

これまで水星を観測した探査機は 1973 年に打ち上げられた「マリナー 10 号」のみである．金星重力によるスィングバイの後に，1974 – 75 年，3 回にわたり水星に接近して観測を行った．その結果，地表の 4 割近くを撮像するとともに，水星に磁場が存在することを発見した．

アメリカの探査機「メッセンジャー」は 2004 年に打ち上げられ，2008 年 1 月に水星に接近して観察に成功，最終的には 2011 年から 2015 年まで水星周回の軌道から観測を行った．また，日本はヨーロッパと共同して「ベッピコロンボ」という水星探査計画を進めている．2018 年 10 月に打ち上げられ水星周回軌道に 2025 年に入り 2 機の観測機で水星を探査する．

1.3.5 木星型惑星探査

最初に木星型惑星に到達した探査機は，1972 年に打ち上げられた「パイオニア 10 号」で，1973 年 12 月に木星から 13 万 km のところを通過した．翌 1973 年に打ち上げられた「パイオニア 11 号」は，1974 年 12 月に木星から 3 万 4 千 km まで近づき，木星重力を利用したスィングバイで加速して土星に向かい，1979 年 9 月に土星から 2 万 1 千 km の地点まで接近して，新たなリングなどを発見した．

木星型惑星とその衛星の世界を本格的に探査したのは，1977 年に相次いで打ち上げられた「ボイジャー 1 号，2 号」である．「ボイジャー 1 号」は，木星と土星，「ボイジャー 2 号」は，さらに天王星と海王星も探査した．ちょうどこの時期は，太陽からみると同じ方向に，木星型惑星が位置するため，惑星重力のスィングバイを使って加速して次々と惑星を訪れるには絶好の機会であった．本書の各項の木星型惑星・衛星のデータの多くは，ボイジャー探査機によって取得された．その中でも最大の成果は，「イオの活火山の発見である」と，ボイジャー計画のリーダー，エド–ストーンは述べている．

その後，木星には「ガリレオ」探査機が 1995 年 12 月に到達して，大気突入探査機を落とすとともに，周回機による観測を 8 年間行った．高利得アンテナが開かなかったため，画像データなどの取得は限定的であったが，それでもボイジャーを遙かに上回る高解像度のデータを得ることができた．2003 年に運用を終了した．

土星には「カッシーニ」探査機が 2004 年に到着して，2017 年まで観測を行った．2005 年 1 月には最大の衛星タイタンに探査プローブ「ホイヘンス」を突入させた．「ホイヘンス」は，大気の分析，表面の撮像などを行いながら落下して，無事，泥地のような表面への着陸に成功した．「カッシーニ」はまた，衛星エンセラダスから氷が吹き出している衝撃的なデータを取得した（図 4.11 参照）．有機物も検出されていて，エンセラダスの地下海の生命存在可能性が議論される重要な結果を得ている．土星系観測の次の探査機は「ドラゴンフライ」で，2026 年に打ち上げられ 2034 年にタイタンに着陸する予定である．

アメリカは木星探査機「ジュノー」を，2016 年に木星の極軌道に投入した．木星の重力場や高緯度の激しい渦の存在などを明らかにしている．機器開発から日本も参加しているヨーロッパの木星系探査計画「ジュース」は，2022 年に打ち上げられ，2029 年に木星到着，エウロパ，カリストをフライバイ観測した後，2032 年よりガニメデの周回観測を行う予定である．アメリカは，2024 年に「エウロパクリッパー」を打ち上げて，2030 年から 45 回以上のエウロパのフライバイ観測を行う予定である．

1.3.6　小天体探査

探査機により表面が撮像された最初の小天体は火星の衛星，フォボスとダイモスである．

そして，1986 年のハレー彗星探査は，世界初の国際共同観測となった．ヨーロッパの「ジオット」は彗星核から600 kmのところを通過して撮像や塵の成分分析を行った．旧ソ連の「ベガ1号，2号」，日本の「すいせい」，「さきがけ」，アメリカの「アイス」も，彗星に接近した．

月探査を行った「クレメンタイン」は，その後にジオグラフォスという小惑星を探査する計画であったが，探査機のトラブルにより諦めた．「ガリレオ」探査機は，主小惑星帯にあるSタイプ小惑星（5.1節参照），ガスプラおよびイダを観測した．50 kmほどの大きさのイダには，1 kmの衛星が存在していてダクティルと名付けられた．

アメリカのディスカバリー計画がスタートしたことで，小規模のターゲットを絞った探査が認められるようになり，多くの小天体探査が行われた．彗星探査機「コンター」は打ち上げに失敗したが，エロス（その前にマチルデ）を探査した「ニアー（NEAR）」や，最近では彗星に衝突した「ディープインパクト」さらに，彗星の塵を持ち帰った「スターダスト」計画がある．また，2007年には，大型の小惑星ベスタ，セレスを訪れた「ドーン」が打ち上げられた．一方，技術試験衛星として打ち上げられた，「ディープスペース1」は，彗星ボレリーを撮像した．

2004年に打ち上げられた彗星探査機「ロゼッタ」は，チュリュモフ・ゲラシメンコ彗星に2014年に到着して，2年余りの期間，様々な観測を行った．

小天体探査では日本が2005年に大きなマイルストーンを築いた．小惑星探査機「はやぶさ」が1 kmに満たない小惑星イトカワを詳細に探査し，しかも表面に着地した．そして，2010年6月地球に帰還して，イトカワ表面の微粒子を持ち帰った．日本の小天体サンプルリターン計画は，はやぶさ2，MMXと続いている．詳しくは1.3.8節を参照のこと．

一方，氷天体である冥王星を観測するため，2006年に「ニューホライズン」が打ち上げられた．2007年2月に木星の重力を使って加速された．小天体クラントルに2010年に接近した後に，2015年7月に冥王星と衛星カロンにフライバイをして観測を行った．準惑星となった冥王星が想像以上に複雑で，現在も窒素氷の活動がある天体であるということが分かった．さらに「ニューホライゾンズ」は，太陽系外縁天体の1つのアロコスにフライバイして，2つの天体が合体した複雑な形状を明らかにした．

表 **1.1**　日本の太陽系探査.

	ターゲット天体	打ち上げ	ターゲット到着
さきがけ	ハレー彗星	1985 年 1 月 8 日	1986 年 3 月 11 日
すいせい	ハレー彗星	1985 年 8 月 19 日	1986 年 3 月 8 日
ひてん	月	1990 年 1 月 24 日	1990 年 3 月 19 日
のぞみ	火星	1998 年 7 月 4 日	（2003 年 12 月）
はやぶさ	イトカワ	2003 年 5 月 9 日	2006 年 9 月 11 日
かぐや（SELENE）	月	2007 年 9 月 14 日	2007 年 10 月 4 日
あかつき	金星	2010 年 5 月 21 日	2015 年 12 月 7 日
はやぶさ 2	リュウグウ	2014 年 12 月 3 日	2018 年 6 月 27 日
ベッピコロンボ	水星	2018 年 10 月 20 日	2025 年末
SLIM	月	2022 年度	–
MMX	フォボス，ダイモス	2024 年度	2025 年
Destiny Plus	フェイトン	2024 年度	

1.3.7　太陽系空間の探査

宇宙観測のはじめての大きな成果は，1958 年 3 月に打ち上げられた「エクスプローラー 3 号」による，地球周囲の放射線帯（バンアレン帯）の発見である．その後も地球周囲の磁気圏を観測する探査機は数々打ち上げられ，さらに惑星間空間で太陽風や磁場などを観測する探査も行われた．

1975 年，76 年に打ち上げられた「ヘリオス 1, 2 号」は，惑星間空間のプラズマや塵を計測しながら太陽まで 4000 万 km あまりまで近づいた．一方，1990 年に打ち上げられた「ユリシーズ」は，木星重力のスィングバイを利用して太陽系の極軌道に投入されたはじめての探査機となった．太陽の北極，南極からの太陽風を観測して，2009 年まで観測を続けた．太陽系外起源の塵を発見して，太陽系は物質的に閉じた空間ではないことも明らかにした．

1.3.8　日本の惑星探査

米ソには遅れたが，日本も太陽系天体の探査を開始した．表はこれまでに行われた探査，そして今後すでに行われることが決定されている探査を一覧にしたものである（表 1.1）．最初のターゲットはハレー彗星であった．

「さきがけ」は日本ではじめて地球重力圏外へ出た探査機である．1986 年 3 月にハレー彗星より700万kmの地点を通過した．工学試験衛星という位置づけで，搭載されている機器はプラズマ粒子，プラズマ波動，磁場の計測機器で，太陽系天体の探査機というよりは，太陽系空間の探査機と言える．一方，「すいせい」は，ハレー彗星から15万km地点を通過した．紫外撮像によるハレー彗星の自転周期を初めて同定するという成果を挙げた．その他には，水放出率の変化の測定，ハレー彗星起源のイオンが太陽風に捉えられた様子を調べた．「ひてん」は，月に到達した工学試験衛星で，10回におよぶ月の重力によるスィングバイ実験を行った．観測機器としてはダスト計測器が搭載され，地球周辺域での塵の分布を調べた．月に接近する機会をとらえて，月周回軌道へ孫衛星「はごろも」を投入した．

日本初の惑星ミッションは火星探査機「のぞみ」で，主としてプラズマ観測機器により火星の上層大気と太陽風の相互作用を調べて大気散逸を解明することを目的とした探査機であった．1998年に打ち上げられて1999年に火星に到着する計画であったが，地球離脱時のトラブルにより軌道計画を変更して，2003年末の火星到着を目指すことになった．最終的には2002年に発生した電気系統のトラブルの修復ができず，2003年12月9日に火星投入を断念した．火星には到達できなかったが宇宙空間のプラズマや塵の測定結果を残した．また地球周囲のヘリウムイオンの分布の撮像に成功した最初の衛星となった．

「はやぶさ」は，小惑星イトカワから表面のサンプルを取得・地球帰還を目指した野心的なミッションで，2003年に打ち上げられた．イオンエンジンという太陽電池によるエネルギーを推進力とする探査機で，2005年に1kmに満たない小惑星イトカワに近づき，表面に着陸してサンプル採取を試みた．最高で，解像度1cmを切る表面の画像を取得して地球に送ってきた．岩塊に覆われた小惑星の姿をはじめて明らかにした．また，2010年に地球に戻り，回収されたサンプルカプセルからは，鉱物微粒子が発見され，分析の結果，イトカワのものであることが明らかになった．

「かぐや（SELENE）」はアポロ以降初めての本格的な月のリモートセンシング探査であり，2007年9月に打ち上げられた（図1.6）．月の極軌道を1年以上周回して，14の観測機器で月全面を観測した．月面全域を解像度10mで撮像するとともに，近赤外分光やガンマ線分光により月面の組成を明らかにした．2機

図 1.6　月探査機「かぐや（SELENE）」．上部には重力計測で使う子衛星が搭載されている（JAXA 提供）．

の子衛星を使い，これまで明らかになっていなかった月の裏側全域の重力を計測して内部構造とくに地殻厚さを明らかにした．また低周波電波サウンダーにより月の海地域の地下構造が求められた．「かぐや（SELENE）」により表裏の違いといった重要な問題の解明が進むとともに，今後の月探査のための基礎的なデータが提供された．

一方，「かぐや（SELENE）」以前に計画されていた，「ルナー A」は中止された．地震計，熱流量計を搭載したペネトレーター[*7]を 2 機月表面に突入させて，月の内部構造の情報を得る計画であった．

現在ではすべての探査は，新組織である宇宙航空研究開発機構（JAXA）で行われている．「かぐや（SELENE）」は，旧宇宙開発事業団（NASDA）系のロ

[*7] 天体表面に衝突して突き指さる槍型の観測装置．月面ではペネトレーターは地下にもぐることにより，表面の温度変化に観測機器が影響されないという利点がある．一方で，衝突の衝撃に耐える装置を作らなければならないという困難がある．

図 1.7 打ち上げ前の試験中の小惑星探査機「はやぶさ 2」. 上部の二つの丸い構造物は高利得アンテナ（JAXA 提供）.

ケット H–IIA で打ち上げられたはじめての太陽系探査機である．金星の気象探査を行う「あかつき」も，H–IIA で打ち上げられた．ベッピコロンボ計画は，ヨーロッパ宇宙機構（ESA）と共同で行っている水星探査で，日本は 2 機の軌道船のうち磁気圏探査船（Mercury Magnetosphere Orbiter：日本名 みお）を担当している．2 機同時に 2018 年に打ち上げられ，2025 年末より観測を行う計画である．

今後も，月着陸探査，小惑星探査，さらには国際協力のもと，火星探査・木星系探査を行う計画がある．

「はやぶさ」の成功を受けて，2011 年に開始された「はやぶさ 2」（図 1.7）は，3 年という短い開発期間を経て 2014 年に打ち上げられ，ターゲットの炭素質小惑星リュウグウに 2018 年に到着した．リュウグウは大きさ 900 m のコマ（もしくは算盤珠）形の天体である．1 年余りの間に，表面を観察し点 3 台のローバを表面におろし，2 回の表面からのサンプリングに成功した．2 回目は，人工衝突実験のクレーターの放出物のある場所からのサンプリングである．「はやぶさ 2」は，2020 年 12 月 6 日に地球に帰還し約 5.4 g のサンプルを持ち帰った．本体は地球のフライバイ，小惑星 2001CC21 を経て高速自転小惑星 1998KY26 に到着予定である．

さらに，2022 年度には，月面ピンポイント着陸技術の実証衛星「SLIM」を打ち上げた後，各国と協力して月の極域探査を行い，月面の氷の存在を実証する計画である．また，火星の衛星フォボスからのサンプルリターン，ダイモスのフライバイ観測を目指して，「MMX（Martian Moons eXploration）」という計画が進められている．また，電気推進技術の実証衛星 Destiny Plus は，彗星核の残骸の可能性の高い小惑星フェイトンのフライバイ観察を行う計画である．

第2章

地球型惑星

2.1　地球型惑星の比較

2.1.1　内部構造

地球型惑星は，太陽系の内側に位置する岩石質の天体で，内側から水星，金星，地球，火星の順に並んでいる．地球の衛星である月も，構造はよく似ているため，一員として考えてもよい．水星は太陽からの平均距離が 0.4 au（天文単位）で，公転周期は 88 日．自転周期は 58.7 日で公転の 3 分の 2 に相当する．表面温度は最高で 700 K になる．一方で，太陽から遠い火星は平均距離が 1.5 天文単位で，表面の平均温度は 218 K（−55 ℃）の極寒の世界である．

地球型惑星はいずれも，中心の金属核と周囲をとりまく岩石質のマントルと最外部の地殻から構成される（図 2.1）．金属中心核の主成分は鉄とニッケルで，その他に，酸素，硫黄，水素などの軽元素が含まれていると考えられている．もともとは微惑星の中では岩石質粒子と鉄粒子とが混合していたものが，天体に集積した後に溶融して分離して，金属核が形成されたと考えられている．地球や金星では，中心核の質量は天体質量のおよそ 3 分の 1 である．水星の高密度は，中心核の質量比が大きい（70%）ことで説明される．月では金属核の質量は天体の 10%以下で，半径も 500 km 以下と考えられている．地球型惑星の基本量の比較を表 2.1 に載せた．

表 2.1　地球型惑星の比較．質量は地球質量 $M_\oplus = 5.97 \times 10^{24}$ kg を単位としている．

	水星	金星	地球	火星	月
質量（$1M_\oplus$）	0.055	0.86	1	0.107	0.0012
赤道半径（km）	2439	6006	6375	3394	1737
密度（$\times 10^3$ kg m^{-3}）	5.4	5.3	5.5	3.9	3.34
中心核半径（km）	1800	3000	3400	1300–1600	$\leqq 500$
大気（気圧）		90	1	0.006	
大気成分	Na, K	CO_2	N_2, O_2	CO_2	Na

地球ではマントルの主成分はカンラン岩（Mg_2SiO_4）である．他の地球型惑星のマントル組成もこれに近いと考えられる．天体の表面には地殻と呼ばれる，マントルよりも密度の低い岩石層があり，地球型惑星ではその主成分は玄武岩である．対流によってマントル物質が上昇して天体表面付近で融けて噴出したマグマの組成が玄武岩である．これまでの探査により，火星や金星の表面の大部分，月の海地域は玄武岩で覆われていることがわかっている．地殻の厚さは 10 km – 数 10 km である．

地球型惑星はいずれも形成直後は，集積にともなう重力エネルギーの解放により溶融していた（8.2 節）．深いマグマの海に覆われていて，金属核が分離したと考えられている．金属核の分離も重力エネルギーを解放するためマグマの海の維持に役立った．現在のマントルは固体であるが，ゆっくりとした対流運動をしている．その対流を駆動する，地球型惑星の内部熱源は，カリウム（K），ウラン（U），トリウム（Th）などの放射性元素である．現在の地球表面の地質活動を支配する，大規模な水平運動であるプレートテクトニクスは，天体規模の対流の表面部分（リソスフェア：地殻と最上部のマントル）の運動と考えることができる．ただし，他の地球型惑星では多くの火山が確認されている一方で，プレートテクトニクスが駆動していた証拠は発見されていない．

2.1.2　大気と海洋

地球は窒素と酸素を主成分とする大気で覆われていて地表気圧は 1.013 bar（1 気圧）である．また大量の液体である水が地表に存在する．海洋の平均水深は

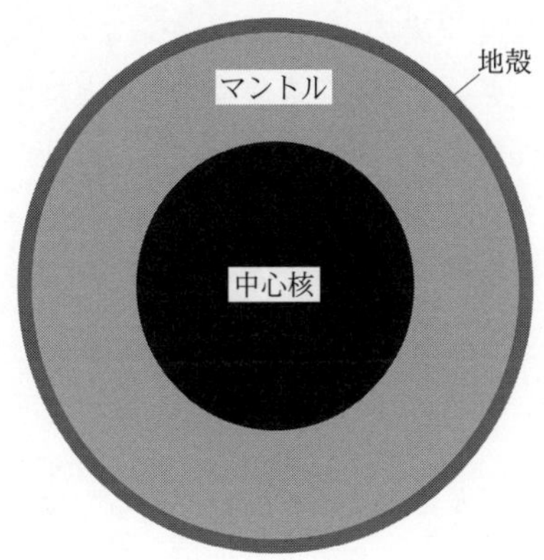

図 2.1 地球型惑星の内部構造.

3800 m. 地表全体を考えたときの平均水深でも 2440 m となる. 地球の長い歴史の中で, 海洋全体が凍結する事件 (Snowball Earth) が何度も起きたことがわかっている. 大気中では水蒸気は微量成分であるが, 上空で雲として凝結して, 地球の反射率を高くすることで地球全体のエネルギー収支に影響を与える. また, 大気中に微量成分として含まれる二酸化炭素は, 温室効果ガスとして地表温度を上げる効果がある. 太古の地球では, 二酸化炭素が大気中に多く含まれていた. 二酸化炭素は陸地の風化を通じて石灰岩などの炭酸塩鉱物として固定される. さらに光合成生物の活動がはじまると, 二酸化炭素を消費して酸素が放出され, 大気中の酸素濃度が高くなった.

金星は厚い二酸化炭素を主成分とする大気で覆われていて表面気圧は 90 気圧である. 窒素も地球と同程度には大気に存在する. 大気の温室効果により, 表面温度は高く, 740 K に達する. 地球と比較すると灼熱の世界で, 表面に着陸した探査機は長時間活動することはできない. 大気中には濃硫酸粒子からなる雲があり, 金星全体を覆っている. 金星にも初期には大量の水が存在したかも知れないが, 安定した海洋にはならずに, 大気中で分解されて水素は散逸してしまったと考えられている.

火星の主成分大気も二酸化炭素であるが, 大気圧は低く 0.006 気圧である. 火星の表面に流水地形が存在することから, 過去には温暖で大量の水が存在した. しかし, 現在の火星表面では極冠に氷として蓄えられているだけでその量は少ない．火星大気には，二酸化炭素の氷と水の氷からなる雲が存在する．

水星や月は，重力が小さいため大気を維持することは困難である．しかし，地上観測から，水星の周囲に非常に薄いナトリウム，カリウムの大気が存在することがわかっている．ただ，大気成分の停留時間は数時間で，太陽風や水星表面，衝突する塵粒子からの連続的な供給があると考えられている．月でも，同様の非常に薄いナトリウム大気が確認されている．

2.1.3 磁場

地球型惑星で現在も双極子磁場が維持されているのは地球と水星である．磁場は，液体金属核での流体運動による磁場を励起するダイナモ作用で維持されるため，地球と同様に水星でも核の一部は融けていると考えられる*[1]．現在の火星には双極子磁場がないが，表面の地殻に残留磁化があり，過去には地球と同じようなダイナモ磁場が活動していた時期があったと考えられている．金星も現在は磁場がない．また表面温度が高く磁性が失われるキューリー温度に近いので残留磁化が確認されていないため，過去に磁場が存在したかどうかはわからない．月の表面には残留磁化が残っている場所があるが，継続的なダイナモ活動ではなく，衝突現象などに伴って獲得されたものと考えられている．

最近の地球ダイナモの理論・数値計算によると，地球では液体金属核の中に固体の内核が存在することが，磁場を生成するダイナモの維持に重要であることがわかってきた．金星では内部の温度が高く，固体内核が存在していない可能性がある．惑星磁場は，太陽風プラズマを遮断して，その天体の周囲に磁気圏と呼ばれる，プラズマ運動を支配する領域を作り出す．地球周囲には地球半径の 10 倍程度（太陽側）の磁気圏が存在する．磁場の存在しない，現在の金星や火星では，太陽風が直接に上層大気と相互作用をする．そのために，大気成分の宇宙空間への散逸が地球よりも活発であると考えられる．

2.2 地球

地球表面の特徴は第 1 に年代が若いことである．たとえば海洋地殻の年齢はほぼ 1 億年以内である．これは地球表層では浸食とプレートテクトニクスが活

*[1] 最近，水星の自転運動のゆらぎの直接観測からも，液体核の存在が示されている．

発に働いているためである．第 2 に地表面は陸と海に二分化されている．地形データだけからでも地表は大陸と海にはっきりと区別することができる．第 3 に地表面の 7 割が液体の水（海）に覆われている．そして第 4 の特徴は生命活動である．この特徴は哲学的な地球の位置づけを際だたせるだけでなく，地球の表層環境にも重大な影響を与えている．

2.2.1 地球の内部構造

地球の内部構造は地震の観測から（他の惑星に比べれば）非常によくわかっている．地殻（2.1.1 節）の厚さは大陸プレートと海洋プレートとで異なり，大陸プレートでは約 50 km，海洋プレートでは約 10 km である．

マントルはおもにマグネシウム，鉄，アルミニウム，シリケートおよび酸素からなる岩石の集合体である（2.1.1 節）．深さ 660 km にはマントル主要鉱物の相転移に対応して，地震波速度に顕著な不連続面がある．マントルは固体であるが，地質学的な時間スケールでは粘性流体としてふるまい，現在も対流している（2.1.1 節）．深さ 660 km の相転移は対流運動の障壁となって流れを遮ることもある，浮力が十分に強ければこの障壁を貫いて上部と下部が混ざりあうこともある．

地球の中心には核がある．核はおもに鉄とニッケルの合金である（2.1.1 節）．半径 1217 km より外側では地震の横波が伝わらないことから，この領域（外核）は液体からなり，最も中心部分（内核）だけが固体であることがわかる．外核が溶けているのは，不純物（軽元素）が含まれて，鉄の融点が下がったためである．衝撃圧縮実験で発生する圧力が外核のそれに達成したことにより，外核に含まれる軽元素の量が地震波速度を使って推定できるようになった．シリケートが 6 重量%，硫黄が 2 重量%，酸素が 1.5–2 重量%と見積もられている．

2.2.2 地球のテクトニクス

比較惑星学の立場で地球を見るとき，中央海嶺で絶えず形成され続ける上部熱境界層（海洋プレート）の冷却とマントルへの回帰（海溝での沈み込み）は地球のテクトニクス*2と熱史の顕著な特徴である．天体表面で冷えて固まり，剛体的

*2 惑星内部で生じる応力がリソスフェアを変形させ，惑星表面にさまざまな造構運動を引きおこす．この応力と変形の関係，そしてその理論をテクトニクスという．惑星テクトニクスの研究とは，惑星表面の地形・構造からその原因である応力を推定し，根本原因である惑星熱史の変遷を明らかにすることである．

にふるまう熱境界層最上部をプレートと定義し，プレート境界でおこるさまざまな地質現象をプレートテクトニクスと呼ぶ．この考え方に従えば，多かれ少なかれ地球と似たような組成からなり，地球と同程度の熱源を持つと推定される他の地球型惑星にまったくプレートテクトニクスの痕跡が見当たらないのは不思議である．重力エネルギーの解放によって惑星・衛星の形成期に天体内部に蓄えられた熱と，その後の放射性元素の壊変によって生じる熱（2.1.1 節）は対流によってもっとも容易に運ばれるはずである．現在のところこの疑問に対する明快な答えは見つかっていない．しかし，水が重要な役割を果たしていることは間違いない．地球の大陸を形成する花こう岩の生成には水が欠かせない．また，マントル物質中の水分量は固体の粘性に強く影響する．さらに，断層面に水が浸入するすることで摩擦力が低下し，プレートの変形を促進することも考えられている．火山ガスとして内部から噴出した水は，プレートの沈み込みにともなって内部に戻される．地球表面と内部の水はこのバランスによって維持されているのだろう．

地球の火山にはさまざまなタイプがあるが，大型の火山の中にはマントルの深部にまで根をはるものがあり，地球内部の物質進化や熱収支に無視できない役割を果たしている．また，地球以外の固体惑星・衛星には大型火山が多数存在している．このことから，これらの天体の熱史には，プレートテクトニクスの代わりにマントル深部からわき上がってくるプリュームが対流の熱輸送を支配しているという考え方が有力である．こうした対流システムは，天体表面では火山（ホットスポット）や沈み込みの収束点（コールドプリューム）として現れ，惑星表層付近のテクトニクスを特徴づけていると考えられる．特に大型のプリュームは 660 km 相転移の障壁を貫いて，上下マントルの熱・物質交換を担うスーパープリュームとなる．このような考え方を，プリュームテクトニクスと呼ぶ．

プリュームテクトニクスに見られる天体内部の活動はリソスフェア*3というフィルターを通して天体表面で観測される．そこで，リソスフェアの性質を理解

---

*3 マントルを構成するカンラン岩は温度が上がると粘性が低くなり，圧力が上がると粘性が高くなる．この性質のため，深さ 100 km より浅い地球マントルの最上部と地殻は固い板のように振る舞う．この板をリソスフェアと呼ぶ．一方，深さ 100–200 km ではマントルの粘性率が急に低くなっていることが知られている．この地球内部の低粘性層をアセノスフェアと呼ぶ．アセノスフェアは潤滑油の働きをして，マントル深部の対流がリソスフェアにおよぼす応力を弱めている．地球型惑星のマントルはカンラン岩で構成されている（2.1.1 節）ので，リソスフェアとアセノスフェアは地球以外の惑星でも通用する概念である．

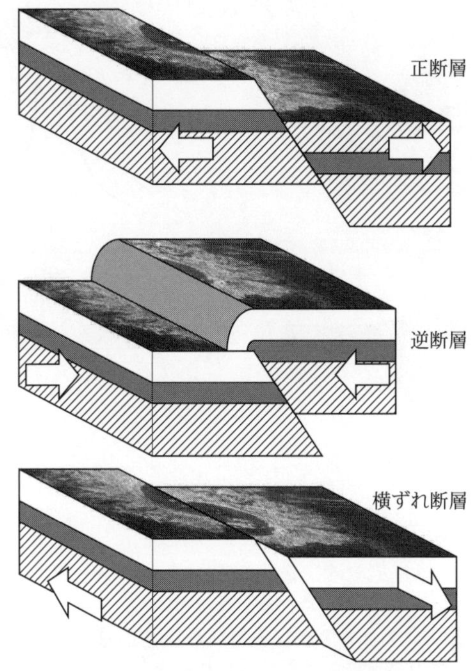

図 2.2　断層の模式図．逆断層は地表面で上盤が崩落し，探査機画像だけから正断層と区別するのは難しい．

しておくことが，地球型惑星・衛星内部のダイナミックスを理解する入口となる．リソスフェアとは，天体表面で温度が低いために，地殻やマントルの岩石が粘性流体的な性質よりも脆性・弾性的性質を強く示す層のことである．リソスフェアは岩石の物理的性質に起因しているので，程度の差こそあれ，地球型惑星には必ず存在する．このリソスフェアとプレートを同一視して，月や火星を 1 枚プレートの星という呼び方をすることもある．しかし，少なくとも地球型のプレートテクトニクスの概念はもはや通用しないので，ここでは両者を区別しておく．リソスフェアの変形モードは大きく分けて 2 通りある．脆性変形と弾性変形である．脆性変形とは，すなわち破壊であり，天体表面ではおもに断層として観察される．断層にはおおまかに三つのタイプがあり，正断層，逆断層，横ずれ断層（図 2.2）と呼ばれる．正断層はリソスフェアが張力場にあることを，逆断層は圧縮場にあることを，横ずれ断層はリソスフェアに剪断応力が働いているこ

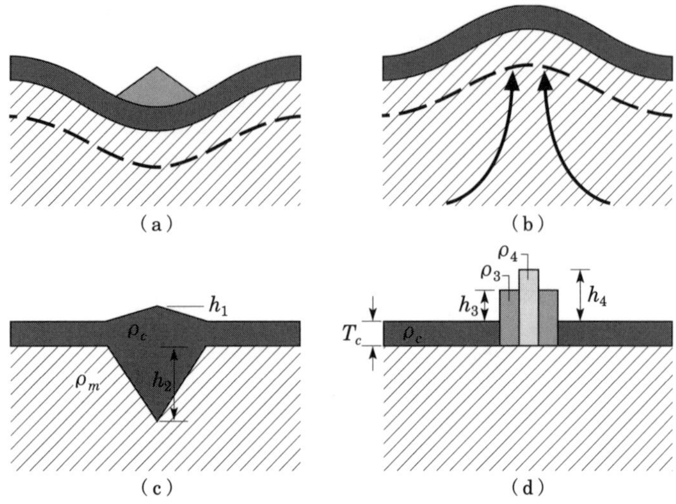

図 2.3 地形を支えるメカニズムの模式図．灰色の部分は地殻（密度 ρ_c，厚さ T_c）を，斜線の部分はマントル（密度 ρ_m）を，太い破線はリソスフェアの底を表している．(a) 地形の荷重を弾性的なリソスフェアが支えている状態，(b) マントル対流の流れの応力が地形を支えている状態，(c) エアリーアイソスタシー（$\rho_c h_1 = (\rho_m - \rho_c)h_2$），(d) プラットアイソスタシー（$\rho_c T_c = \rho_3(h_3 + T_c) = \rho_4(h_4 + T_c)$）を表す．

とを表している．したがって，探査機によって撮像された惑星・衛星の写真の地質解析から正断層が認められれば，内部のダイナミックスによってリソスフェアが引っ張られていることが，反対に逆断層が認められれば，リソスフェアが押し潰されていることが解かる．

リソスフェアの弾性的性質とは，一番身近な類似としては，プラスチック下敷きの曲げを連想してもらえば良い．この場合，プラスチック下敷きがリソスフェアであり，下敷きを曲げている荷重は，たとえば表面の地形（山脈や火山）であったり，あるいは内部の対流によって生じる圧力であったりする（図 2.3 (a), (b)）．これらの荷重は，多くの場合，天体表面あるいは内部の密度不均一に起因しているので，惑星・衛星の重力場を観測することによってその源を推定することができる．一方，荷重に対するリソスフェアの応答は地形に現れる．同じ荷重に対して，柔らかいリソスフェアは大きく変形し，固いリソスフェアはわずかにしか変形しない．したがって，重力（荷重）と地形（変形）を比較することによって，リソスフェアの弾性的性質を知ることができる．

重力と地形を関係づけているメカニズムはリソスフェアの弾性的性質やマントル対流の粘性応力だけではない．たとえば，氷山が海に浮いているように，マントル物質に比べて密度の小さい地殻構成物質は，マントルに「浮く」ことが可能である．地球でも標高の高い山脈はその分だけ深い根を持つと考えられる（エアリーアイソスタシー[*4]，図 2.3（c））．同様に，周囲よりも密度の小さい物質が集まれば，その分だけ標高は高くなる（プラットアイソスタシー，図 2.3（d））．実際の惑星・衛星の重力と地形の関係にはこれらすべてのメカニズムが複合して働いている．しかし，それぞれのメカニズムが有効に働く長さのスケールは異なっている．そこで，重力と地形をさまざまな波長に分解して，個々の波長での関係を調べることで，図 2.3（a）–（d）のメカニズムを切り分けることが可能となる．

2.2.3 地球の大気

地球大気はおもに 78%の窒素，21%の酸素からなり，これに水蒸気が 0–2%[*5]とアルゴンが 1%ほど含まれる．水は液体として海と極冠（氷）に存在している．水蒸気はさまざまな形の雲として地表を覆い，その存在度はわずか 1%ほどながら，凝結の潜熱を介して地球大気の熱輸送に重要な働きをしている（2.1.1 節）．金星や火星と異なり，ほど良い温度に調節された地球大気はこの惑星に生命をはぐくみ，翻っては地球表層の生命の歴史が地球大気の化学組成に深く関わっている．

一見すると金星や火星の大気組成と比べて，現在の地球大気には二酸化炭素が非常に少ない（表 2.1）．地球大気にかつて存在した多量の二酸化炭素は炭酸塩として地殻に取り込まれている．代わって生命の排出する酸素が大気の主成分になったのである．大気の上層では太陽光のエネルギーにより水蒸気や酸素の光分解と，それに連鎖するさまざまな化学反応が起きている．特に，成層圏での光化学反応により生じるオゾンは紫外線を吸収して，地球生命を守る重要な働きをし

[*4] 浮力と重力がつりあっている状態．たとえば水に浮かぶ氷はアイソスタシーが成り立っている．もし，水中に強い上昇流が存在して氷をもち上げているとしたら，（重力）＝（浮力）＋（余分な流れの力）というバランスになり，アイソスタシーは成り立たない．

[*5] 水蒸気量は地域差が大きいので，通常は大気総量には含めない．

ている．

大気の温度構造は最も単純に言ってしまえば，対流の熱輸送に従っている．このとき，水蒸気の凝結のため鉛直温度勾配は乾燥断熱温度勾配*6（1 km の高度上昇に伴い，10 K の温度減少）から有意に小さくなっている．また，大規模波動によるエネルギー輸送も下層大気中で重要な働きをしている．一方，成層圏ではオゾンの紫外線吸収により，高度とともに温度が上昇している．また地球に降り注ぐ太陽光のうち 30%は反射され，22%のエネルギーが大気に吸収されて，残りが地表に届く．大気の温室効果は地球でも生じている．しかし，その寄与は 33 K 分であり，金星に比べると小さい（2.4.3 節）．地球の温室効果に寄与している大気成分は二酸化炭素，および水蒸気と雲である．

惑星規模の大気運動は，赤道域の熱を極域に運ぶ働きをしている．対流圏の大気運動を長時間にわたって平均すると，低緯度から高緯度へ向かう子午面循環が見つかる．地球の子午面循環は北半球と南半球，それぞれに三つの循環セルが卓越する．各半球ごとに一つの循環セルにならないのは，そのような大きな構造が流体力学的に不安定なためである．地球の自転は運動方向に直交する力，コリオリ力を生み出す．このため，子午面循環には単純な南北方向の運動だけではなく，東西方向の風系（偏西風や貿易風）が加わる．

中緯度では，傾圧不安定が熱や物質の輸送に重要な働きをしている．傾圧不安定とは，いわゆる低気圧・高気圧である．また，地形や海陸の温度差も地球の気象に重大な影響を与えている．たとえば南北に延びる山脈が東西風をさえぎるために，大小さまざまなスケールの大気波動が励起される．これらの波動は鉛直方向に熱と運動量を輸送する．このように複雑な相互作用を取り込むことにより，地球大気の挙動は，大気大循環モデルを使ったシミュレーションによりかなり正確に再現することができる．一方で，偏西風や貿易風は海洋に風成循環を引き起こす．温度と塩分濃度による密度差が引き起こす熱塩循環とともに，海洋大循環は地球表面のエネルギー輸送に大きな役割を果たしている．

このように地球大気・海洋の運動エネルギーの大半は太陽から与えられる．一

*6 激しく対流する下層大気中では空気の塊が移動する速度が速いので，周囲の大気と熱のやり取りをする時間がない．つまり「断熱」的な状態にある．この場合，空気塊の温度は圧力変化に伴う体積膨張・圧縮で変化する内部エネルギー密度だけで決まる．すなわち，鉛直方向の圧力変化で大気中の鉛直「温度勾配」が与えられる．地球大気ではこれに加えて水蒸気の潜熱も考慮しなければならない．

図 **2.4** メッセンジャーが撮った水星の合成画像（口絵 1 参照, NASA 提供）.

方，地質学的時間スケールでは地球の軌道は決して永久不変ではなく，わずかながら準周期的に変動している．そのため，太陽からのエネルギーの緯度分布や季節変化にも変動が生じる．わずかなエネルギーの変動でも，大気成分や氷の分布といったフィードバックメカニズムに増幅されて，大気は敏感に応答する．こうして，地球軌道のふらつきが氷期，間氷期といった気候変動を引き起こすと考えられている．

2.3 水星

水星は太陽系の中では最も質量の小さい惑星である．また，太陽に一番近い軌道を回っている．水星は非常に希薄な大気（10^{-14} 気圧以下）を持っており，大気成分として水素，ヘリウム，酸素の原子に加え，ナトリウム，カリウム，カルシウム，マグネシウムといった金属元素の原子が検出されている．表面地形は月によく似ており，地表はクレーターに覆われている．またところどころに平原とでも呼ぶべき，比較的なだらかな領域がかいま見られる（図 2.4）．水星の特徴は密度が高いことである．平均密度 $5420\,\mathrm{kg\,m^{-3}}$ は地球の密度 $5515\,\mathrm{kg\,m^{-3}}$ に匹敵する．一般に惑星は質量・半径が大きくなるほど，内部の圧力が高くなり，圧縮をうけて平均密度が増加する．水星の半径が地球の 40%以下であることを考慮すると，水星内部には地球や金星，火星に比べて密度の高い物質，つまり鉄が多量に含まれているはずである．

水星の軌道は太陽に大変近いので，地球からの観測は難しい．地球から見て，水星と太陽の距離が最も離れた場合でも 28 度しかない．したがって，地上から望遠鏡で水星が見えるのは，ごく限られた期間の早朝，または夕方の短い時間帯だけである．このため，地上からの望遠鏡観測では，水星表面の地形を正確に識別することはできなかった*7．反対に，誤った推測を生み出してしまった．地上の望遠鏡に映る水星の模様がつねに変わらないように見えることから，天文学者たちは水星はいつも同じ面を太陽に向けていると考えた．そして，水星の自転周期は公転周期と同じ 88 日であると推定した．月が地球に対してつねに表側を向けているのと同じように考えたわけである．

この推測は 1965 年のレーダー観測によって覆された．レーダー観測では水星に向けて地球上から電波を送信し，水星表面で反射された電波を受信する．受信波のドップラー効果を調べるのである．水星は自転しているので，地球から見て東半分は遠ざかり，西半分は近づいて来る．つまり，東側で反射されるレーダー波は周波数が低くなり，西側で反射されるレーダー波は高くなるというわけである．その周波数差から計算された水星の自転周期はなんと，58.6 日であった．これは「水星の一年」にあたる公転周期 88 日のちょうど 2/3 にあたる．つまり，水星は太陽のまわりを 2 回まわるごとに，3 回の自転を行っているのである．

水星の素顔を明らかにしたのは，米国のマリナー 10 号探査機である．1974 年に水星から 6000 km 以内の距離まで接近したマリナー 10 号探査機は，史上初めて水星表面の撮像に成功した．水星が太陽に近いことは，探査機による観測においても大きな障害となっている．水星は太陽の重力ポテンシャルの井戸の奥深くを公転しているため，地球を出発した探査機の位置エネルギーは運動エネルギーに変換され，水星に到着したときには大きな相対速度が生じている．速度を落として，探査機を水星の周回軌道に投入するためには大きなエネルギー，つまり多くの燃料が必要となる．金星や火星では周回機による探査が 1970 年代のうちに

*7 水星の地上観測の歴史は C.R. Chapman, Mercury: Introduction to an end-member planet. in *Mercury*, F. Vilas, C.R. Chapman, & M. S. Matthews eds., Univ. Arizona Press, 1988 に詳しい．

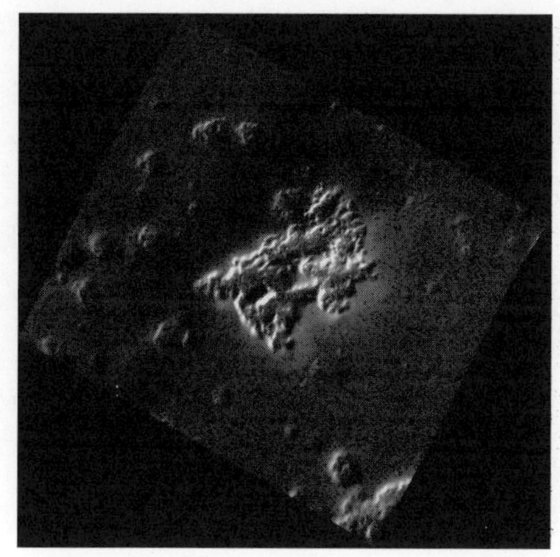

図 2.5 水星表面に見られる陥没地形（NASA 提供）．Image credit: NASA/Johns Hopkins University Applied Physics Laboratory/Carnegie Institution of Washington

行われたが，水星の周回軌道投入は 2011 年になってメッセンジャー探査機が初めて成し遂げることとなった．より遠い外惑星である木星の周回軌道投入は 1995 年，土星の周回軌道投入は 2004 年に実現されており，このことからも水星周回探査の難しさがわかるだろう．

図 2.4 が示しているように，水星の外観は地球の月にとてもよく似ている．しかし，実際にはその性質は大きく異なっている．メッセンジャー探査機によって水星の姿が明らかになる一方で，新たなる謎が生まれている．水星は太陽に最も近く表面温度が高いことは既に知られていたが，揮発性の高い成分であるカリウムが水星表層に豊富に存在することが明らかになった．揮発性成分に乏しい月面に比べて桁違いに多い．その他にも硫黄，ナトリウムなど揮発性の高い成分が多いことが明らかになっており，水星は揮発性成分に富む天体であることの証拠となっている．さらに，メッセンジャー探査機によって，新たに陥没地形が確認されている（図 2.5）．この地形付近は明るく，つまり反射率が高い．宇宙空間に長期間さらされていると宇宙風化によって反射率が低下すると考えられており，この陥没は周辺の地形が形成されてからずっと後に起きたものであろう．地殻に含まれる揮発性成分が地表に抜け出ることによって陥没が起きたのではないかと考

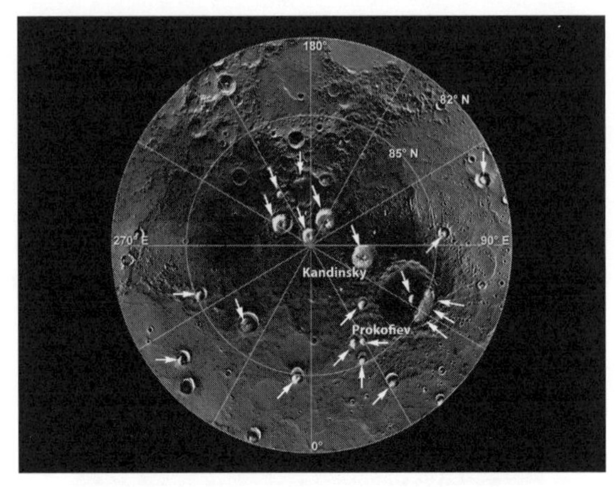

図 **2.6**　水星北極域に存在する水の氷（矢印）（NASA 提供）.

えられており，このことも水星が揮発性成分に富む天体であることを支持している．一方で，このような陥没地形が形成される原因はよく分かってはいない状況でもある．このように揮発性が高い成分を表面に多く含むことから，見た目がよく似ているものの揮発性元素に乏しい月とは，形成過程が大きく異なると現在では考えられており，精力的に研究が進められている．

さらに，極域に水の氷が存在することも明らかになっている（図 2.6）．水星表面は太陽光により熱されて赤道付近では 400 ℃程度の高温となり，そのような場所には水の氷は存在し得ない．一方，水星の自転軸は公転面に対しほぼ垂直となっており，極域にあるクレータ内には太陽光がまったく当たらない永久影と呼ばれる場所が存在する．このような場所は温度が低いまま維持されるため，水が氷として存在できることになる．過去に行われた地球からのレーダー観測によりすでに水の氷が存在する可能性は示唆されていたが，水の氷以外の物質である可能性が残っていた．メッセンジャー探査機に搭載された中性子分光計によってこの場所で水素が存在することが確認され，この結果から水の氷であることが確実視されている．この水は，水星形成初期からあったものとは考えにくく，付近に到達した彗星などが放出した水がこの領域に捕らわれたものではないかと考えられている．

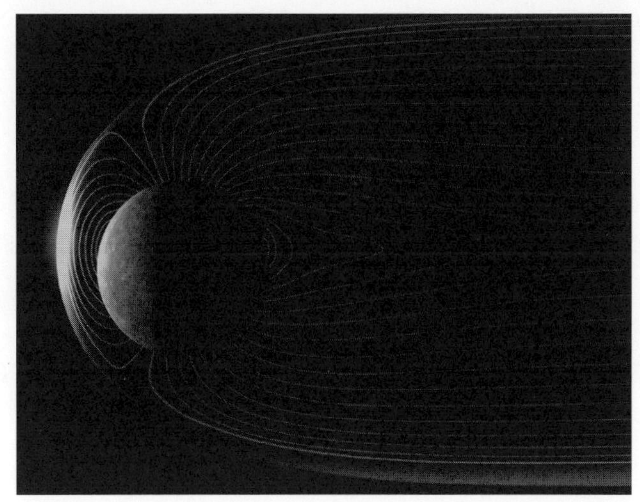

図 2.7　中心が北側にずれた水星磁場（JHU/APL 提供）.

金星や火星には固有磁場はなく，マリナー 10 号が水星の固有磁場を検出したことは意外な結果であった．地球は内側から核，マントル，地殻で構成されており，その核は固体状態である内核と流体である外核に分けられる．2.1.3 節でも取り上げたように，この外核の流体によって電流と磁場が発生していると考えられている（ダイナモ理論）．水星は，その密度が高いことから鉄を中心とした金属でできた大きな核を持つと考えられるが，水星は小さい惑星であるため熱が逃げやすく外側が流体となるほどの高温を保てるかどうかは明らかではなく，固有磁場が存在することを明快に説明することはできていない．メッセンジャーによってあらためて双極子磁場が確認されており，核には揮発性が高い硫黄が多く含まれ，それによって融点が下がり流体となっているという説が支持されている．また，メッセンジャーの観測によって，水星磁場の中心が水星の中心より20%北側にずれていることが明らかになった（図 2.7）．これによってダイナモモデルの更新が必要となり，新たなモデルによってこのずれが説明されている（高橋他，2019）[*8].

[*8] F. Takahashi, H. Shimizu, H. Tsunakawa, Mercury' s anomalous magnetic field caused by a symmetry-breaking self-regulating dynamo. *Nature Communications* 10, 208 (2019).

2.4 金星

2.4.1 金星と地球の比較

金星の特徴は地球と比較して考えると理解しやすい．その理由は

(1) 地球と質量，サイズが（したがって密度も）よく似ていること，

(2) 地球のとなりを回っていて，予測される構成物質もほとんど同じであること，

(3) 表面鉱物組成が似ていること，

(4) 惑星内部から脱ガスしてできたと考えられる大気の組成がよく似ていること，

による．(1) ～ (4) の類似点から金星の内部構造は地球によく似ていると考えられている．

逆に，地球との相違点としては，

(5) 固有磁場が観測されていないこと，

(6) プレートテクトニクスの痕跡が見つからないこと，

(7) 大気中にほとんど水がないこと，

(8) 大気中の希ガスの元素比と同位体比が地球と異なること，

などがあげられる．(5) – (8) の相違点については，大局的な内部構造の相違としてではなく，微量成分の差や，進化の様式の違いとして理解されている．たとえば，(5) については中心核に含まれる軽元素成分の差，流体核の不在，あるいは地球に比べてずっと遅い自転速度などに原因を求める．(7)，(8) は，惑星大気の起源と関係している．地球大気の大部分は内部からの脱ガスによって形成されたと考えられているので，惑星の熱史や地殻をつくったマグマの活動と密接に結びついている．しかし，現時点では脱ガスのメカニズムや惑星内部の同位体比データ，物性定数に不確定が多く，大気の観測データから金星の内部構造や進化の歴史に関する情報を引き出すことは難しい．

2.4.2 金星の地形

金星は表面の詳細なレーダー画像（図 2.8）と地形，重力のデータが得られているので，浅い内部構造についてよく研究されている．たとえば，地形と重力の

図 2.8 マゼラン探査機の撮った金星のレーダー合成画像（口絵 2 参照）．図の中心は東経 90 度，赤道である（NASA 提供）．

相関を調べると，金星では非常に長い波長（次数の低い項）でも高い相関が得られる．これは金星には地球同様に現在も活動的なマントル対流があり，長波長のマントル対流の動きも直接地表面にまで伝わっていることを示している．金星には地球のアセノスフェアにあたる低粘性層が存在しないのであろう．また，地殻とマントルの境界（モホ面）でほぼ完全にアイソスタシーが成立していると考えられる地形がある一方で，マントルに深く根をはる火山の存在も示唆されている．後者は，現在の金星内部においてプリュームテクトニクス[*9]が活発であることを示している．

上に述べた（1）–（4）の類似点から，金星と地球の熱史や内部構造も似ているだろうと考えられがちである．しかし，レーダー画像に見られる表面の地質は大きく異なる．第 1 に，金星にはプレートテクトニクスがない．リソスフェアの

[*9] 地球中心核とマントルの境界で熱せられたマントル物質は，熱気球のようにマントル中を上昇する．この上昇流をプリュームと呼び，大型火山の原因と考えられている（36 ページ参照）．プリュームがリソスフェアを持ち上げ，ひきずることで生じるさまざまな造構運動の理論をプリュームテクトニクスという．

（a）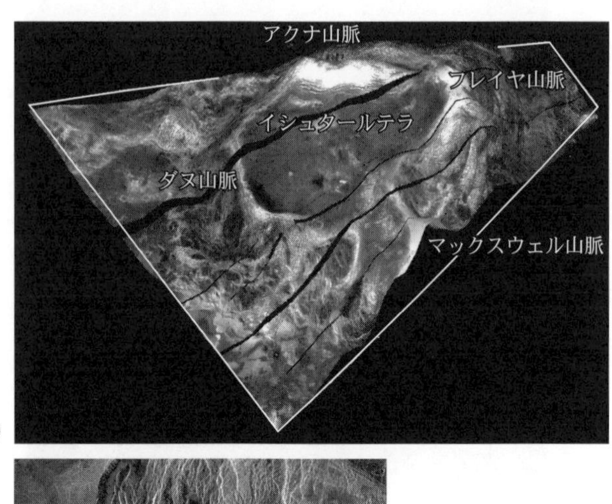

（b）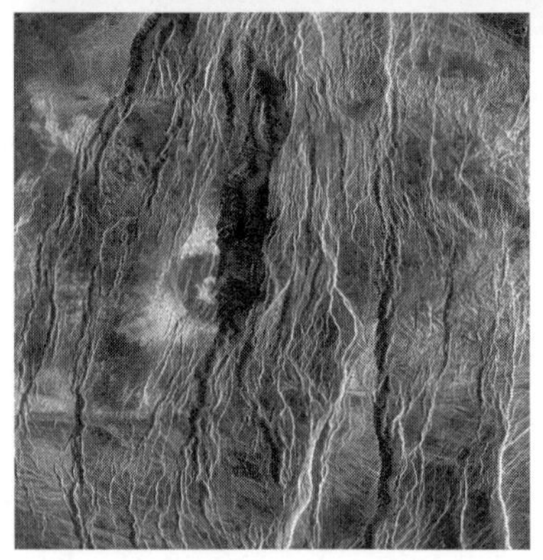

図 2.9　(a) 金星の褶曲山脈を南西側から見下ろした図．NASA提供の画像データを元に合成した画像（東経 330 度を中心とするサンソン図法*10）を地形の上に貼り付けてある．周囲の白い枠は北緯 52 度から 83 度，西経 60 度から 0 度の境界を示している．黒い縞はレーダ画像データの欠落による．(b) 金星の地溝帯．ベータレジオ*11では東西方向の張力によって，南北方向の地溝帯が発達している．地溝によって分断されたクレーター（北緯 30 度，東経 283 度）は元々の直径が 37 km である．図は上が北側である（NASA 提供）．

圧縮によって形成されたと考えられている大規模な山脈や，引っ張りによってリソスフェアの割れ目が広がったと考えられる地溝はたしかに存在する（図 2.9）．このことは，リソスフェアや，リソスフェアを変形させている力の源であるマントル対流の大まかな性質が現在の金星と地球で大きく変わらないということを示しているのかも知れない．しかし，こうしたテクトニックな構造が，地球の海溝や中央海嶺のように惑星規模のネットワークを形成しているわけではない（図 2.8）．

第 2 に，金星表面の 60%は平原，24%は高地，16%は山脈と火山に分類される．平原は大変なめらかで，せいぜい 1 km 程度の凹凸しかない．図 2.8 中で暗色の地域が平原である．変形の少ない平原はレーダーを散乱しにくいので画像では暗くうつる．レーダー画像では平原のほとんどが溶岩流に被われている様子が明らかで，大規模な火成活動が起こったことを示している．こうした解釈はベガ，ベネラ探査機による地殻構成物質の X 線とガンマ線によるその場観測の結果とも調和的である．高地とは，金星の平均半径から数 km の高さに広がる台地上の地形で，それぞれはオーストラリア大陸くらいの大きさである．高地の内部は，大変複雑な変形の履歴を示しており，あらゆる方向を向いた断層や褶曲が重なり合っている．高地はレーダーの散乱が強くなるため，図 2.8 では明色の地域としてうつっている．

山脈と火山は，地球と比べると，標高，サイズともに大型のものが多い．このことは，地球型のプレートテクトニクスが存在しないことに関係していると考えられる．地球で最も大きな火山はハワイ火山であるが，移動する太平洋プレートにマントルプリューム（36 ページ参照）が断続的にマグマを供給しているので，太平洋プレートの動きに沿って，いくつもの小型の火山に分かれている．もし太平洋プレートが動かなければ，マグマの供給は一か所に集中するので，一並びの小型火山列ではなく，一個の大型の火山が形成されたはずである．プレートテクトニクスが存在しない金星ではリソスフェアとマントルプリュームの相対運動が小さく，大型火山が形成されやすいと推測できる．一方，こうした大型の地質構

[*10] （48 ページ）経線に正弦曲線を用いた疑似円筒図法．正しい面積が表される．

[*11] （48 ページ）北緯 29.5 度，東経 281 度を中心とする火山性高地．アルファレジオとともに，金星のレーダー観測初期段階に発見された．北側のレヤ山と南側のセヤ山という二つの大型火山をデヴァナ地溝帯が縦断している．

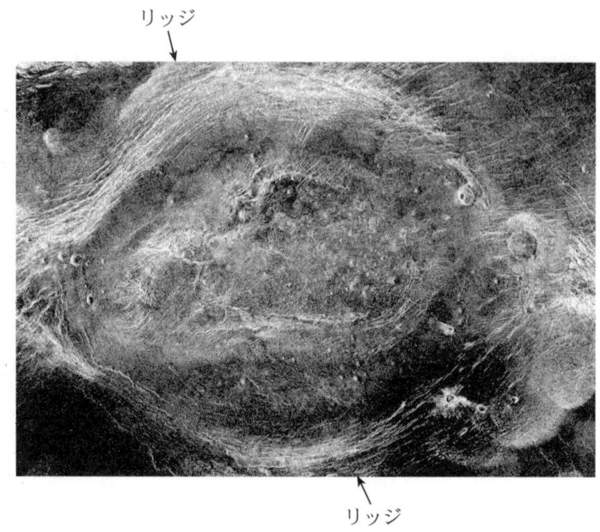

図 2.10 ニシュティグリコロナのマゼランレーダー画像．図は北を上とするサンソン図法で描かれており，図の中心は南緯 24.8 度，経度 72 度で，幅が約 360 km である．内部には多くの盾状火山が認められる（NASA 提供の画像データを合成）．

造体を支えるためには，リソスフェアが地球に比べて非常に固いか，さもなければ上昇するマントルプリュームが生み出す流れの粘性応力によって，能動的に下から持ち上げるかのどちらかであると考えられる．

第 3 に，金星には上に述べた大型火山以外にも多種多様な火山地形が見つかっている．他の惑星には見つからない金星特有の火成活動の特徴として，コロナがあげられる．コロナとはおもに平原に見つかる半径 100–1000 km の円形の地形で，周囲をとりまく同心円上のリッジ（地塁）とさらにそのすぐ外側にある円環状の溝によって特徴づけられる（図 2.10）．内部は凹型に窪んでいて，激しい火成活動の痕跡を示すことが多い．コロナも金星内部でのプリュームテクトニクスの表面形態の一つと考えられるが，その形成過程はまだよく理解されていない．

第 4 に，金星のクレーター分布は特異で，他の惑星のようにどこかが特に密度が高い（年代が古い）あるいは低い（若い）という区分がない．このことは，一つには金星をとりまく厚い大気の保護膜によって，半径が小さいクレーターが生成しないためである．金星全体で約 1000 個程度のクレーターしか見つからないために，細かい地質区分について，クレーター年代学を適用することができない．とにかく，全体で約 1000 個というクレーターの総数は，大変少なく，表面の平均年代はせいぜい数億年と見積もられている．

金星表面の大部分を占める平原の中に明瞭な年代の差が認められない．このクレーター分布は，平原が溶岩によって被われているという観測事実とあわせて，「金星が数億年前に大規模な火成活動をおこして，惑星表面の 60%以上が突然吹き出した溶岩によって埋め尽くされた，そしてその後は火成活動もテクトニックな活動もほとんどなかった」という大胆な解釈を引き出した（惑星表面更新仮説）．この仮説に従えば，数億年前の大規模火成活動以前に存在した地表面は，現在ほとんど残されていない．したがって，それ以前に金星がどのような状態にあったかを知ることはできない．このように過去の記録が抹消されているために，惑星表面更新仮説にはいろいろなバリエーションが存在し，どれが一番もっともらしいかを区別することは現状では困難である [*12]．

2.4.3 金星の大気

金星の厚く，高温な大気は地球大気と比べて大きく異なる．地表面での気圧は 92 気圧，温度は 730 K（460℃）におよぶ．大気の主成分は二酸化炭素（96%）である．高度約 45–70 km に存在する硫酸の雲層や濃い大気のため可視光領域で地表を見ることはできない．硫酸の粒は，下層で分解し再び雲層に戻る．金星大気のおもな硫黄化合物である二酸化硫黄は光化学反応によって硫酸の雲に変換されるため，雲層より上では著しく量が減っている．

金星に降り注ぐ太陽光の約 8 割は雲に反射される．このため，金星大気への実質的なエネルギー供給は，太陽から遠い地球よりも少ない．大気に吸収されるエネルギーは結局は大気から赤外放射により再放出される．このエネルギー収支から予測される温度（放射平衡有効温度）に比べて，実際の地表温度は 500 K も高温である．これは大気の温室効果のためである．温室効果に寄与している大気成分は二酸化炭素，水蒸気，二酸化硫黄，および硫酸の雲である．簡単に言ってしまえば金星大気は地球や火星の大気と比べて温室効果ガスである二酸化炭素が

[*12] 金星の地質については，小松吾郎，松井孝典『比較惑星学』（岩波講座 地球惑星科学 第 12 巻，1997）に詳細な記述がある．

多い分だけ温室効果も大きいのである．

金星下層大気の温度構造はほぼ乾燥断熱温度勾配で決まっている．地球のオゾン層のように高層大気で太陽光を吸収する物質が少ないので，金星の成層圏ははっきりしない．片や水平方向の温度差は大変小さく，赤道域と極域の温度差はわずか数度である．これは大量の金星大気がもつ巨大な熱容量のためである．

金星気象の最大の特徴は「スーパーローテーション」と呼ばれる高速帯状流である．金星は地球と逆向きに 243 日の周期で自転している．これに対して，地球から観測される雲は自転と同じ向きにほぼ 4 日周期で 1 回転している．つまり金星の雲は，実に地表の 60 倍の速度で回転しているのである．高度方向の風速分布は地表面で $0\,\mathrm{m\,s^{-1}}$ から高度 70 km の雲頂まで直線的に増加し，最大 $100\,\mathrm{m\,s^{-1}}$ にまで達している．かくも高速な東西流を維持する角運動量はいったいどこから，どのようにして供給されるか，という問題は，金星大気力学の大きな謎である．地球にも中緯度に偏西風という自転と同じ向きの気流があるが，金星では赤道域も含む大気全体にそのような流れがあることが，従来の気象学では説明が難しいとされる．スーパーローテーションは土星の衛星であるタイタンにも見られるほか，太陽系外惑星にもそのような大気循環をうかがわせるものがある．そのメカニズムを解明することが惑星大気の循環の基本原理を理解するために重要である．この問題を解決するために，日本の金星探査機「あかつき」が金星大気の運動を詳しく調べ，その観測データを用いた研究が進められている（図 2.11）．スーパーローテーションは金星の外から角運動量が供給されて維持されているわけではなく，波長が 1 万 km を越えるような惑星スケールの流体波動にともなう大気内部の角運動量輸送によって生じていると考えられる．「あかつき」の観測データや数値シミュレーションを用いたこれまでの研究によれば，雲層が太陽光によって加熱されることによって生じる熱潮汐波という波動や，中緯度に作られたジェット気流が不安定化して作られる波動の役割が重要である．「あかつき」はまた，可視光では見ることのできない雲層の下部の構造を赤外線で可視化し，地球の対流圏に見られるような複雑な渦や波打つパターンがあることを見出した（図 2.12）．このような大気の運動が金星の雲の形成やスーパーローテーションにも関与していると考えられる．

金星大気の進化過程を考える上で注目すべきは重水素と水素の比率（D/H 比）

図 2.11 金星探査機「あかつき」に搭載された紫外線カメラにより波長 283 nm で撮影された金星．全体が硫酸の雲でおおわれている．この波長の光は二酸化硫黄により吸収されるため，二酸化硫黄の量が多いところは暗く見える（JAXA 提供）．

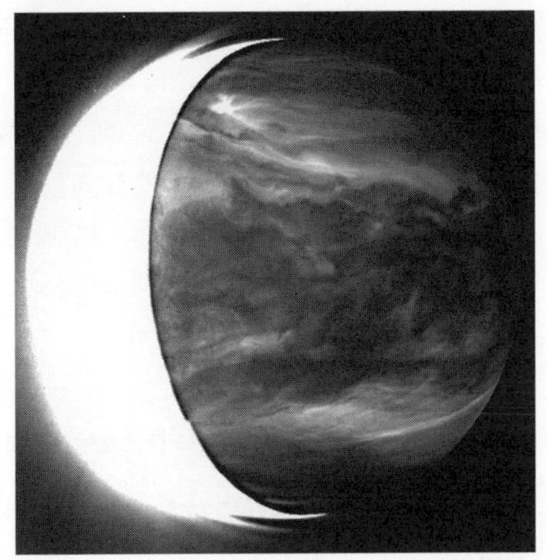

図 2.12 「あかつき」IR2 カメラがとらえた金星夜半球の雲画像．2.26 μm 画像と 2.32 μm 画像を組み合わせて昼半球からの迷光を除去し，わずかにエッジ強調処理を施している（JAXA 提供）．

が，地球の 150 倍も高いことである．大気中の水蒸気は上層で光化学反応により水素と酸素に分解される．大気の中性粒子やイオンは，これら粒子の熱運動にともなう宇宙空間への飛び出しや，太陽紫外線により加熱された高層大気の宇宙空間への流出，太陽風との相互作用や荷電交換など，さまざまな過程を経て大気から惑星間空間へ散逸する．このとき重水素は水素に比べて重いので，散逸しにくい．つまり金星の高い D/H 比は，地球に比べて金星からどれほどの水が散逸したか，言い換えれば原始金星にはどれくらいの水があったか，を示している．ある見積もりによれば，金星大気にはかつて地球の海に匹敵するほどの水が存在したという．この大量の水が水蒸気として大気中にあったのか，はたまた金星表面に海として存在したのかはまだわからない．

2.5 火星

2.5.1 火星の観測と探査への興味

惑星の中でも火星はこれまで人類の興味を最も掻き立てて，さまざまな探査が行われてきた天体である．サイズは地球の半分，質量は約 10 分の 1 の小さな惑星であるが，地球と似た表層環境が過去に存在して，生命も発生したのではないかと考えられている．

火星の地形がどのような姿なのか明らかになるには，惑星探査機による探査を待たなければならなかった．最初に本格的に火星を探査して，さまざまな画像を送ってきたのはアメリカの「マリナー 9 号」である．以前に提唱された人工的な運河はそこには存在しなかった．しかし，太古の河川洪水の跡とみられる流路が数多く発見され，また，大きな火山がいくつも存在することも明らかになった．この発見の興奮が，「バイキング」の生命探査につながったといえる．その後の 10 年以上の空白の後に，火星探査は続々と行われるようになり，2000 年代半ば以降では常時 3, 4 機の探査機がつねに火星上か，または火星周回を行っている．

2.5.2 火星の軌道と構造

火星の赤道半径は 3397 km，質量は 6.42×10^{23} kg で，大きさは地球の半分，質量は地球の約 10 分の 1 の惑星である．火星の軌道離心率が大きい (0.0934) ため，火星の近日点付近で地球と会合するときに，地球と火星の距離は小さくな

図 2.13 ハッブル宇宙望遠鏡が 2001 年 6 月 26 日に撮像した火星．北極・南極の周囲に水の氷の雲が広がっている（口絵 4 参照）．右下の南半球高緯度地域がやや明るくなっているのは，ヘラス盆地周辺にダストストーム（砂嵐）が発生しているためである（Space Telescope Science Institute 提供）．

る．このようなタイミングを大接近と呼ぶ．2003 年 8 月の大接近では，その距離は 5576 万 km（0.37 au）となり，太陽からの平均距離の差の約 70%となった．しかし，そのときでも火星の視直径は 25.13 秒であり，木星より小さく，月の 75 分の 1 であった．図 2.13 は 2001 年の接近のときにハッブル宇宙望遠鏡が撮像した火星である．

火星は，他の地球型惑星と同様に，中心の金属核，岩石のマントル，相対的に密度の低い岩石でできている地殻という内部構造を持つ．表面の地殻は，地球の海洋底と同様に基本的には玄武岩組成である．現在の火星には，地球で進行しているプレートテクトニクス運動はなく，火山活動は弱い．

火星の大気は二酸化炭素が主成分で，表面での平均大気圧は地球の 1000 分の 6 である．大気上層には，二酸化炭素と水の氷の雲が現れる．とくに両極周辺や高い山の周辺には雲が現れることが多い（図 2.13）．火星大気中にはミクロンサイズの塵が浮遊している．数年に一度，地表から巻き上げられた塵粒子が全球を覆う「砂嵐（ダストストーム）」が発生する．大きなものは地球からも観測され，黄雲と呼ばれる．平常時の大気中の塵による光学的厚さは 0.2–0.3 程度であるが，砂嵐発生時には 3 程度に達するため，外部から表面地形は観察できなくなる．

2.5.3　南北非対称

火星の表面の大きな特徴は，標高が高く衝突クレーターに覆われている（古い）南半球と，相対的に標高が低く，クレーター密度の低い（新しい）北半球という，二分性である．特に，北極平原は過去に海が存在したと考えられている．図 2.14（口絵 5）は「マーズグローバルサーベイヤー」のレーザー高度計が取得したデータによる，火星の高度分布である．南半球の方が標高が高く，また表面には数多くの円形の衝突クレーターが存在する．太陽系の他の固体天体と同様に，表面のクレーター密度が高いほど，その地域は相対的に古い．

また，赤道付近に，タルシス台地と呼ばれる巨大な溶岩台地があり，その西側には等間隔で並んだ三つの標高の高い火山が存在する．タルシス台地は今から 35 億年以上前に形成されたと考えられている．タルシス台地の中央にはマリネリス峡谷と呼ばれる巨大な割れ目があり，その東端から洪水地形が北極平原に続

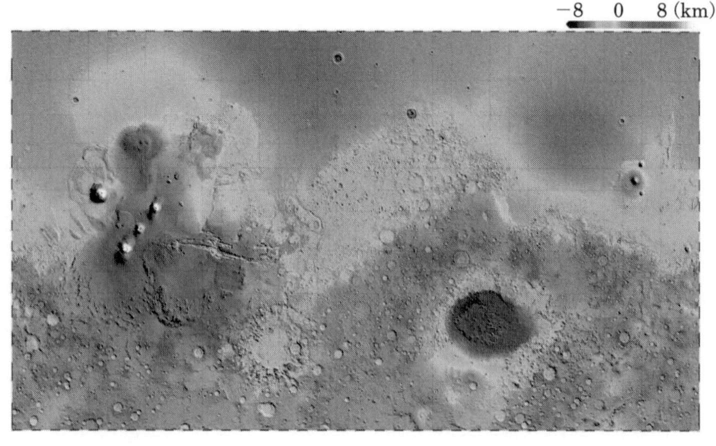

図 2.14　マーズグローバルサーベイヤーのレーザー高度計が取得した火星の地形（口絵 5 参照）．南緯 70 度から北緯 70 度までの範囲が描かれている．標高が高くてクレーターの多い南半球と，火山地域を除いては標高が低く相対的にクレーターの少ない北半球に分けられる（NASA 提供）．

いている．洪水地形はマリネリス峡谷の北側の凹地からも，北へ続いている．マリネリス峡谷の中央部は，東端よりも低いために，流水のみが峡谷を作ったとは考えにくい．峡谷を開く構造的な活動や，火山活動が存在した可能性が高い．

火星の火山帯はおもに北半球に集中している．オリンパス山，タルシス火山列，エリシウム山といった火山がある．オリンパス山やタルシスの火山の標高は25 km を越えていて，山頂付近には明瞭なカルデラがある．数千万年（クレーター数密度から推定）程度の年代の溶岩流地形があることから，火星の火山の一部は現在でも活動を続けていると思われる．しかし，地球や金星と比較すると，天体全体におよぶような火山活動ははるかに弱い．これは天体が小さいために内部の冷却が進んだためと考えられる．天体内部の放射性熱源元素の存在度が同程度であっても，（表面積/体積）比の大きな天体ほど冷却は速いからである．

2.5.4 火星の水の存在と温暖な環境

現在の火星表面は，寒冷・低圧で液体の水が安定に存在することはできない．しかし，「マリナー 9 号」，「バイキング」軌道船の観測から，火星表面にはさまざまな河川状の地形が広がっていることが明らかになった．大きく分類すると，巨大な洪水地形であるアウトフローチャンネル（図 2.15）と，樹枝状の谷地形であるバレーネットワーク（図 2.16）に分けられる．アウトフローチャンネルは大きなものになると，幅は数 10–100 km，長さは数 1000 km に及ぶ．とくに火星赤道域のマリネリス峡谷周辺から北極平原へ向けて何本かのアウトフローチャンネルが流れている．その源には，カオス地域と呼ばれる陥没地域があり，大量の水は火星の地下から供給されたと考えられている．アウトフローチャンネルの源領域は火星の火山の地域に近いために，火山活動が地下の氷を融解させて，洪水を引き起こしたというモデルがある．また，北極平原に流れた大量の水は，一時的に海を存在させて，火星全域を温暖にしたという主張もある．

一方，火星の南半球のクレーターに覆われた古い地域には，幅が狭い樹枝状の谷が広く分布している．これはアウトフローチャンネルよりも古い約 40 億年前の谷であると考えられている．火星の広い地域に分布しているため，火星全体が温暖な環境であったために生成されたと考えられている．個々のバレーネットワークの源は，地下水の流出を表す形状を示している．谷の中には，河床移動や

図 2.15　火星の洪水地形アウトフローチャンネルの一つ，ラビ谷．図中では谷の全長は 300 km 程度で，その源と途中には，カオス領域と呼ばれる陥没地形が存在する．地下の氷が融解して流出したため，カオス地形，アウトフローチャンネルは形成されたと考えられる（NASA 提供）．

段丘地形もあり，長期間にわたって，流水活動が続いたことを示している．

1976 年に火星に着陸した，「バイキング」着陸船の最大の目的は生命探査であり，微生物の活動を調べる装置を搭載していた．しかし，2 機とも着陸地点は溶岩平原であり，生命どころか，過去に水が存在した証拠さえ得ることもできなかった．1997 年に火星に着陸した「マーズパスファインダー」は，着陸目標に大洪水の跡を選んだ．アレス谷と呼ばれるアウトフローチャンネルの河床に着陸した．前年の 1996 年には，火星由来の隕石 ALH 84001 に過去の生命（バクテリア）の痕跡が発見されたという発表があり，この探査機が，火星の過去に水が存在していた直接の証拠を発見するのではという期待が高まった．着陸機から，「ソジャーナ」と呼ばれる小型ローバが周囲を探索した．着陸地点で発見された岩石は，玄武岩や安山岩の組成のものである．岩石の表面は摩耗しているものもあり，これらは洪水とともに上流から運ばれてきたと考えられる．堆積岩の構造を示す岩石は発見されなかった．

表面探査に新たな歴史を切り開いたのが，2004 年 1 月に着陸した 2 機の「マーズローバ」，「スピリット」と「オポチュニティ」である．「マーズパスファインダー」のローバ，「ソジャーナ」は着陸船本体を経由してのみ，データを送るこ

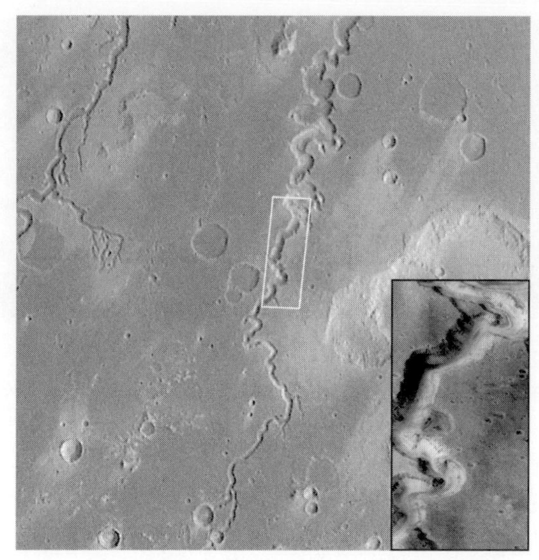

図 2.16 火星のバレーネットワークの一つ，ナネディ谷（マーズグローバルサーベイヤー撮像）．白四角部分の拡大図が右図．谷の幅は数 km．段丘状の地形が見られることから，流水活動は長期間にわたったと考えられる（NASA 提供）．

とができた．そのため，行動範囲は限定された．2 機の「マーズローバ」は，移動とともに直接，地球や火星周回衛星と交信できる．そのため，長距離の探査が可能になり，広範囲の地質探査が期待された．「スピリット」の着陸地点は，太古の湖と考えられる，直径 100 km ほどのグセフクレーターである．ここには，マアディム谷という古いバレーネットワークに分類される 200 km 余りの長さの河川跡が流れ込んでいる．「オポチュニティ」の着陸地点は，「マーズグローバルサーベイヤー」の赤外分光分析から，酸化鉄ヘマタイトが存在することが明らかになったメリディアニ平原が選ばれた．いずれも赤道近くで，着陸船が長期間活動するには好適な温度条件の場所である．

「オポチュニティ」はイーグルクレーターという直径数 10 m の小クレーター内に着地後に停止した．クレーター内部には，層状の堆積岩構造の岩石の露頭が存在した．これまでに火星表面で観察された暗色の火山性岩石と異なり，周囲の土壌よりも明るい色を示す．層状岩石の詳細分析からは，堆積岩中には酸化鉄か

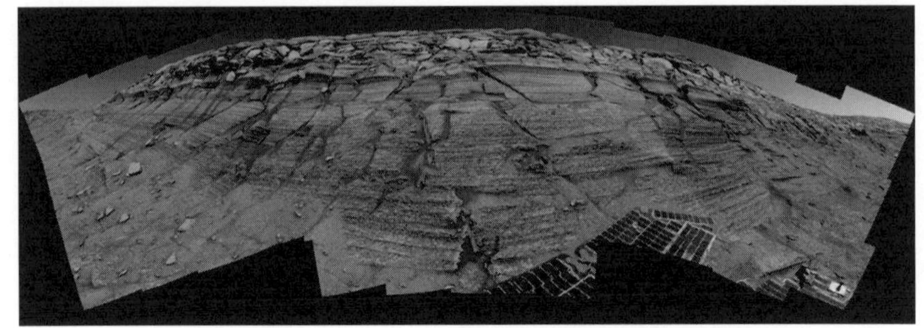

図 2.17 「オポチュニティ」の撮像した，エンデュランスクレーター内部の Burns Cliff（燃える崖）と呼ばれる堆積岩地層．これは 46 枚の画像を合成したもの（NASA 提供）．

らなる球粒物質が含まれること，また，過去に湖が干上がった証拠と考えられる，含水硫酸塩鉱物も検知された．リモートセンシングによる地形学的研究から推測されていた，過去の火星の温暖環境の存在は，はじめて直接に証明されたのである．「オポチュニティ」はその後，エンデュランス，ビクトリアといったクレーターでも堆積岩地層を発見している（図 2.17）．「スピリット」もグセフクレーター内で水成堆積物の証拠を確認した．「オポチュニティ」と「スピリット」は，火星表面のほぼ反対の位置に着陸している．その双方で堆積岩が発見されたことにより，火星初期の温暖環境は天体の広範囲で維持されていた可能性が高くなった．「スピリット」は 2010 年 3 月まで，「オポチュニティ」は当初の予定を大きく越えて，2018 年 6 月まで観測を続けた．

2.5.5 火星の大気とその進化

現在の火星大気の主成分は二酸化炭素であるが，大気は薄く（表面で 1000 分の 6 気圧）温室効果は効いていない．一方で，バレーネットワーク地形や堆積岩など，地質学的な証拠からは，今から 40 億年前の火星表面は液体の水が断続的には存在できる環境であったと考えられる．温室効果で火星表面の温度を 273 K 以上にするには，二酸化炭素の分圧で数気圧の圧力が必要である．金星大気と比較すれば，これくらいの二酸化炭素大気が火星に存在したとしても不思議ではない．ただし，二酸化炭素のみだと，上空で凝結してしまう可能性が高いために，他の温室効果ガスや火山性のエアロゾル（大気中の微小粒子）の存在が大気の温度を高めていたとも考えられている．厚い二酸化炭素大気はどこにいったのだろうか？ 地球のように，石灰岩などの炭酸塩鉱物として地殻に固定された可能性がある．しかし，これまでのリモートセンシング観測では炭酸塩鉱物が広く存在する証拠は確認されていない．一方，火星大気中の窒素，アルゴンの同位体組成は，地球と比較すると重い同位体に富んでいる．これは，火星大気が強い散逸を受けた証拠と考えられている．現在の二酸化炭素大気の流出も，旧ソ連の「フォボス」や 2014 年から火星周回を行っているアメリカの「メイブン（MAVEN）」で確認されている．おそらく，長い火星史を通じて二酸化炭素大気は，宇宙空間へと流出して薄い大気になったのであろう．

2.5.6 極冠と過去の気候変化

現在の火星表面の大きな特徴の一つが，南北極の極冠である．以前は，北極冠は水の氷，南極冠は二酸化炭素の氷（ドライアイス）で構成されていると考えられていた．「マーズエキスプレス」の観測から，南極冠表面のドライアイス層は薄く，南極も極冠は大部分，水の氷でできていることがわかった．そのため，極冠に含まれる二酸化炭素がすべて蒸発したとしても，火星の気候は大きくは変わらない．極冠の詳細画像からは，細かい成層構造が存在することが明らかになっている（図 2.18）．氷が沈積するときに大気中の塵も集めて落下する．また蒸発するときには塵は残される．氷の凝縮・蒸発が何度も起きると，結果として塵は蓄積する．ラスカー（Laskar）らは北極冠の表面 250 m ほどの氷の成層構造が，過去 50 万年の気候変動を記録していることを明らかにした．火星の自転軸の傾き，軌道離心率は，他の惑星の重力の影響を受けて変化する．それによる，夏の期間の太陽放射量と，極冠の厚さに相関があることを明らかにしたのである．これを説明する一つの可能性は，夏の期間の蒸発速度が速いために，塵が相対的に蓄積するというもの，もう一つの可能性は，砂嵐が激しくなるために，塵の蓄積量が多くなるというものである．いずれにしても，現在の極冠に含まれる縞模様は火星の過去の気候変化を反映しているものと考えられる．

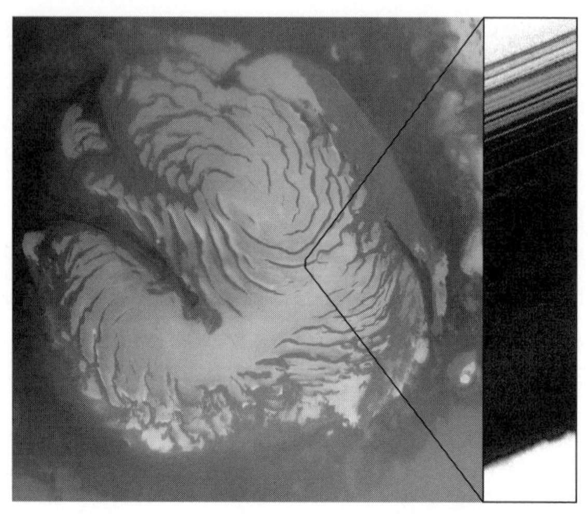

図 2.18　火星の北極冠とその内部の成層構造．北極冠の内部の谷の斜面には細かい成層構造が存在する．右図は「マーズグローバルサーベイヤー」による詳細画像で画像の幅は 1.66 km である（NASA 提供）．

2.5.7　新しい溝地形，ガリーと RSL

「マーズグローバルサーベイヤー」は，ガリーと呼ばれる新しい溝地形の存在を明らかにした．ガリーは，バレーネットワークの峡谷の壁面や，クレーターの内壁の急斜面に存在する長さ数 km の溝状地形である（図 2.19）．しばしば同じ場所に平行して多数のガリーが存在する．アルコブと呼ばれる扇形の崩壊地形からはじまり，幅数 10–100 m の溝状のチャンネル，そして流出物が堆積したエプロンと呼ばれる地形からなる．塵の沈積が少なく見えるため，比較的新しい地形であると考えられた．ガリーの成因には今のところ決着が付いていない．当初は，地下の帯水層から流出された水により形成されたと考えられた．しかし，高緯度帯の低温条件では地下に液体の水が存在することは困難なため，二酸化炭素の放出によるというモデルも考えられた．一方，赤道方向よりも極向きの斜面に多く存在するという特徴を説明するため，冬季に積もった水か二酸化炭素の雪が温かくなり，融解，蒸発することで形成されるという考えもある．さらに最近では，「マーズグローバルサーベイヤー」の，時間をおいて撮像した同地域の画像

図 2.19 マーズグローバルサーベイヤーの撮像した火星のガリー地形．図の横幅は 1500 m（NASA 提供）．

に，ガリーの色調の変化が確認された．このガリーの色は明るく，長さは典型的なガリーと比べると短い．しかし，もしガリーの成因が水の流出ならば，現在の火星で流水活動が継続していることになる．

2006 年より火星の周回観測を行っている，「マーズ・リコネサンス」は，最高分解能 30 cm のカメラ HiRISE が搭載されている．これにより，火星の低緯度地域の傾斜地では，地下帯水（氷）層からの塩水の浸出で形成されたと解釈される季節変化をする（夏季に現れ冬季に消える）地質現象が発見されている．幅は 5 m 以下で 25 度以上の傾斜地に繰り返し生成・消滅して直線性の強い特徴を持つことから Recurring Slope Lineae（RSL）と呼ばれている（佐々木・臼井, 2021）．また，地球の乾燥寒冷地域の傾斜地にも類似した地形が発見されている．一方で，RSL は傾斜が緩くなると停まるため，水ではなく，乾いた砂塵が滑り落ちるために生成されるという主張もある．

2.5.8　火星への高まる関心

火星への関心は高く，様々な計画があり，また実行されている．2014 年にはアメリカの「メイブン」，インドの「マンガルヤーン」，2017 年にはヨーロッパの「TGO（Trace Gas Orbiter）」が，2021 年には中国の「天問 1 号」，UAE の「ホープ」が周回観測を開始した．中国の「天問 1 号」の着陸船は，5 月 14 日にユートピア平原の南部に着陸し，5 月 22 日に探査車「祝融」が観測を開始した．

2012 年 8 月には，マーズ・ローバの 10 倍以上の重量の観測機器（85 kg）を搭載したローバ（キュリオシティ）がヘリシウム平原南部のゲイルクレーターへの着陸に成功して科学観測を行っている．このクレーターは，一度堆積層で覆われた後で，浸食を受けたと考えられている．キュリオシティはクレーター内部の堆積層から過去の液体水の存在を示唆する多種類の粘土鉱物・硫酸塩・過塩素酸塩などを発見している．有機化合物や間欠的なメタンガスの放出（濃度の急上昇）も観測した．キュリオシティは，2021 年 8 月現在でも，観測を続けている．

2021 年 2 月には，将来のサンプルリターンミッションのための，試料採取を目的の 1 つとする，「パーサビアランス」が，ジェゼロクレーター内部に着陸に成功した．過去に湖底であった地域で，生命の証拠を含む堆積物を回収することを目的としている（佐々木・臼井，2021）．「パーサビアランス」が収集した火星表面サンプルを，2026 年に打ち上げる複数の宇宙機で，2031 年に地球に持ち帰る計画である．日本の「MMX」計画は，火星の衛星フォボスからのサンプルリターンを計画している．フォボス表面には火星からの放出物が含まれている可能性，さらには衛星そのものが火星への天体の衝突で形成された可能性があり，火星サンプルや火星隕石との比較が期待される．

第3章

木星型惑星

太陽系における木星型惑星とは，木星，土星，天王星，海王星の 4 惑星を指し*[1]，太陽からの距離が 5.2–30 au（天文単位）の範囲に位置している．これら惑星の探査は，1980 年代までフライバイによる訪問に限られていたが，1995 年にガリレオの木星周回（大気への降下プローブを含む），2004 年にカッシーニの土星周回，そして 2016 年にジュノーの木星周回が実現し，木星と土星を中心に知見が著しく増した．本章では，我が太陽系における 4 個の木星型惑星について，それらの共通点と相違点を浮き彫りにしつつ，内部構造，磁場，大気について概観しよう．太陽系外に目を向けるとホット・ジュピターやホット・ネプチューンと呼ばれる惑星が多数あり（7 章参照），それらの理解を比較惑星学的に深める上での重要な基盤でもある．

本章の知見の多くが探査機ミッションにもとづいておりそれら名称が頻出するから，おもなものについて略称を定義し使用する（ボイジャー 2 号 = VG2，ガリレオ周回機 = GLO，ガリレオ降下プローブ = GLP，カッシーニ = CSN，ジュノー = JNO，他にハッブル宇宙望遠鏡 = HST，ひさき衛星 = HSK）．

*[1] 天王星と海王星を天王星型惑星という区分で論じることも増えているが，本章では従来の区分を用い，必要に応じてサブグループとして論じる．

図 3.1　木星型惑星の多様な姿（カバー裏表紙，口絵 8, 10, 11 参照）.（a）木星は縞模様と大赤斑を特徴とし，地上望遠鏡からもかなり細部が観測される.（b）美しい環をもつ土星は，表面模様はやや単調ながら，北極域に特徴的な六角形の周極ジェットをもつ.（c）天王星は自転軸の大きな傾き，細い環を特徴とする．リモート観測技術の発展により，細部の構造がとらえられ研究が進んでいる.（d）海王星は太陽からは遠いものの活発な大気活動を持つことで知られている．大暗斑や白い雲の模様が繰り返し捉えられている（NASA 提供）.

表 3.1 木星型惑星と地球型惑星の比較.

	木星型惑星		地球型惑星
密度	小 (0.69–1.64 $\mathrm{g\,cm^{-3}}$)	⇔	大 (3.93–5.51 $\mathrm{g\,cm^{-3}}$)
磁場	すべてにあり	⇔	金星と火星になし
環	すべてにあり	⇔	すべてになし
衛星	14 個以上	⇔	最大で 2 個

表 3.2 木星型惑星の質量と磁場.

		磁場パラメータ		
	質量 *a	傾き *b	オフセット *c	強度 *d
木星	318	$-9.6°$	0.12	20000
土星	95.2	$-0.0°$	0.04	600
天王星	14.4	$-59°$	0.3	50
海王星	17.1	$-47°$	0.55	25

*a 地球質量 $M_\oplus$ を単位 (付表 2 より).

*b マイナスは地球と反対の極性を意味.

*c 惑星磁場をダイポール磁場として近似したとき, そのダイポール中心が惑星中心からどれだけ離れているかを表す量. 各惑星の半径を単位.

*d 地球の値 1.4×10^{16} T m^3 を単位とした各惑星の磁気ダイポールモーメント.

3.1 基本的な量

まずはじめに, 木星型惑星の共通点と相違点を整理しておこう. 表 3.1 には, 地球型惑星と対比させる形で, 木星型惑星に共通の性質をまとめた. これらの共通点に対して, 木星型惑星個々について見れば, 表 3.2 および表 3.3 のような相違点がある.

これらを見ると, 内部熱源の大小を別とすれば, 木星型惑星は「木星, 土星」と「天王星, 海王星」といった二つのサブグループに分類される. したがって, 以下しばらくは, これら二つのサブグループの相違点を惑星内部構造の観点から説明していこう.

なお, 木星型惑星には地球型惑星がもつ明確な固体地面は存在しないと考えら

表 3.3　木星型惑星の大気.

	内部熱源 *a	大気擾乱	赤道風	雲の種類 *b
木星	1.67	活発	東向き	NH_3
土星	1.78	活発	東向き	NH_3
天王星	1.06	静穏	西向き	CH_4
海王星	2.61	活発	西向き	CH_4

*a 内部熱源はその惑星が太陽から受けるエネルギーを単位.

*b 雲は最上層の可視雲.

れている．そこで慣習に従い，以下では「大気圧 $P = 1\,\mathrm{bar}$」を表面と定義し*2，たとえば惑星半径というときにはその中心から表面までの距離を指すこととする．実際，$P = 1\,\mathrm{bar}$ 付近には雲層が存在して，可視光領域で観測した場合の視程（光学的深さが 1 に達する）にほぼ一致する，という意味で適切な定義である．

3.2　木星型惑星の内部構造

惑星の内部構造推定の第一歩は，その半径と質量，そしてそこから得られる密度を情報源としたものである．いうまでもなく，惑星の半径は望遠鏡による視半径観測で*3，その質量は惑星周囲の衛星の公転周期を測定して*4得ることができる．そうして得られる木星型惑星の平均密度は 0.69–1.64 $\mathrm{g\,cm^{-3}}$ の範囲で地球型惑星のそれに比べ著しく小さく，これらの惑星が「軽い元素（おもに水素，ヘリウム）」から成っていることを示している．特に土星の場合は，その密度が 1 よりかなり小さなことから「水に浮かぶ」と表現される．ここでは質量と半径の関係を少し深く考察しよう．

3.2.1　惑星内部構造の手がかり：圧力–密度関係

さて，単一の元素からなり自身の重力によりまとまった球体には，可能な最大半径 R_{max} がある．それ以上の質量が加わるとつぶれるために，逆に半径は減少

*2 木星に関する古い文献の中には，$P = 600\,\mathrm{mbar}$ を基準面としたものがある（雲の高度を基準としている）ため，比較に際しては注意が必要である．

*3 より精密には恒星の掩蔽観測が用いられる．

*4 厳密な意味では，これにより得られるのは惑星と衛星の質量和である．

するのである．それを考えるために，気体の圧力 P と密度 ρ の関係をポリトロープと呼ばれる次式で表す．

$$P = K\rho^{(1 + 1/n)}. \tag{3.1}$$

ここに，K はポリトロープ定数，n はポリトロープ指数である．ちなみに，低圧極限 $P \to 0$ においては $n \to \infty$, 反対に高圧極限では $n = 3/2$ となり，$P \propto \rho^{5/3}$ となる．ここでは両者の中間であり解析解が存在することから $n = 1$ と近似し，$P = K\rho^2$ を用いることとする．この近似では，惑星半径はその質量によらず一定となる．

この圧力–密度関係を静水圧平衡[*5]の式に用いて積分すれば，惑星中心から距離 r の場所における密度 ρ は

$$\rho = \rho_c \left(\frac{\sin(C_K\ r)}{C_K\ r} \right) \tag{3.2}$$

という関係で表される．ここに，ρ_c は惑星中心での密度であり，定数 C_K はポリトロープ定数 K と

$$C_K = \sqrt{\frac{2\pi G}{K}} \tag{3.3}$$

の関係がある（G は万有引力定数）．惑星半径 R は，密度 $\rho = 0$ となる表面で規定され，そのためには $\sin(C_K\ r) = 0$ でなければならない．惑星中心が $r = 0$ なので，表面では $R = \pi/C_K$ である．水素の状態方程式を近似して得られるポリトロープ定数 $K = 2.7 \times 10^{12}\,\mathrm{cm}^5\,\mathrm{g}^{-1}\mathrm{s}^{-2}$ を用いると，

$$R = 7.97 \times 10^4\ \mathrm{km} \tag{3.4}$$

が得られる．これを付表 2 の値と比較すると，木星は半径 7.15×10^4 km で上で求めた値に近い．一方，土星は 6.03×10^4 km でだいぶ小さいが，これら二つの惑星は「おもに」水素からなっていると考えてよいであろう．

それに対して「天王星，海王星」サブグループはいずれも，上の 1/3 以下の半径しかもたないから，木星，土星とは異なる組成であることが示唆される．今日でも，天王星と海王星の内部構造は木星と土星ほどにはよく決定されていない．

[*5] 気体（液体）の微小体積に注目したとき，そこにかかる重力と浮力（上面と下面の圧力差）とがバランスしている状態．

もちろん観測データの少ないこともあるが，もう一つの理由として，木星と土星の質量，半径が「水素を主体とした惑星」という簡単な仮定を良い近似として許すのに対し，天王星と海王星の場合はより幅広い解釈の余地を残している，という事実は無視できないのである．

3.2.2　より詳しい内部構造モデル

惑星の質量，半径（密度）に，自転周期，偏平率や内部熱源の有無，そして探査機のフライバイや周回により重力のモーメント J_2, J_4, J_6 といった情報が加わると，詳しい内部構造モデルを構築することができるようになる．ここではそれらのモデルを概観する．なお以下では，ヘリウムより原子番号の大きな元素（$Z > 2$ 元素）を「重い元素」と呼ぶことにする．また，英語文献では H_2O, NH_3, CH_4 といった揮発性物質を（その状態に関わらず）icy materials や ices と呼ぶことが多い．ここでもそれに従い，括弧つきで「氷」と呼ぶことにしよう．

「木星，土星」サブグループの内部構造

木星，土星ともに水素とヘリウムを主体とし，各々 $318M_\oplus$, $95M_\oplus$ の質量を持つ．この中には，両惑星とも 15–$30M_\oplus$ の「重い元素」を含んでいると考えられている．このことは，大気中の「重い元素」比率が，太陽元素組成に比べ過剰になっていることを意味する．実際，木星大気には炭素，窒素，硫黄が太陽組成の 2–3 倍レベルで観測され，それらの元素は土星においてはさらに過剰になっている．土星は木星に比べ全質量が小さいゆえ，相対的に「重い元素」の割合は木星よりも大きなものとなる．GLP の木星大気直接観測では，観測限界気圧 20 bar まで H_2O 混合比が増え続けていた[*6]ため，真の値は不明であった．JNO による観測で H_2O，すなわち酸素も太陽組成の約 3 倍レベルの過剰であることが示唆された．

木星，土星の内部構造モデルの多くは，エンベロープ[*7]の中心部に小さく高密度な核（コンパクト核）の存在を予測してきた．木星の核の質量は $10M_\oplus$ 以

[*6] プローブが突入した地点は 5 μm ホットスポットと呼ばれる特異な領域で，そこでは大気上層は乾燥していて，得られた観測結果は代表性に欠けるものと考えられている．

[*7] 地球型惑星では「マントル」と呼んでいる部分にほぼ相当する．多量の「氷」(H_2O, NH_3, CH_4, そして S を含んだ物質）が存在すると考えられている．

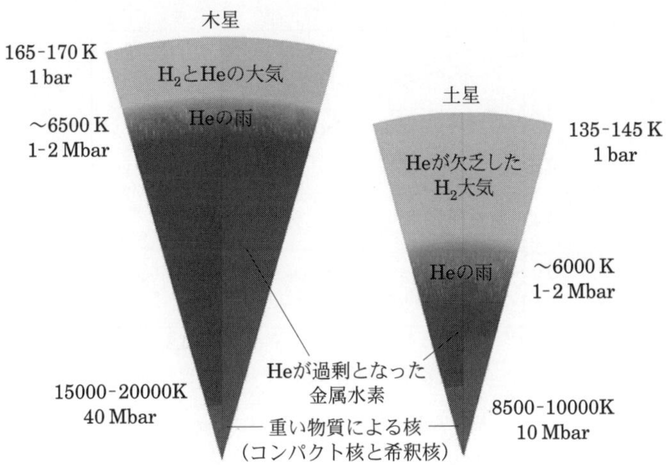

図 3.2 木星と土星の内部構造．表面付近は H_2 と He の大気，内部は金属水素と He の混合したもの，さらに中心近くには重い物質による核（コンパクト核のモデルと，希釈核のモデルの両方を図示）が存在すると考えられている（R. Helled 2019, *Oxford Research Encyclopedias, Planetary Science*）．

下程度，土星の核の質量は 10–20$M_\oplus$ 程度といわれる．図 3.2 の内部構造モデルでは，従来考えられていたコンパクト核モデルと，希釈核[*8]モデルが示されている．図 3.3 には，木星の各深部における密度をポリトロープ（$n=1$）モデルと比較している．コンパクト核は，惑星形成時に微惑星衝突により集められた多量の鉄や岩に，惑星形成から今日までに重力で中心へ沈降していったものが加わったと説明されていた．しかし希釈核の存在はこうした集積＋沈降モデルと整合せず，進化過程の見直し（巨大衝突の可能性も含む）を迫るものとなっている．

このような内部構造は，その対流活動を通して，惑星磁場や表面大気の運動へ大きな影響を与えている．

「天王星，海王星」サブグループの内部構造

天王星と海王星の組成は木星や土星とは大きく異なる．その質量でみても，天王星は 14.4$M_\oplus$，海王星は 17$M_\oplus$ に過ぎない．モデルによれば，天王星と海王星

[*8] 英語文献の dilute(d)core を本稿ではこのように訳す．

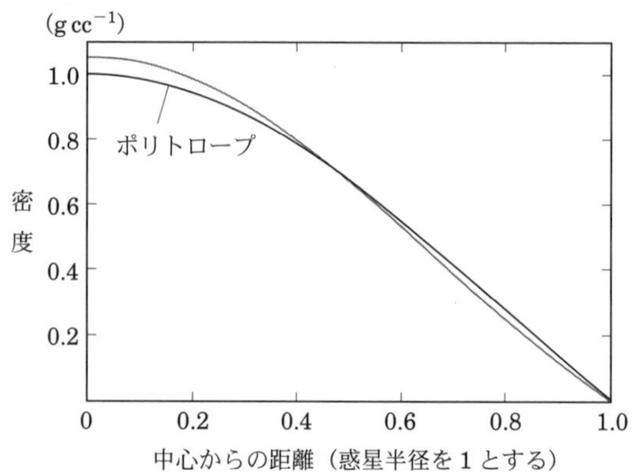

図 3.3　木星内部の密度分布．ポリトロープ（$n = 1$）と比較している（D.J. Stevenson 2020, *Ann. Rev. Earth and Planet. Sci.*, 48, 465）．

の各々における水素，ヘリウムの総質量はたかだか $1M_\oplus$ である．したがって残る十数 $M_\oplus$ は「重い元素」ということになり，その量は木星や土星のそれに匹敵する．つまり水素とヘリウムに相対的な「重い元素」の割合は圧倒的に大きくなっているわけで，いわば，木星や土星の核に相当する塊が少量の水素とヘリウムをまとったような惑星が天王星，海王星であると見ることもできよう．このような物質構成は，天王星と海王星において太陽元素組成の数十倍という C, S の存在比が観測されることと整合する．

海王星は天王星に比べて半径は 3%小さいが質量は 15%大きい．その結果として，海王星の平均密度は天王星のそれよりも 24%大きくなっている．これら二つの惑星の内部構造モデル（図 3.4）はまだよく決定されていないが一つ確実なことは，天王星や海王星には木星，土星のような厚いエンベロープを形成するのに十分な量の水素とヘリウムが存在しないことだ．したがって，その体積の大部分を占める「氷」が，エンベロープの役割をも果たしているのだろう．観測事実に最もよく整合すると思われるモデルには，その「氷」エンベロープの内側に $1M_\oplus$ 程度の核があるとするものがある．一方，また核が存在しないとするモデルも観測事実を同様に説明できる．ここでいう核は，地球の場合と同様に岩石や鉄を主体とした塊のことで，「氷」も含めて核と称していた木星や土星の場合とは異な

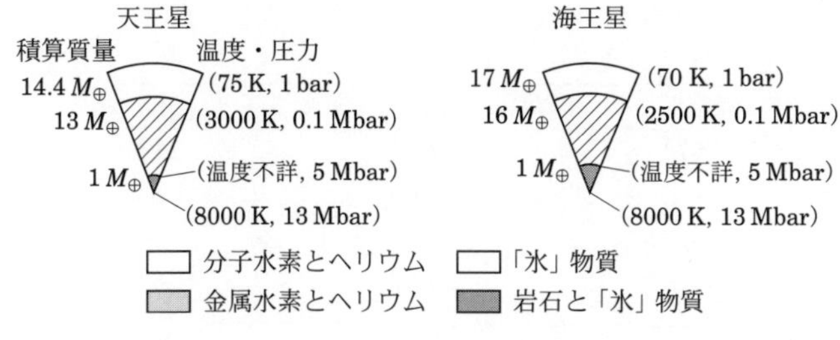

図 3.4 天王星と海王星の内部構造 (P.A. Bland *et al.* 2003, *An Introduction to the Solar System*, p.205).

ることに注意が必要だ．核があるとすれば，鉄は固体として存在し岩石物質は液体となっているであろうから，核は内核と外核に分かれていると考えられる．

「氷」エンベロープは，惑星質量の 80%ほどを占めている．惑星半径の 5–15%程度の最外周部は水素とヘリウムに富む大気である．両惑星とも磁場を持つことから，その内部は導電性かつ対流性を持っていると考えられる．しかし，天王星や海王星内部では温度と圧力は高まるものの，金属水素を形成するまでには至らないから，これら惑星内部の導電性は金属水素以外の物質が担っているはずである．内部の高温と高圧は「氷」エンベロープを熱く濃密なイオン化した流体の海にしていると考えられる．その中にはメタン，アンモニア，窒素や硫化水素などが溶け込み，NH_4^+, H_3O^+, OH^- などのイオンが存在しているだろう．そこでの電気伝導度は，観測される磁場を生成維持できるほど十分に高いはずである．

3.2.3 木星型惑星の内部熱源

表 3.4 に示したように，天王星を除く木星型惑星は大きな放射過剰（太陽から受け取るエネルギーの約 2 倍）を示す．ここでは，そのメカニズムについて考えてみよう．半径 R の惑星について，その体積 V に対する表面積 S の比は，

$$\frac{S}{V} = \frac{4\pi R^2}{(4/3)\pi R^3} = \frac{3}{R} \tag{3.5}$$

である．つまり，大きな惑星ほど体積に対する表面積の割合が小さくなり，内部の熱を外へ放出する効率がよくないことを意味している．木星の場合，まさにこれが効いている．その大きな体積とそれに対して小さな表面積のせいで，惑星物

表 3.4 木星型惑星の有効温度と平衡温度.

惑星	有効温度 T_e [K]	平衡温度 T_eq [K]
木星	124.4	113
土星	95.0	83
天王星	59.1	60
海王星	59.3	48

質の降着過程で生じた熱に加え，岩石と「氷」が分化した際に生じた熱とがいまも内部に残っており，放射過剰になっているものと考えられる[*9]．そのことを定量的に見積もってみよう．

太陽光の反射成分を別として，惑星自身が放つ放射強度 L は，その内部熱源による L_i と，太陽光を吸収後に再放出する L_ir とからなる（$L = L_\mathrm{i} + L_\mathrm{ir}$）．後者は惑星が平衡温度 T_eq で発する放射 $4\pi R^2 \sigma T_\mathrm{eq}^4$ と等しい（σ はステファン–ボルツマン定数）から，内部熱源による放射強度 L_i は，

$$L_\mathrm{i} = 4\pi R^2 \sigma \left(T_\mathrm{e}^4 - T_\mathrm{eq}^4\right) \tag{3.6}$$

と表すことができる．ここに，T_e は実際のスペクトル観測から求められる有効温度である．L_i はそのすべてが「惑星自身が内部にもった熱の漏れ」と仮定すると，内部温度 T_i の低下率は次のように書ける．

$$\frac{dT_\mathrm{i}}{dt} = -\frac{L_\mathrm{i}}{c_V M}. \tag{3.7}$$

ここに M は惑星質量，c_V は定積比熱である．木星と土星の金属水素に対しては $c_V = 2.5k/m_\mathrm{amu}$（ここに k はボルツマン定数，m_amu は原子質量単位），天王星と海王星に対しては平均分子量 μ_a を用いて，$c_V = 3k/(\mu_a m_\mathrm{amu})$ と表せる．L_i 自体は変化しないで放射が続くと仮定すると，温度 ΔT_i だけ低下するのに必要な時間 Δt は，

$$\Delta t \simeq \frac{\Delta T_\mathrm{i}\ M\ c_V}{L_\mathrm{i}} \tag{3.8}$$

[*9] 10 $M_\oplus$ の地球組成の核があってそこに含まれる ^{40}K などの放射性元素壊変により発熱しているとしても，木星熱源の 1/1000 程度しか説明できない．

で表される．

木星について上式を計算すると，

$$\Delta t \approx \Delta T_{\rm i} \times 1.4 \times 10^{14} \tag{3.9}$$

となる．45億年は 1.4×10^{17} s であるから，木星が形成されてからコンスタントに放射を行っていたとすれば，それによる内部温度低下はわずか 1000 K ということになるわけだ．このことから，木星の内部にはその形成時の「余熱」がまだ十分に内部熱源として残っており，それが放射過剰として観測されていると考えることができる．

土星は木星よりも小さいことが主要因となり，惑星形成時の「余熱」がいまも内部熱源を担っているとは考えにくい．土星における余剰熱は，金属水素領域における水素とヘリウムの分離により生じていると考えられる．土星の金属水素領域は木星のそれほどに温度が高くない（ゆえにヘリウムの溶解度は低下）ことと，対流が活発ではないことが相まって，ヘリウムの液滴を生じそれが沈降してゆくのである（セパレートタイプ・ドレッシングのイメージ）．そのときの重力エネルギーの解放（と摩擦）が熱源となるわけだ．土星の内部温度が木星ほどには高くないからこそ「発熱している」わけで，興味深い現象といえる．

分光的特徴をほとんど示さないヘリウムの定量は，リモートセンシングでは難しい．木星大気では GLP により得られた $[\mathrm{He}]/[\mathrm{H_2}] = 0.157 \pm 0.003$ という値が最も信頼されている．大気に対する質量比で 0.234 に相当し，太陽の 0.26 に比べてわずかに欠乏していることを示す．一方リモートセンシングのみの土星では，CSN を経てもいまだにこの値は定まっていない[*10]．最新の土星内部構造モデルでは，惑星半径の 50%より外側ではヘリウムは質量比 0.07（VG2 の初期の値に整合的）の超欠乏状態，遷移領域を経て惑星半径 35%より内側では質量比 0.95 の超過剰状態になっている．土星大気降下プローブ・ミッションの実現が望まれる．木星内部構造モデルでもヘリウムの沈降はあるものの，それによる上部での欠乏が質量比 0.24，下部での過剰が 0.28 程度であって，基準値 0.26 からの振れ幅は小さい．

[*10] VG2 の赤外分光計による観測から当初 $[\mathrm{He}]/[\mathrm{H_2}] = 0.03$ という極端なヘリウム欠乏が報告されたものの，データ解析の見直しにより 5 倍も大きな値に更新されたり，それ以降のデータも幅広いレンジをもち一定しない．

海王星 vs 天王星：対流の抑制と熱源の消失

海王星は，暗斑や白斑の出現や消失*[11]に示されるように，非常に活発な大気をもっている．海王星成層圏に観測される炭化水素の量，HCN と CO なども，海王星に激しい鉛直輸送が存在することを示し，その駆動力は太陽から受ける以上のエネルギーを放出している内部熱源と考えられる．

一方，天王星の内部熱源は（もしあるとしても）非常に弱く，観測から得られるその上限値は，内部に存在する放射性物質壊変による発生だけでも説明可能である．ではなぜ，このサブグループにおいて，海王星には内部熱源が存在し，天王星にはそれが（ほとんど）ないのか？ 現在の惑星形成モデルでは，天王星が内側に位置するという軌道順序からいっても，初期に天王星が「冷たく」，海王星が「熱かった」という条件の違いは考えにくい．いずれの惑星も初期には降着過程で解放された重力エネルギーにより熱せられていたとするのが自然である．おそらく，海王星とは異なり，天王星ではその内部における密度勾配の微妙な差異などにより対流が妨げられているのであろう．天王星大気に大規模な擾乱現象が少ないという事実が，そのような対流パターンの違いを示唆している．

天王星で内部熱源が失われた理由が対流の抑制によるのだとすれば，それはおそらく深さによる組成の違いが原因であろうし，平均密度にして 24%の違いがそれを示していると思われる．

3.3 木星型惑星の磁場

上で見てきたような内部構造モデルに従えば，木星型惑星における磁場のおおまかな特徴を理解することができる．木星型惑星はいずれもその内部で生成される固有磁場をもつ．磁場の存在は，惑星からやってくる非熱的電波放射*[12]の観測を通じてリモートから検出できることもあるが，そのためには磁場（と電波放射）が非常に強くなければならない．木星の場合がそれに当たり，1955 年に電

*[11] VG2 が撮影した暗斑はその後に消滅し，HST や地上望遠鏡により，新たな暗斑の発生と消滅が繰り返されていることが観測された．

*[12] 惑星大気はその温度に応じた熱的電波放射を行っている．

波バーストが発見され，その強い磁場の存在が明らかになった[*13].

土星，天王星，海王星の場合は，探査機が接近するまでそれらの磁場についてはまったくといってよいほど知られていなかった．土星は，惑星のサイズが木星に近似しているにも関わらず，木星よりはるかに弱い磁場と電波放射しかもたなかった（パイオニア 10 号による観測）からである．天王星，海王星いずれも，VG2 がそれぞれの磁気圏に突入する直前になって初めて，その弱い磁場からやってくる電波放射を検出したのであった．

3.3.1 ダイポール磁場

第 1 近似として，惑星磁場はダイポール磁場として表される．その磁場ベクトルを極座標に表すと，各成分は次のようになる．

$$B_r = -\frac{2\mathcal{M}_B}{r^3}\sin\theta, \tag{3.10}$$

$$B_\theta = \frac{\mathcal{M}_B}{r^3}\cos\theta, \tag{3.11}$$

$$B_\phi = 0. \tag{3.12}$$

ここに $\mathcal{M}_B$ はダイポールモーメント，r は磁場中心からの距離，(θ, ϕ) は極座標における緯度と経度である．観測される惑星磁場には，このダイポール磁場に「惑星中心からのオフセット」と「惑星自転軸に対する傾き」を与えて，近似を行う（Offset Tilted Dipole モデル：図 3.5 と表 3.2)．こうして得られるパラメータは，惑星磁場の基本情報とでもいうべきものである．

各惑星の比較を行うとまず目立つのは，惑星自転軸に対する磁軸の傾きで，木星と土星は小さい（10° 以下）のに対し，天王星と海王星ではその傾きが非常に大きく（45° 以上）なっていることである．天王星と海王星では，ダイポールの惑星中心からのオフセットも大きい．実は，VG2 が天王星磁場の大きな傾きを発見したとき，これは惑星磁場の南北反転の現場[*14]を捉えたのでは，と考えられた．ところが，海王星でもやはり大きな傾きが観測されたことから，両惑星の

[*13] 木星は連続した熱的電波放射の他に，不連続なバースト性の電波放射を行っている．特にデカメートル波長のものがよく知られており，後に，このバースト電波の発生頻度は，衛星イオの公転位相に大きく依存していることが判明した．

[*14] 大洋底の岩石残留磁場の縞模様により，地球磁場がその極性を反転することが知られている．

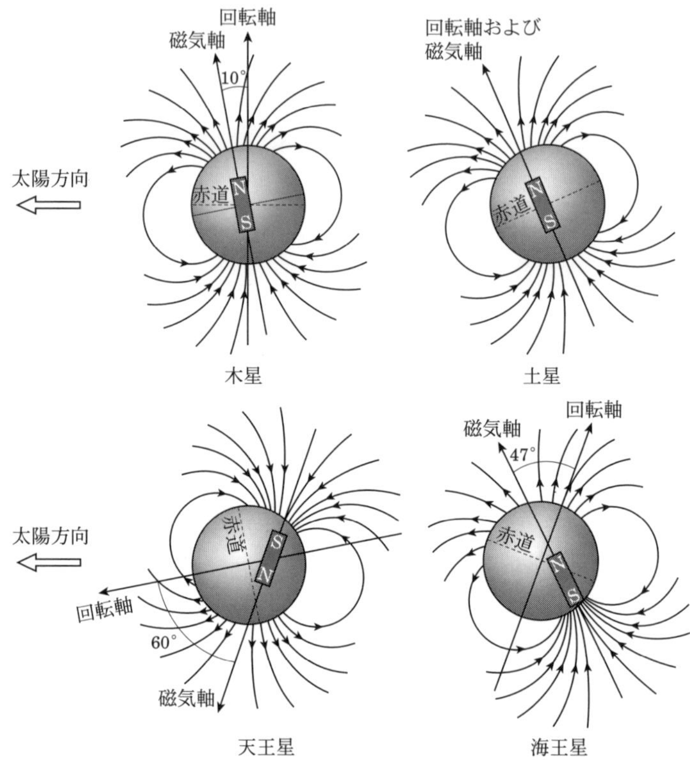

図 3.5　木星型惑星の磁場．惑星中心からのオフセットおよび傾きをもつダイポール（Offset Tilted Dipole）として近似された磁場の様子を示している．各惑星の自転軸の傾き（黄道面に立てた垂線から）も，各々の惑星に対する値を用いて描かれている（P.A. Bland *et al.* 2003, *An Introduction to the Solar System*, p.208）．

磁場生起メカニズムについて再考を迫られるようになったという経緯がある．

内部構造の項で述べたように，天王星と海王星においては，導電性イオンの海が惑星深部まで大きく広がっていると考えられる．しかし，その深部では対流が抑制されていて，中心部 0.5–0.6 惑星半径における磁場の生成を阻害してしまう（磁場を生成維持するためには，導電性流体が対流していることが必要）．この理論に従えば，天王星と海王星の磁場は各々，0.6 および 0.5 惑星半径より外側のエンベロープに，その源をもつ．磁場は，その付近に存在する高い導電性を持ったイオンの海で，他の惑星と同じようなプロセスで生成されているだろう．こうしたメカニズムは，ダイポール近似した場合の大きなオフセットや，ダイポールモーメントと同程度という非常に大きな四重極やより高次のモーメント[*15]が両惑星で得られるという事実を説明するのに都合がよい．高次の磁場成分は，その生成領域から離れるにつれて，急速に減衰する．そのために，惑星の核付近で生起する磁場であるならば，減衰しにくいダイポール成分が主となって観測されるはずだからである．

木星磁場の傾きは地球と同程度であるが，土星のそれは「自転軸とほぼ完全に一致している」[*16]という点で特異である．完全に軸対称のダイナモでは磁場は生成されないという定理に反するからである．土星においては，内部熱源の場合と同様に，ここでもヘリウムの沈降が関与しているらしい．沈降するヘリウムが磁場生成領域の外側に安定した層（導電性）を形成し，その層が磁場生成領域とは異なる回転をすることにより非軸対称の成分を取り除いてしまっているとする説が有力視されている．

ダイポールより高次の磁場成分

惑星のごく近傍のフライバイや周回ミッションから繰り返し測定を行うと，磁場の高次成分を求めることができる．極域に高エネルギー粒子が降り注いで生じるオーロラや，衛星からの電流が磁力線を伝わり惑星大気に到達するフットプリントなどは，磁場の高次成分によりその位置が大きく影響される．

3.3.2 土星の「内部自転周期」問題

VG2 は土星の放射するキロメートル波長電波（SKR）の変動を検出し，その周期 10.67 時間が土星の内部自転周期と考えられた．ところがそののちユリシーズがやや異なる SKR 変動周期を観測し，そして CSN の周回探査によって自転周期の知見は完全に覆ってしまった．SKR 放射には北半球起源（約 10.6 時間周期）と南半球起源（約 10.8 時間周期）とがあった上，CSN 長期観測の間も徐々

[*15] 詳細な惑星磁場モデルは，重力の場合と同じように，高次項をもった球面調和関数を用いて近似される．

[*16] CSN による最も精密な測定では，0.01° 以下のずれである．

に変動し「南北の遅い速いとが入れ替った」のである[17]．惑星の自転周期に近いはずではあるので Planetary Period Oscillation（PPO）と呼ばれることになったこの SKR 変動は，土星内部起因ではなく，近傍磁気圏（エンセラダス起源の多量のプラズマがある）と土星高層の大気（季節変動を含む中性大気の南北非対称の影響を受け得る）との電磁的カップリングで生じると考えられている．

一方，リングに見られる微細構造から自転周期を求めることが試みられている．土星重力場の高次成分によりリング中に立つ波を解析したもので，それにより求められた自転周期は 10.56 時間である．CSN による重力場そのものの測定データや土星本体形状（速い自転により，つぶれている）のモデル研究からも 10.54–10.55 時間が得られており，これら新手法による自転周期の値が SKR の変動周期にもとづいた知見をほぼ置き換えたといえる．

3.3.3 磁気圏：太陽風との相互作用

ダイポール磁場は自由空間に置かれた場合は完全に軸対称であるが，実際の惑星間空間はもちろん磁場にとっての自由空間ではない．太陽からは常に高速のプラズマ粒子が放出され（太陽風），これが惑星磁場とぶつかることで，惑星磁気圏が形成される．磁気圏は惑星の太陽側で圧縮され，反対側の尾部では大きく引き延ばされた形状となる．荷電粒子は磁力線を横切って磁気圏に侵入することはできず，磁気圏を迂回して後方へと流れてゆく．磁気圏界面の直前にはバウショック[18]が生じる（図 3.6）．

木星型惑星の磁気圏の中でも特筆すべきは，やはり木星のそれであろう．地球の 20000 倍という強い磁場と，その軌道上では太陽風が弱まることもあって，地球の磁気圏と比べ 3 桁以上大きなサイズとなっている．木星磁場の強さと磁気圏の大きさ[19]は量的問題にとどまらず，磁気圏物理の「質的違い」をもたらしている．以下では，そのことも踏まえ木星を中心に議論しよう．

---

[17] 入れ替り時期がちょうど，土星赤道面が黄道面に一致した約 7 か月後という符合の説明はついていない．

[18] 超音速の太陽風が惑星磁気圏という障害物にぶつかり減速されるとき，そこに生じる衝撃波．バウショックと磁気圏界面との間の領域は磁気シースと呼ばれる．

[19] もし木星磁気圏を可視化することができたら，夜空に満月の数倍の大きさに見えるはずである．その尾部は土星の軌道を越えて伸び，土星そのものもときには木星磁気圏の中に入ることがある．

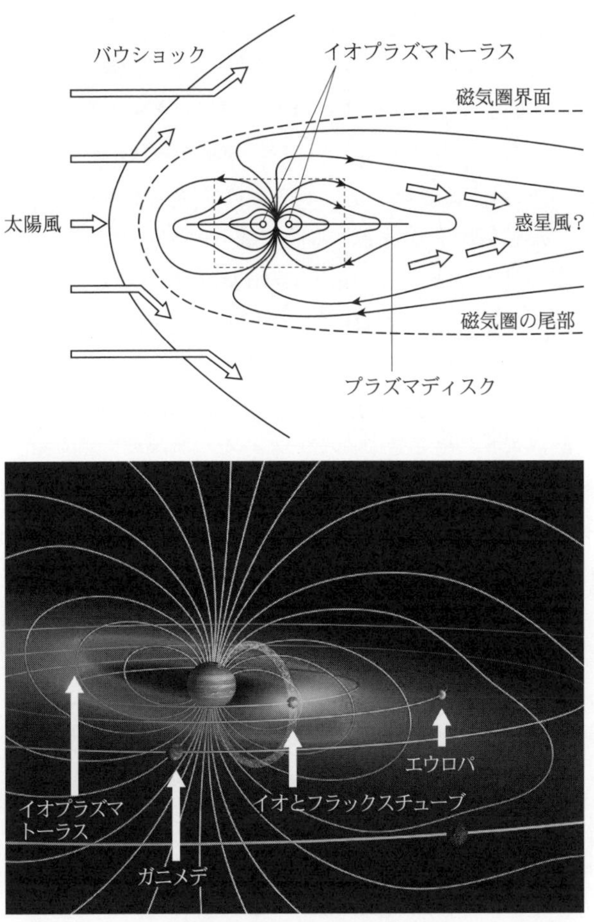

木星近傍（点線の枠内）の拡大図

図 3.6 木星磁気圏の概観図．その巨大な磁気圏の赤道面には，衛星イオを起源とするプラズマのディスクが発達している．衛星イオの軌道付近にはプラズマが環（トーラス）を形成している．木星から磁気圏界面までの距離は，前面では太陽風との相互作用で変動し（およそ 50–100 木星半径），後方では土星軌道以遠まで大きく引き延ばされている（I. de Pater & J. Lissauer 2001, *Planetary Sciences*, p.283）．

磁気圏内プラズマとエネルギー論

地球磁気圏のプラズマは，地球電離圏を起源とするものや，太陽風プラズマが磁気圏界面からしみ込んできたものを含む[20]．ところが木星ではイオ（活発な火山活動），土星ではエンセラダス（熱水の噴出）といった衛星（第 4 章参照）が，プラズマの主要な供給源となっている．衛星から放出された物質（イオからは S, O, Na など）は電離され，トーラスを成す時点でのエネルギーは数 eV に過ぎない．これが磁気圏を輸送される間に数 keV になり，そしてオーロラ粒子として極域に降り注ぐときには 100 keV–10 MeV にもなる．さらに木星放射線帯では 50 MeV になるなど，地球磁気圏の場合よりどれも 10 倍以上に大きなエネルギーとなっている．重要なのは，木星自身がその高速回転を通じて磁気圏プロセスのエネルギー源である（自励的）点で，太陽風に駆動される地球磁気圏と質的に異なっている．

一方，太陽風に垂直な磁気圏断面積，太陽風運動エネルギー，効率（1% と想定）の積からは，木星磁気圏でも太陽風が支配的であってもよいほどのエネルギー流入が見積もられる．事実は自励的な振舞いを示しているので，太陽風からのエネルギーは磁気圏外縁部のみに限定されている可能性がある．磁気圏で過剰になったエネルギーや質量はプラズモイドと呼ばれる塊により，磁気圏尾部から宇宙空間へ間欠的に放出され続けている[21]から，そこへバイパスしているかも知れない．「ひさき」衛星 HSK[22]データを用いた研究では，木星磁気圏ではプラズモイド当たり 0.14 Mトンの質量が持ち去られるという推算がある．

天王星磁気圏には顕著なプラズマ源はなく，海王星磁気圏ではトリトンが（イオやエンセラダスほどの供給量ではない）プラズマ源であると考えられている．

オーロラ

木星のオーロラは，太陽系惑星のそれの中で最も強大なパワー（$\sim 10^{12}$ W）をもち，X 線から赤外線までさまざまな波長域において空間構造および時間変化

---

[20] プラズマアマントルやプラズマ圏など，磁気圏内の場所ごとにプラズマの起源および組成や密度は大きく異なる．

[21] 地球磁気圏でも同じプロセスが起きている．

[22] 2013 年に打ち上げられ，惑星の極端紫外線分光観測に特化した，日本の先鋭的な地球周回宇宙望遠鏡

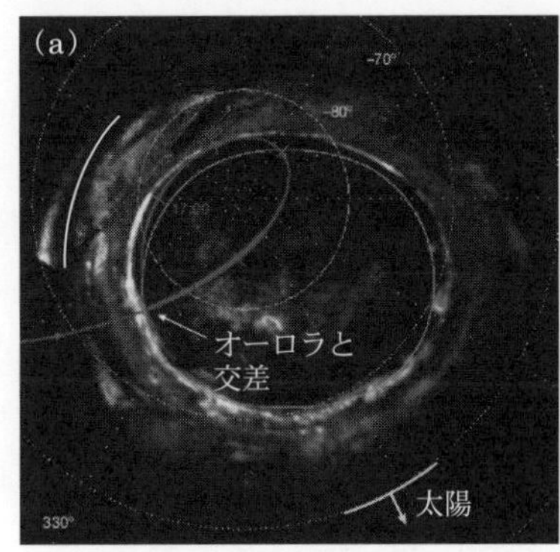

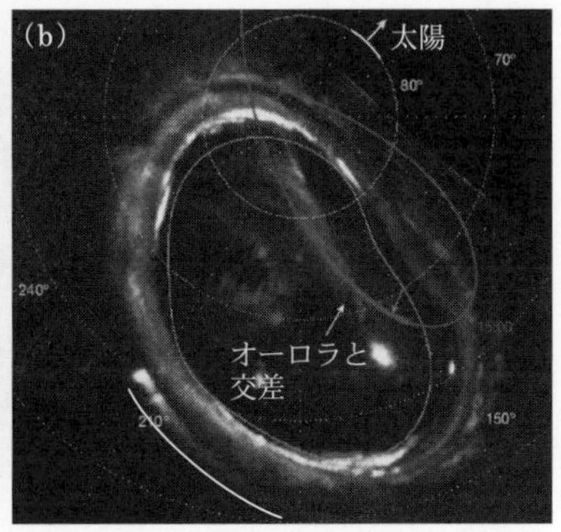

図 3.7　ジュノーの Ultraviolet Spectrograph（UVS）が捉えた木星オーロラ．高エネルギー電子に対応する発光を赤色，低エネルギーを青色，中間を緑色に割り当てた擬似カラー画像である（口絵 6 参照）．南極オーロラ（a）は PJ4（第 4 回の近木点通過時），北極オーロラ（b）は PJ3（第 3 回）の際に撮影された（B. Mauk *et al.* 2017, *Nature,* 549, 66）．

が観測される．特に紫外線と赤外線（H_3^+ イオンの輝線波長）では，極を取り囲むオーロラ・オーバル[*23]，衛星イオからのフラックスチューブ（IFT）[*24]が到達して光る点，磁気圏尾部につながると考えられる高緯度の発光など，さまざまな現象が見られる．木星を極周回する JNO は極域を真正面から詳細に捉えることができ，目覚ましい成果を挙げている（図 3.7）．

IFT は，1955 年の木星バースト電波の発見以来，その存在が予測されていた．木星電波は衛星イオの公転位相に強い影響を受けていたからである．VG2 がイオの近くを通過した際には，IFT 電流が存在するらしいことを観測している．IFT が木星大気に到達する場所に光る点が画像として初めて捉えられたのは 1992 年で，H_3^+ の赤外輝線波長（3.4 μm）における観測であった．その後，HST によって紫外線でも観測されるようになり，現在では他の衛星（エウロパ，ガニメデ）に源をもつ同様の輝点も知られている．IFT を伝わり流れる電流の輝点だけで

[*23] オーロラは通常，磁極を取り囲むリング状に発生し，その形状は惑星磁場の性質や太陽風等に影響され真円ではない．そこで楕円を意味するオーロラ・オーバルという呼称がよく用いられる．

[*24] 磁力線で形作られた「管」状の領域で，衛星イオから木星までの間を管状につないでいる．太陽の黒点もフラックスチューブの根元が見えているものである．

なく，そこから経度方向へ尾を引くように発光現象*[25]が観測されている．この「尾」ではIFT輝点から離れるにつれ発光強度は弱まるが，その中に見られる経度方向に準周期的な明るさの変化は，イオトーラス中を伝播するアルフヴェン波*[26]の多重反射を示唆し，イオ下流に観測される電子加熱の原因と考えられる．

オーロラの主オーバルは，~ 20 木星半径付近の磁気圏にその源があると考えられている．現在広く受け入れられている理論では，それほどに遠方では磁気圏プラズマ（前述）が磁場との共回転を続けることができずに遅れる*[27]．その遅れが起電力を生じて，磁力線を伝わり木星電離層で閉じるループを流れる電流を発生するというものである．この理論に従えば，太陽風動圧が高まって木星磁気圏が圧縮されると，角運動量保存則により磁気圏プラズマの遅れが減少，オーロラを引き起こす電流が弱まることになる．反対に，太陽風動圧が低くなり磁気圏が膨らむとき，オーロラは明るくなるだろう．

実際の観測ではしかし，このようにきれいな逆相関は見られていない．木星の位置における太陽風観測（木星磁気圏内にいてはできない）とオーロラの詳細観測を，同時に行うチャンスの少ないことが相関の検証を難しくしているのである．JNOは木星磁気圏へ入る前に，太陽風および紫外線オーロラ発光強度の同時測定を行い，さらにHSKも紫外線オーロラ発光を同時に観測した．太陽風とオーロラ発光の時間的相関を調べる最も正確なデータであり，これによると太陽風ショックの到達からオーロラ増光まで10時間（木星の1自転分）もの遅れがある．1992年のユリシーズ木星接近時には，赤外 H_3^+ オーロラのモニター観測が地上望遠鏡により行われ，ユリシーズの太陽風動圧データと正の相関が得られている．また，HSTは紫外線で太陽風動圧が高い期間に主オーバルが明るくなっている*[28]ことを観測している．X線オーロラは，太陽風の動圧ではなく風速と相関するという観測もあり，木星オーロラの物理プロセスは近年の多波長同時観測によってさえも，なお解明は難しい．

---

*[25] イオの経度によっては数十度以上の長さをもつ（図3.7にもそれが見えている）．

*[26] 磁場中のプラズマを伝わる横波．磁場と垂直に電流が流れたときに発生する力を復元力とし，おおよそ磁場の方向へ伝播する．

*[27] この遅れは，GLOにより精密に観測された．

*[28] 磁気圏の圧縮と伸張に伴う主オーバルの緯度シフト（その量は地球の場合より小さい）がHST画像に認められ，圧縮時にオーロラが明るく観測されているのである．

木星磁気圏に入ってからはJNOは極軌道を周回しつつ，オーロラとつながった磁力線上でプラズマ環境を直接観測し，主オーバルをつくる電子加速の様子を調査した．それにより，地球オーロラとは電子加速機構がまったく異なる[*29]ことが分かった．上述した主オーバルをつくるループ電流の下向きと上向きの2領域も識別されている．

土星のオーロラは，HST（紫外線）やCSN（紫外線と赤外線H_3^+輝線）で観測されている．磁場が軸対称であるにも関らず，オーロラはわずかながら偏心して現れ，そのズレ方は真夜中側かつ夜明け側へと寄っている（夜明け側で明るく観測されることが多い）．オーロラ位置の揺らぎには，SKR変動と同様の周期性が認められている．太陽風ショックの到達――SKRの増大――オーロラ増光や形状変化のすべてが連動し起きたイベント（図3.8）が，CSNとHSTとの連携により観測された．木星の場合よりも太陽風の影響を強く示す土星オーロラは，「地球と木星の中間」的な磁気圏の性質を表しているようである．

土星リングからは，水や帯電した岩石が磁力線に沿って土星大気へと降り注ぎ，ring rainと呼ばれる．VG2画像に見られた高緯度の細く暗い縞がリングの構造に磁力線でつながっていると提唱されたのが始まりで，地上望遠鏡により赤外H_3^+発光が観測されている．外からの降水で土星大気中の電子密度が低下し，それがH_3^+イオンの寿命を長くするため増光して見えるとされる．リング起因の増光から極寄りの南緯62°付近にもH_3^+の豊富な帯があり，熱水の噴出をもつエンセラダスおよびそのトーラスとの関連が示唆されている．エンセラダスの磁気フットプリントは，CSNの紫外線画像に明瞭に捉えられている．

天王星と海王星のオーロラは，VG2とHSTの紫外線観測により，磁極付近の増光（木星や土星のように完全なオーロラ・オーバルとしてではない）が捉えられている．太陽風ショック到達の予想されるタイミング[*30]で増光が見られることから，天王星オーロラも地球や土星に似て，太陽風駆動型と思われる．ただし磁場モデルの精密度が足りず（VG2フライバイ以降磁場測定がないため），分

[*29] 地球では明瞭で華やかなオーロラは特定エネルギーに集中した電子加速でつくられ，ぼんやりしたオーロラは広いエネルギー帯の電子加速に由来する．木星の顕著なオーロラは当然前者によるものと予想されたが，実測された電子加速は後者が大半だったのである．

[*30] 天王星軌道での太陽風観測はないため，地球近傍からモデルで推測したタイミングであり，数日程度の不確定性がある．

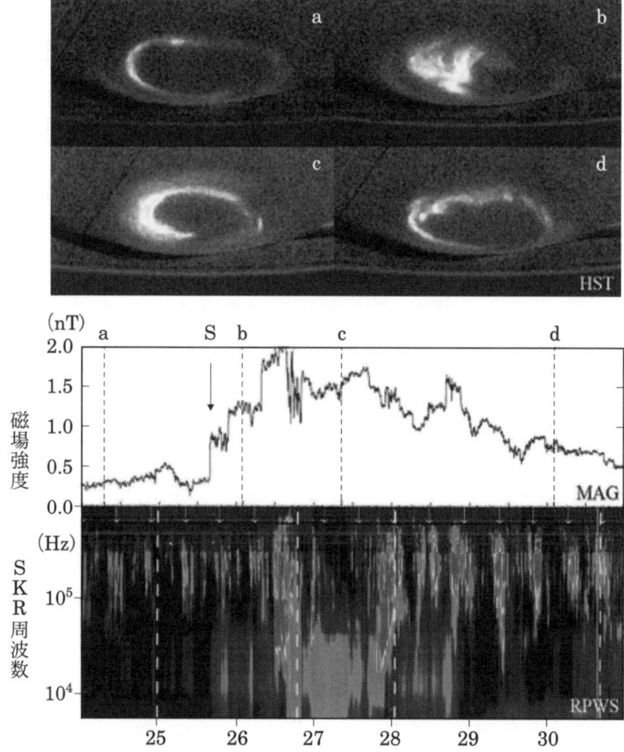

図 3.8　土星南極オーロラ．ハッブル宇宙望遠鏡で観測した紫外線画像（上段 a–d）を，カッシーニの観測した磁場強度（中段），SKR 強度（下段）と比較している．タイミング S は太陽風ショックの到達を示す（W.S. Kurth *et al.* 2009, in *Saturn From Cassini-Huygens*, p.333）．

からないことが多い．自転軸や磁軸の極端な傾きから，天王星の春分や秋分時期には磁気圏尾部発達の阻害が理論的に予想されるなど，物理的興味の尽きない対象であり，今後の直接探査が望まれる．海王星のオーロラは，天王星のそれと比べてもさらに暗く，詳しいことはよく分かっていない．

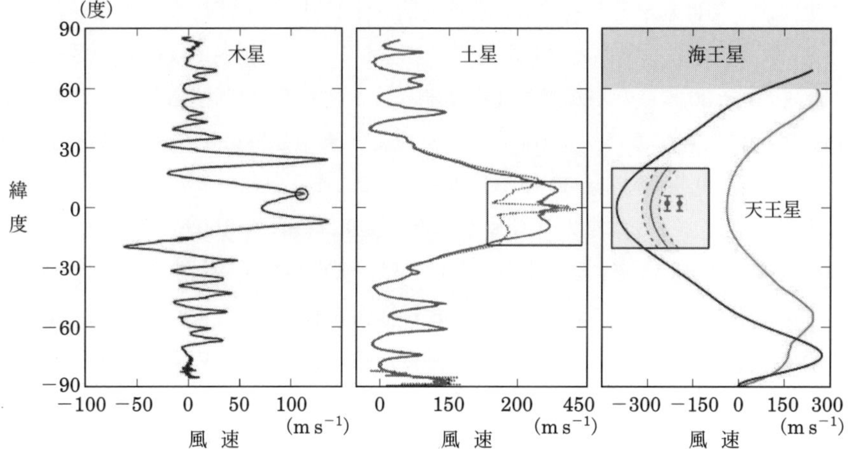

図 3.9　木星型惑星の東西風プロフィール．縦軸に緯度，横軸に東向きの風速をとり，各惑星の風系を示している．木星と土星の複雑な東西風パターンに比べ，天王星と海王星のそれはもっとシンプルである．赤道における風も，木星と土星が東向きであるのに対し，天王星と海王星は西向きで逆転している（O. Mousis *et al.* 2019, *In Situ Exploration of the Giant Planets*, p.10）．

3.4　木星型惑星の大気

木星型惑星には固い地面が存在しないから，観測される大気運動のどこまでが惑星の自転で，どこからがそれにプラス（またはマイナス）した風であるのかを区別するための基準を定める必要がある．これらの惑星に対しては，惑星内部に起因する磁場の自転を惑星の自転と定義*31し，それに相対的な流体の流れを風やジェットと呼んでいる．

3.4.1　東西ジェットとその深さ

4惑星の東西ジェットのパターンを図3.9に示す．木星の場合，東西ジェットのパターンは表面の縞模様とよく対応しており，おおまかに「赤道をはさみ南北対称」，ところどころ（北緯25° 付近の強いジェットなど）に逸脱が見られる．

*31 土星には前述の「内部自転周期」問題はあるものの本質的な差異は生じないので，従来どおり10.67時間の自転周期にもとづき論じる．

木星においては基準となる磁場の自転周期（体系 III と呼ばれる）は，9 時間 55 分 30 秒ほどである[*32]．それに対して，赤道ジェットの領域では自転周期として 9 時間 50 分 30 秒ほどが観測される（体系 I）．体系 III に対する体系 I の相対運動を風速に換算すると，$\sim 100\,\mathrm{m\,s^{-1}}$ になる．赤道以外の中高緯度の自転周期（体系 II）は 9 時間 55 分 40 秒で，体系 III にごく近い．

土星の赤道加速は木星よりも強く，その風速は最大 $\sim 400\,\mathrm{m\,s^{-1}}$（土星大気中の音速の 2/3）に達する．土星においては，表面の縞模様と東西ジェットの間の相関は小さいものの，ジェットの南北対称性は木星の場合よりも高い．木星と土星が赤道でプラス（惑星自転と同じ向き）の風速をもっているのに対して，天王星と海王星ではそれは逆転している．特に海王星の赤道風は $\sim -400\,\mathrm{m\,s^{-1}}$ ほどの高速（音速の 1.5 倍）であり，土星とは逆の強い風が吹いている．天王星と海王星の東西ジェットのパターン（図 3.9）は，わかっている限り木星や土星よりはるかにシンプルである．

こうした東西ジェットは非常に安定して存在している．木星に関していえば，1970 年代のパイオニアやボイジャー，1990 年代以降の GLO，CSN，JNO といった探査機，そして HST や地上望遠鏡からの長期にわたる観測を比べても，このジェット構造はきわめて安定だ．たとえば木星では，縞模様がその明度を大きく変える[*33]ことがあるし，土星でも大規模な擾乱が発生することがある（後述）．そのような場合でも，東西風速の基本構造は保存されているらしい．

木星型惑星の大気運動を考えるとき，それを駆動する熱源として内部熱源が最も重要である（天王星を除いて）．惑星内部からこの熱を輸送するメカニズムとしては，対流が最も効率的である．表面付近大気の対流圏を観測すると，その鉛直温度プロフィールは断熱減率にきわめて近く，対流が発達している（少なくとも表面付近では）ことを示している．1995 年 12 月に木星大気を降下した GLP では，ドップラー効果を用いて風速が測定された．1 bar から 4 bar 付近までは深さにつれ風速は増大し，そこから観測限界の 20 bar 程度まではほぼ一定の風速で

[*32] 1965 年に国際天文学連合により，9 時間 55 分 29.711 秒と定義された．ガリレオ周回探査までのデータを加えた検討では，それより 6 ms 短い周期を適切としている．

[*33] 個々の雲粒子について見れば，可視光領域における反射率が 0.97 から 0.998 程度のわずかな変化に過ぎないが，それが広範囲で大規模に起きる．

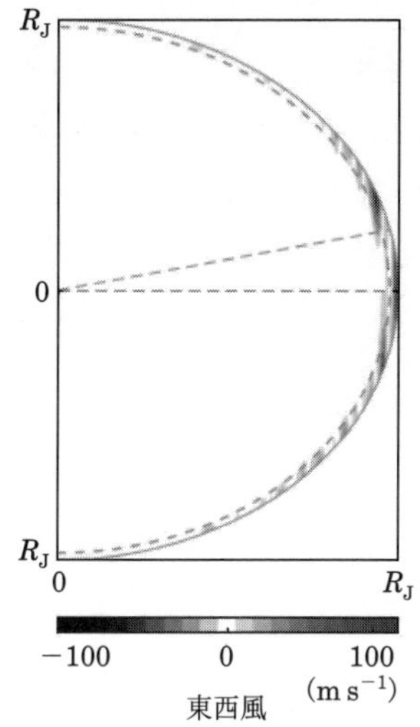

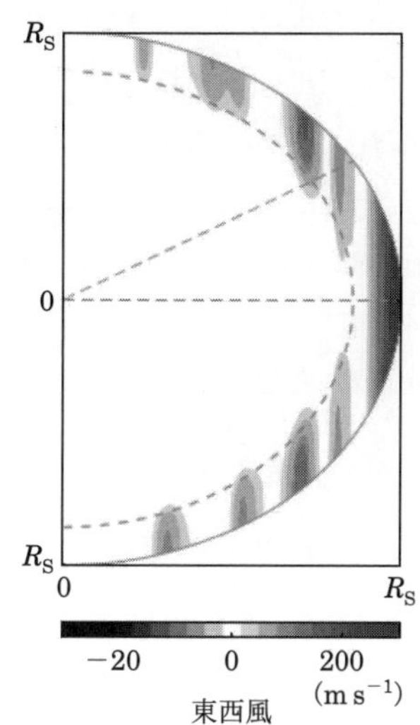

図 3.10　木星（左）と土星（右）の東西風が達する深さを示したもの．前者は 3000 km，後者は 10000 km と推測されている．この範囲内では，高速回転流体の理論および実験に基づき予測されるシリンダー状の対流構造の存在が考えられる（Y. Kaspi *et al.* 2020, *Space Sci. Rev.*, 216:84）．

あった．前者は湿潤大気（傾圧的），後者は乾燥大気（順圧的）の振る舞い*34といえる．CSN の木星近傍通過時の測定（近赤外線）でも，可視雲層より深いところに上層よりも 60%大きな風速が，北赤道域全体にわたり得られている．

惑星表面に見られる東西風が継続する限界深度の推定は，重力場 → 内部構造と，東西風の重力場への寄与の直接評価という二つのアプローチがあり得る．土星 CSN，木星 JNO という周回ミッションが両アプローチの進歩をもたらし，土星では 10000 km，木星では 3000 km ほどの深度まで東西風が達すると推測された（図 3.10）．大気深部で温度と圧力が高まると，徐々に大気が導電性をもつようになる．これが 1 S m^{-1} ほどになると電磁流体力学効果が働き，磁場自転から逸脱した大気運動を阻害する．木星より低密度の土星では，より深部で大気の導電性がようやくこのレベルとなるから東西風はより深部まで達し，低緯度

*34 湿潤対流は高度による温位差ができて風速差を生じ，反対に乾燥対流は温位差をつくらず高度によらない一定の風速となる．

（赤道 ±30°）領域のジェット構造の南北対称性も高い（図 3.9），と考えられる．

天王星と海王星の重力場測定は VG2 以来なされていないが，内部構造モデルの発展につれて J_4 項（70 ページ参照）の解釈が進み，大気運動の寄与が求められている．それによれば，東西風の深さは最大でも天王星で 1600 km，海王星では 1000 km というごく表層に限られる．天王星と海王星の磁場がごく表層に近いエンベロープ（高い導電性を持ったイオンの海）で生成されるモデルと，浅い東西風のモデルとは整合的である．

3.4.2　極域の大気活動

オーロラの舞台である極域は，大気力学的にも興味深い領域である．特に自転軸が横倒しの天王星ではその 1 公転中に，片極だけが日照（反対側は極夜）となる時期と，南北両半球が等しく日照となる春分（2007 年 12 月）および秋分とが生じる．これに起因する入射太陽エネルギーの極端な季節変化は，貴重なデータを提供する．VG2 接近時，天王星はその南極域を太陽へ向けていた．この日照条件では太陽による加熱で，極域は赤道域より ∼ 6 K ほど暖かいはずであった．ところが VG2 の赤外線観測では，天王星の温度はあらゆる緯度においてきわめて一様で，熱分配メカニズム（循環）が必要とされた．赤外線および電波領域での観測によれば，南半球の緯度 20°–40° で上昇した大気が他の緯度で下降するような，大きな大気の流れがあるとされる（同様の流れは海王星にも存在すると考えられている）．のちに HST の測定で，CH_4 欠乏（赤道に比べて）が両極に認められ，これは上昇しながら CH_4 雲をつくることでそれを失った大気が極へ流れていった結果と解釈できる[*35]．春分を経て北極が日照となって以降，それまで見えていた南極とは異なる様相（パッチ状の雲をもつ）の北極域が観測された（図 3.1）．2018 年に北極を含む高緯度帯を覆い尽くすヘイズ[*36]が発生するに至り，VG2 で描かれた「活発でない天王星大気」のイメージが覆った．

土星には北極を取り囲む六角形（1 辺の長さが約 14500 km）の周極ジェットが存在する（図 3.1）．VG2 により発見され，CSN によってそれが永続している

[*35] 単純な循環構造だと極域でまったく雲をつくることができなくなり，観測と整合しない．この矛盾を取り除くため，高さ方向に複数の循環セルを積み重ねたモデルが提唱されている．

[*36] ヘイズは「もや」「煙霧」と呼ばれることもあり，多くの惑星大気で観測される．微小粒子（ミクロン以下のサイズ）がぼんやりと大気中に浮遊した状態である．

ことが確認された．六角形の成因には諸説あり，数値計算や水槽実験で似たパターンが得られているものの，その深さ方向の広がりも含め未解明である．不思議なことに南極にはこのようなジェットは見られない．両極とも極点に渦があり，湿潤対流による形成が示唆されている．

木星極域には，JNO がその驚くべき様相を捉えている．両極の極点に渦があるのは土星と共通しているが，そのまわりを取り囲むように複数のサイクロンが規則正しく並んでいたのである．サイクロンは，北極では八角形の頂点の位置，南極では五角形の頂点の位置に並んでいた（口絵 7 参照）．サイクロン同士が合体またはばらばらにならないのは，各サイクロンが適度な高気圧的な流れに囲まれているからという説が提唱されているが，その適度な流れをどのように獲得しているかという根本的問いには答えられていない．2019 年には南極のサイクロンがひとつ増え，六角形で極渦を取り囲むようになったことが観測された．

3.4.3 上層大気と雲

木星型惑星の大気中には，凝結して雲を作る気体 CH_4, NH_3, H_2S, H_2O が存在するため，惑星大気のさまざまな深さの温度，圧力に応じ，いくつかの雲層が生じていると考えられている．

熱化学平衡モデルによる予測と観測

遠方にある惑星の雲についてその組成を測定することは簡単ではない．適切な大気組成を用いた熱化学平衡モデルによる予測では，以下のような雲層が生じると考えられている．

(1) 大気深部（温度 $T > 273\,\mathrm{K}$）では NH_3 や H_2S が溶け込んだ水の雲を生じる．水の雲は温度 $T < 273\,\mathrm{K}$ では氷の雲となる．水や氷の雲に対する直接の証拠はまだない．

(2) $T \sim 230\,\mathrm{K}$ では，$NH_3 + H_2S \rightarrow NH_4SH$ という反応により NH_4SH の雲を生じる．この反応により，NH_3 または H_2S のうち「少ない方」は完全に消費されてしまう．このことは，木星と土星のリモートセンシングで H_2S がまったく観測されない事実[*37]と符合する．

[*37] GLP のその場観測では大気深部ほど増加する H_2S が検出されている．

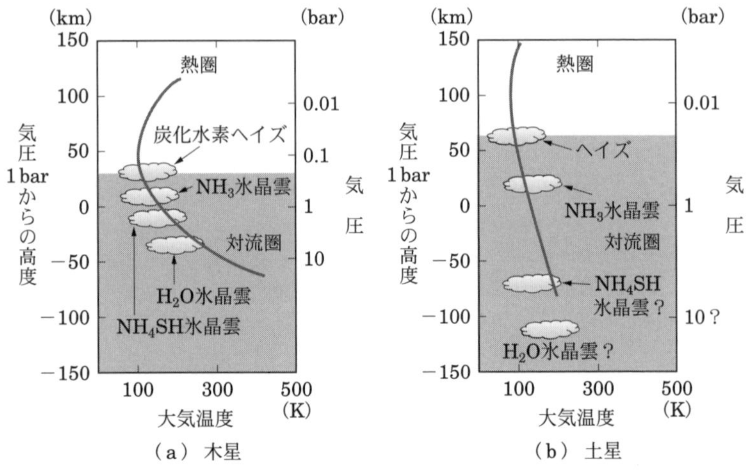

図 3.11 木星と土星の雲層構造モデル．熱化学平衡モデルによれば，気圧 1 bar レベルをはさみ，複数の雲層の存在が予想されている．最上層のヘイズと，NH_3 氷と思われる可視雲層はリモートからも観測できる．それより下層は，ガリレオ・プローブによるデータがある以外は，電波や赤外線などさまざまな手法で間接的にその性質が調べられている（P.A. Bland *et al.* 2003, *An Introduction to the Solar System*, p.219）．

(3) $T \sim 140\,\mathrm{K}$ になると，NH_3 と H_2S は（あれば）それぞれ独立した氷の雲を作る．木星と土星では NH_3 の氷が可視雲になっている．木星において，ISO 衛星の観測と GLO からの観測で，その雲が NH_3 である証拠が得られている．天王星と海王星では H_2S 氷の雲が存在すると考えられる．

(4) 天王星と海王星の最上層は CH_4 氷の雲（$T \sim 80\,\mathrm{K}$）であると考えられる．

雲，対流，雷

GLO は木星大気に無着色の NH_3 雲を観測した．これは，大赤斑の西側にある活動域で「下層から大きく突き出した白雲の柱」という限定された領域にのみ見られた．JNO のカメラは高い分解能で雲頂の詳細を撮像しているが，明るい帯領域には小スケールの白雲の柱*[38]が無数に見られるものの，暗い縞領域では

*[38] 柱が立っていることを示す影までも写っている．

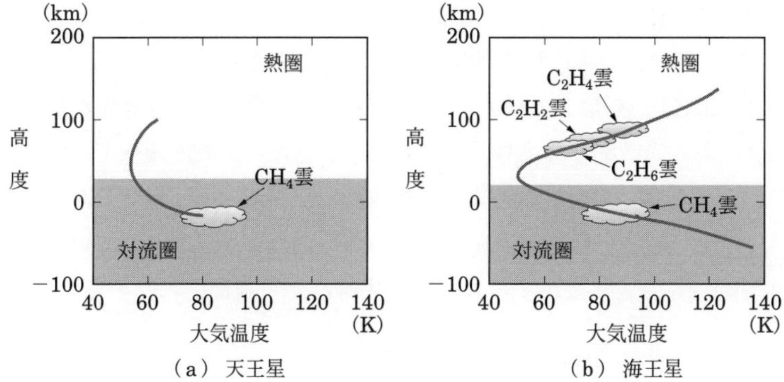

図 3.12 天王星と海王星の雲層構造モデル．これら二つの惑星については，まだ精密な雲層構造モデルは確立されていない（P.A. Bland *et al.* 2003, *An Introduction to the Solar System*, p.236）．

それらは一部の活動的領域のみに限られる．

木星型惑星の場合，ナイーブに「上昇気流の中でどんどん雲が発達する」と考えるわけにはゆかない．地球大気の平均分子量は約 29 であるのに対し水蒸気のそれは 18 であるから，湿った空気ほど軽く，したがって少しの加熱で上昇と雲生成がトリガーされ得る．ところが水素やヘリウムという軽い分子を主体とする木星型惑星大気に対して，CH_4, NH_3, H_2S, H_2O はいずれも重い．そのため，上昇して雲を作るかどうかは，材料物質の含有量の多少と加熱の強さとの兼ね合いによって決まることになる[*39]．白雲生成を伴う上昇気流が（少なくとも雲頂レベルでは）局所集中的なのは，こうしたことも一因であろう．

木星には強大なパワーの雷発光が見られ，それらが大規模な水雲の湿潤対流に結びついていることが確実視されている．雷発光クラスター（長い露出時間中に複数の雷閃光が捉えられる）は東西ジェットの低気圧性領域に多く観測され，上述した大赤斑西側の活動域はその代表である．こうした場所では，上昇気流の勢いがきわめて強いと考えられる．この湿潤対流中で生じる H_2O 氷は上昇中に凝固点の低いアンモニア水溶液の滴となり，その外側が氷で包まれて巨大な

[*39] 凝結により解放する潜熱も，NH_3 は水の約半分，CH_4 はさらにその半分なので，湿潤対流の起こりやすさと持続力も違うことになる．

雹[*40]へと成長し，最後には大気深部へ落ちてゆく．これが木星上層大気における NH_3 存在度の強い緯度依存性をつくっていると推測されている．

加えて，JNO からはより弱くそして水平サイズの小さな雷発光が捉えられている．雲による光散乱をあまり受けていないことから比較的浅部での雷放電であると考えられるが，そうした浅部では液相の水が存在せず，電荷分離が有効に働かない．深部での雷とは異なる発生メカニズムの存在が示唆されている．雷発光は，土星においても（後述する大白雲発生時など）検出されている．

大気のスペクトル：可視，近赤外，電波

可視 ~ 近赤外領域における木星型惑星のスペクトルを見ると，天王星と海王星においては，木星と土星よりも CH_4 吸収が強い．こうしたスペクトルで探ることができるのは上層大気だけではあるが，これらの惑星において大気中に C が過剰に存在することが示唆される（図 3.13）．

一方，マイクロ波領域の電波で木星型惑星を観測すると，不思議な結果が得られる．この波長域における大気の不透明度は NH_3 ガスがおもに担っているが，その存在比は木星と土星で太陽組成を上回っているものの，天王星と海王星ではほぼ太陽組成比に等しい値を持つモデルが観測データをよく説明するのである（図 3.14）．これら 2 惑星では H_2S や H_2O が著しく過剰になっていると言われているが，それとは対照的である．これは天王星と海王星においては，NH_4SH 雲の形成により NH_3 がほぼ完全に使い尽くされているからだとされる[*41]．

木星型惑星の興味深い共通点として，太陽から受けるエネルギーに 30 倍もの開きがあるにも関わらず，いずれの惑星もほぼ同じ中間圏温度をもっていることが挙げられる．成層圏 CH_4 や光化学反応で生成される大気微粒子は，紫外線や赤外線（波長 3.3 μm）を吸収し大気を暖める．一方，成層圏から中間圏において，CH_4, C_2H_6, C_2H_2 は中間赤外域 8–14 μm で放射を行い，効率よく大気を冷却する作用をもつ．大気温度 150 K では，プランク関数[*42] に従う熱放射のピー

[*40] 英語文献では大きなソフトボールを表す mushball という表現が使われている．

[*41] H_2O が過剰に存在することから，水の雲に NH_3 が溶け込んでいるとする説もある．

[*42] 物体はすべて，その温度に応じた熱放射を行う．そのスペクトルを決定する関数．最も強い放射を行う波長 λ [cm] は温度 T [K] に逆比例し，$\lambda = 0.28979/T$ により与えられる（ウィーンの遷移則）．

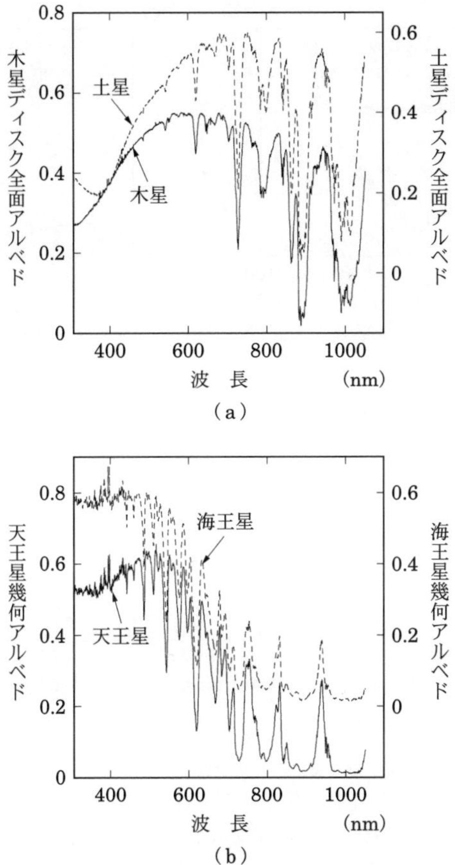

図 3.13 木星型惑星の可視 ～ 近赤外スペクトル．(a) 木星と土星，(b) 天王星と海王星に対するもの（I. de Pater & J. Lissauer 2001, *Planetary Sciences*, p.88）．

クはおよそ 19 μm であり，C_2H_6 の 12.2 μm 帯に放射の曲線のすそ野が重なる．この重なり領域での放射が大気の冷却に大きな寄与をもつが，より低い大気温度になると重なりが減少し，したがって大気の冷却効率は低下，加熱が上回るようになる．一方，大気が 150 K より暖まれば，12.2 μm 帯と熱放射のピークとが接近する．12.2 μm 帯に強い熱放射が重なると冷却効率が高くなり，大気は冷やされることになる．つまり，木星型惑星の中間圏ではこのような天然のサーモス

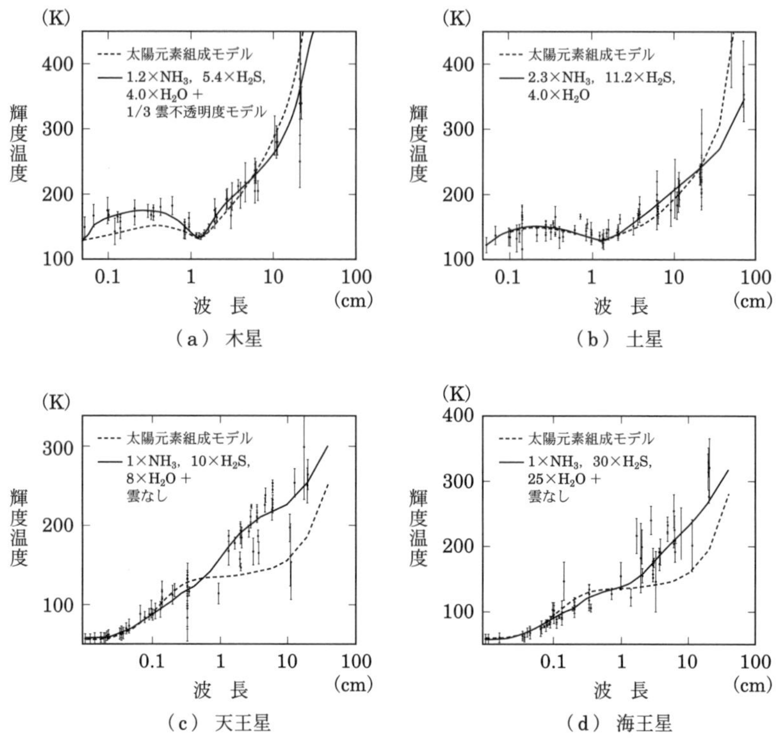

図 3.14　木星型惑星のマイクロ波スペクトル．大気深部からの熱放射が，大気中に含まれる NH_3 蒸気による吸収を受け，このようなスペクトル変化を示す．波長 1 cm 付近の「落ち込み」が木星と土星で大きく，天王星と海王星で小さいことから，前者で NH_3 が多く（太陽組成を上回る）後者で少ない（ほぼ太陽組成並）ことがわかる（I. de Pater & J. Lissauer 2001, *Planetary Sciences*, p.91）．

タットが働き，温度を 150 K 前後に保っているわけだ．

3.4.4　活発な大気活動

木星：大赤斑と小白斑

大赤斑は，縞模様を別とすれば，小望遠鏡でも見ることのできる最も顕著な大気の特徴で，南緯 20° 付近にあって反時計回りの回転を示す高気圧性渦である．

CH_4 吸収帯で撮影すると明るく写ること，赤外線で測定される温度が低いことからも，雲頂は高空に達していて，高気圧渦であることと合わせて，大気下層から上昇する気流の存在を示唆している．かつては地球を何個も呑み込む大きさであったが，2020 年時点で地球の大きさと大差ないほどにまで縮小[*43]した（図 3.1）．その一方，縮小にともないその鉛直広がりは大きくなったという示唆もあり，一概に「衰えた（消滅に近づいた）」とはいえないとする説がある．

確実な記録では大赤斑は 1830 年にまで遡ることができ，同一かどうかは議論があるものの J. カッシーニが 1665 年に木星に巨大な斑点を観測した記録があって，少なくとも 190 年以上，または 350 年以上も存続している可能性がある．数値シミュレーションによれば，東西ジェットが急に移り変わる領域では流れは不安定で，複数の小さな渦を生じる．それらはやがて合体し，最終的には一つの大きな渦となり，長期間にわたり安定して存続する．大赤斑のすぐ南側，南温帯縞と呼ばれる領域に半世紀以上にわたり観測されていた三つの白斑（VG2 観測で，大赤斑と同じ回転方向をもつ高気圧渦と判明）は，1998 年以降に合体が相次いで，数値計算の予測する通りに一つに収斂した．ただし，合体によって大きな渦に成長したわけではなかった．大規模な数値シミュレーションは，内部構造の新しい知見とともに，急速に発達している．東西ジェットと渦（高気圧，低気圧）を再現するにとどまらず，導電性の内部と外側の大気とが相互作用する力学[*44]まで調べられている（根の深い巨大渦が発生するものの，寿命は短く，まだ大赤斑の再現には達していない）．

2005–2006 年には合体後の白斑が大赤斑のような赤みを帯びたことが観測されている．こうした赤みの原因物質候補として，しばしばリン化合物（他には硫黄化合物）が挙げられ，実際に波長 $4.66\,\mu$m の大赤斑域スペクトルには PH_3 の吸収線が明瞭に認められる（混合比 ~ 0.8 ppm）．しかし近年の実験室研究によると，NH_3（下層から持ち上げられる）とアセチレン C_2H_2（高空から下降してくる）が共存する環境で光化学により生成する物質（最上部の雲粒表面を覆う）が提唱されている．局所的な渦だけではなく，さまざまな濃度の赤茶けた色調を説明する「万能」着色物質ではないかとされる．

[*43] 1979 年 VG2 から 2012 年 HST の間に，経度広がりが $\sim 21°$ から $\sim 15.5°$ までに縮小したと報告されている（経度広がり 21° は 24000 km に相当）．

[*44] コリオリ力と圧力勾配の和がローレンツ力とバランスする力学系で，magnetostrophic regime という言葉が使われる．

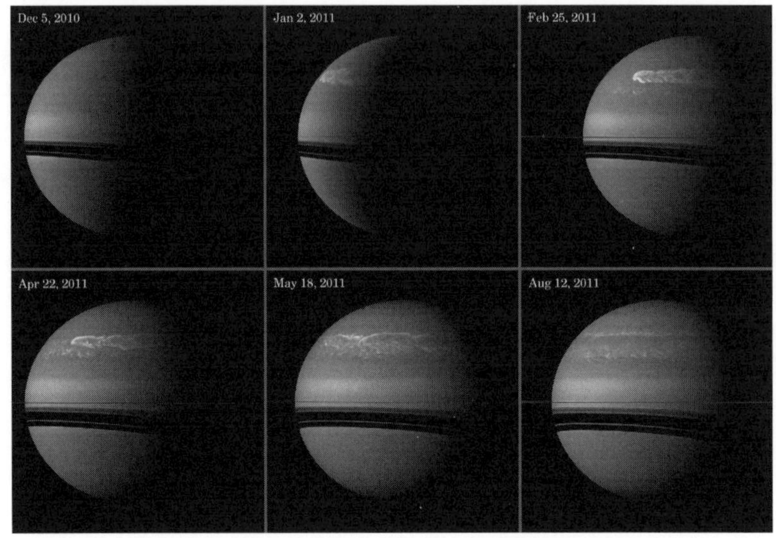

図 3.15　2010 年から 2011 年にかけて土星の北半球中緯度に出現した擾乱．Great White Spot と呼ばれた白雲が現れ，発達し衰退してゆく様子がカッシーニにより詳細に観測された (NASA 提供)．

土星：準周期的な擾乱

土星表面は，木星と同じように，赤道と平行な明暗の縞模様が存在する．そのコントラストはしかし木星の場合よりもずっと低く，また普段は目立つ渦（白斑や暗斑）は見られない．まれに活発な擾乱（図 3.15 は 2010 年のもの）が発生することがあり，その発生パターンには 1933 年，1960 年，1990 年，2010 年のように 20–30 年の周期性が認められる（土星北半球の夏至の頃*45 に当たる）．この周期性のメカニズムは，次のように考えられている．ひとたび H_2O が雨として対流圏下部へ移動すると，水蒸気（分子量 18）を多量に含む下部大気は相対的に重くなるため，上下の対流はストップする．土星は内部熱源が強くないので，湿って重くなった下部大気を強制的に上昇させるまで加熱できないのである．この状態は，対流圏上部が放射により十分冷えて下部大気より重くなるまで

*45 北半球の冬至は，地球からはリングに隠され見えない．2004 年に土星周回を始めた CSN により，少なくともその冬至時期には擾乱が発生しなかったことが示された．

続き，ついに次の対流がトリガーされるまでに 20–30 年を要する．

天王星と海王星

VG2 の捉えた天王星は一見，大気模様の乏しい惑星であった．しかし 2000 年以降，VG2 画像の再処理や，HST，そして補償光学を装備した地上望遠鏡の観測によりその大気活動の様子は格段に明らかとなってきた．それら知見は，「極域の大気活動」の項および，東西風プロフィール（図 3.9）に反映されている．

海王星には，VG2 が接近した 1989 年には，巨大な暗斑や白い雲の模様が見られた．1996 年になって HST が海王星を観測したとき，VG2 が捉えたのとはまた別の斑点が見られた．HST による観測は，雲のコントラストを高めるため，CH_4 吸収帯で行っている．そのため，高空の雲は明るく写り，それが可視光で「白く光る雲なのか，あるいは暗い色の雲なのか」はわからない．それ以降も暗斑や白雲の発生と消滅は繰り返し観測され，この惑星が大きな内部熱源をその駆動力としている様子がうかがえる．

ローウェル天文台では 1972 年以来，天王星と海王星の測光観測を継続的に行い，均質で長期にわたる光度曲線を得てきた．それ以前のデータも合わせれば，天王星では秋分～冬至～春分，海王星では秋分～冬至をカバーしている．季節変化以外の長期変動があるようにも見えるが，南北半球の違いが影響している可能性も否定できない．結論を導くには同じ季節の繰り返し観測が欠かせないが，そのためにはまだ長い時間が必要である．

3.5 木星のトピックス

木星型惑星の研究史の中でも，1994 年の「彗星の木星への衝突」と，1995 年の「ガリレオ降下プローブ GLP の木星大気突入」は，四半世紀以上を経てもいまだ上書きされない，特筆すべきイベント（前者は自然現象，後者は人類が行った探査として）である．ここでは，それらの結果を概観する．

3.5.1 SL9 彗星の衝突

木星に衝突したのは，1993 年に発見されたシューメーカー–レビー（Shoemaker–Levy）第 9 彗星（以下では SL9 彗星と記す）である．この SL9 彗星の分裂した破片が，1994 年の 7 月 16 日から 22 日にかけて，次々と木星に衝突した．SL9 彗星はその発見当初から，多数の破片が列をなした奇妙な姿（図 3.16）で注目を集めた．軌道を遡ると，直前の木星接近時に木星表面から 0.3 木星半径（1992 年 7 月 7 日に近木点）を通過しているため，その頃に強い潮汐力に耐えられず分裂したらしい．さらに遡れば，木星は SL9 彗星を 1929 年前後に捉えたらしく，1992 年の分裂により多量の塵が彗星を取り巻くようになったことが，その発見を助けたようである．

衝突データから推測すると，個々の破片は直径が 1 km 以下，密度は $\sim$ 0.5 g cm^{-3} 程度であったようだ．したがって，衝突時の運動エネルギーは 10^{27} erg のオーダーであり，TNT 火薬の 2 万メガトンにも相当する強力なものである．木星ほどの質量すなわち大きな重力圏を持てば，このクラスの衝突*[46]は数世紀に一度程度の確率で起きると考えられる．アマチュアの木星観測で，膨大な数のビデオフレームから良像を選び合成する方法が普及したおかげで，それらの中にも流星発光（中には数百トン隕石クラスのものも）が見つけられている．

SL9 彗星の「核」

SL9 彗星の個々の破片には，東側から順（これはすなわち衝突の順）にアルファベットの 1 文字ずつ A–W が割り当てられた．文字 I と O は混乱を避ける

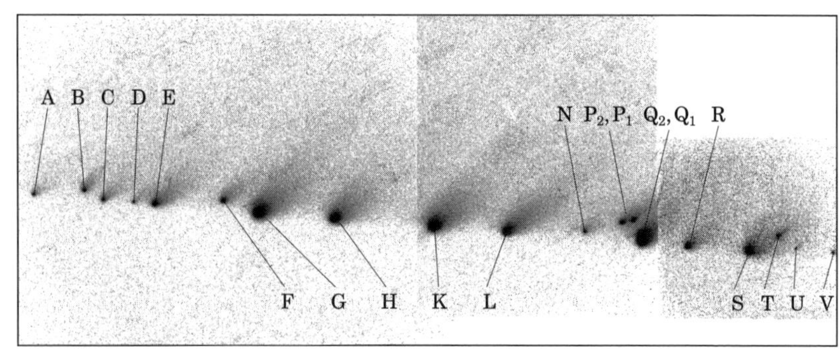

図 3.16 シューメーカー–レビー第 9 彗星．分裂した核の一つ一つが，その周囲にコマをまとい短い尾をなびかせている様子が捉えられている（NASA 提供）．

*46 SL9 の 10 万分の 1 程度のエネルギーを伴う衝突は，地球でもほぼ毎年起きている．2013 年チェリャビンスク隕石は，500 TNT キロトン程度のエネルギーと見積もられた．

ためにはじめから使われず，またJとMは発見から少しの間に見られただけで，その後は消滅してしまった[*47]ようであった．なお，英語ではfragment（破片，断片）という呼び方とnucleus（核）という呼び方が混在している．図3.16に見るように，一つ一つがコマと尾を伴った彗星の形状を示しているため，ここではnucleusの方を好み，A核，B核といった呼び方を採用しよう．

これらの核は，木星の南緯43°–45°，そして地球から見た木星の縁から3°–9°，向こう側（つまり木星の裏側）[*48]に衝突した．当初は，地球から直接見えない側への衝突ゆえ重要な情報が失われてしまうのではと考えられた．しかし，以下に述べるように，縁のわずか先で起きた現象であった（木星自身が遮蔽板の役目をなした）からこそ得られた情報も多かったのである．

衝突閃光の光度曲線

R核は中程度の大きさであったが，多数の観測が行われ，その光度曲線は他の核の衝突時に見られた特徴のほぼすべてを見せている代表的なサンプルである．ケック（Keck）望遠鏡（波長2.3 μm）とパロマー（Palomar）望遠鏡（波長3.2 μmと4.5 μm）で観測された光度曲線（図3.17）には，基本的に三つの増光イベントが記録されている．

（1）**突入核の流星発光による増光**は，三つの波長で同時に観測されている．すなわち，彗星核が木星の裏側へ隠れてゆく（大気吸収や雲による遮蔽を受ける）前に，上層大気との衝突（断熱圧縮）で地球の流星と同じように発光したものであろう．GLO可視カメラでは，地上からは見えなかった真の流星発光ピークが捉えられた[*49]．

（2）**高熱の火の玉による増光**（温度3万–4万Kと見積もられる）は，波長ごとに観測タイミングのズレを生じている．すなわち，4.5 μmで最も早く，2.3 μmで最も遅く増光が観測された．発光開始時間のズレは，大気吸収の強さの違いとして説明できる．つまり，波長2.3 μmは強いCH_4吸収の波長であり，木星裏側を立ち昇る火の玉が十分な高さまで上昇しないと観測されないのだ．そ

[*47] M核に関しては，衝突による発光の観測が報告されている．

[*48] このとき木星に近づきつつあったガリレオ探査機からは，衝突地点を直接観測することができた．

[*49] 図3.17に示したガリレオNIMSによる増光検出のタイミングは，可視光ピーク直後からであった．

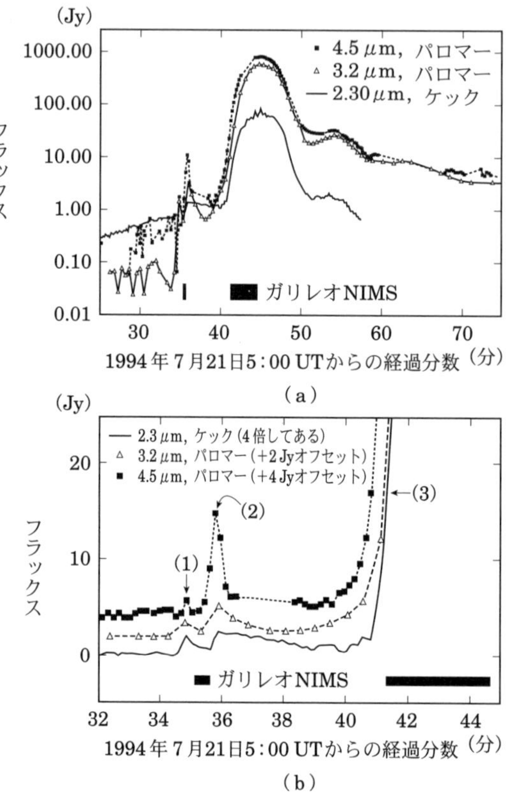

図 3.17　SL9 彗星 R 核衝突時に観測された光度曲線．赤外線波長域で，ケック望遠鏡とパロマー望遠鏡で観測されたものである（I. de Pater & J. Lissauer 2001, *Planetary Sciences*, p.174）．

の一方で，「減光」の時定数は 2.3 μm で 3 分，それに対して 4.5 μm ではわずか 30 秒であった．これは火の玉の温度が急速に低下したためと解釈されている．

（3）**吹き上げられた物質の落下による主増光**は，流星発光の約 6 分後に開始しており，これも波長ごとの観測時間差を生じている．大気深部に達した彗星核が大爆発を起こし，それによる物質の吹き上げ（プリューム）がこの増光の元となっている．プリュームの吹き上げられる速度は $\sim 12\,\mathrm{km\,s^{-1}}$, その最大高度は約 3200 km に達した．こうして高空に吹き上げられた物質が落下し，大気を衝

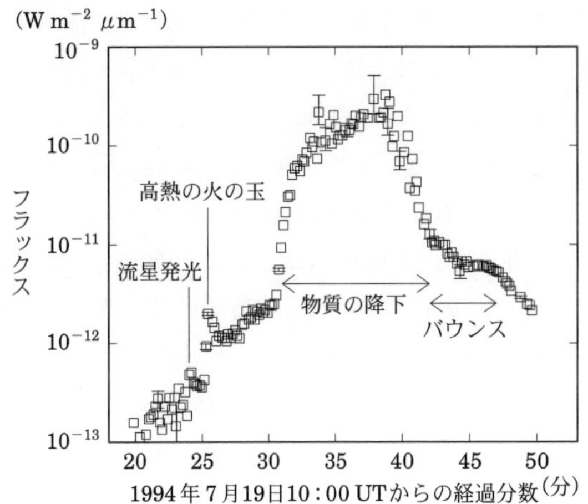

図 3.18 SL9 彗星 K 核衝突時，日本から観測された光度曲線．国立天文台岡山天体物理観測所の 188 cm 望遠鏡と赤外線カメラ OASIS を用いて得られたもの．図 3.17 に見られる特徴のほぼすべてが捉えられている（竹内 覚氏提供）．

撃加熱（少なくとも 500–1000 K と見積もられる）した際の熱放射が，この主増光を生じたのである．

光度曲線には，主増光が減衰してゆく過程でもいくつかの山が記録されている．これらは，プリュームとして吹き上げられた物質が木星面に落下しバウンスした際に生じたものと考えられている．

特筆すべきは日本のグループの活躍で，K 核の衝突時には岡山天体物理観測所の 188 cm 望遠鏡と赤外線カメラ OASIS を用い，世界の大望遠鏡によるものと比肩される光度曲線データを得たのである（図 3.18）．

木星大気の化学変化

SL9 彗星の衝突により，木星には普段見られない原子・分子や塵が観測され，それらの一部（中性の Na, Fe, Ca, Mg, Mn, Cr）は彗星起源と考えられた．

一方，彗星起源または衝突の過程で生成された CO, CO_2, H_2O といった分子が，成層圏におけるそれらの存在量にどのような影響を与えるかが注目された．というのも，これら分子の成層圏における寿命は非常に長く，SL9 衝突のような現象が稀な事件であっても，その影響は長く存続し大気組成に大きな影響を及ぼし得るからである．特に，木星上層大気において，H_2O が 10 年単位で失われてゆくのに対し，CO が渦混合により失われてゆくタイムスケールは約 300 年と非常に長いのである．CO は，C と O が含まれた高温の衝撃化学により生じ，C または O が消費し尽くされるまでその反応は続く．こうした反応により，SL9 衝突が木星成層圏に供給した CO の量は 10^{15} g と見積もられている．

衝突によって生成した分子などは木星成層圏に長く留まり，1997 年までには赤道に達した．2000–2001 年の CSN フライバイ時にでさえ，CO_2 は南半球中緯度と南極域の渦中に観測された．CO_2 は CO と H_2O との光化学反応によっても補給される．上述した通り CO の寿命は非常に長く，木星の成層圏には 10^{15} g の CO が恒常的に存在するとされる．そして，SL9 クラスの衝突は CO の寿命である 300 年程度の間隔で，km サイズの彗星の衝突ならば 100 年に一度程度起きると考えられるから，CO や CO_2 の補給が（少なくともかなりの部分）外部からの彗星衝突によりなされていることになる．もちろん，より激しい衝突ではさらに予測を越えた変化が起き得ることも忘れてはならない．

木星放射線帯の変化と，地球への示唆

ここでは，木星放射線帯に現れた変化について触れる．数 cm–数 10 cm 波長の電波観測で，木星シンクロトロン放射強度の空間分布に大きな変化が見られた．これには木星大気電離層で発生したショックの磁気圏への伝播，および放射線帯電子の加速が関連している．そしてショックは，SL9 のように複数の破片が連続して大気突入する場合に，発生しやすくなるとされる（先行破片の供給するダストにより，電離層が変化することが原因）．これが本当ならば，地球防衛を目的として，衝突軌道を接近してくる小惑星を複数の小破片に破壊したとき，地表の直撃は避けられるかも知れないが，電離層で多くのショックを発生させる可能性がある．それは地球放射線帯電子の加速をもたらし，通信システムはじめ広範かつ甚大な影響につながるかも知れない．SL9 彗星の衝突は，太陽系のダイナミックな姿を人類に見せてくれただけでなく，こうした知見をももたらしたという意味で，かけがえのないイベントであった．

表 3.5 ガリレオ・プローブ搭載機器.

名称（略称）	観測ターゲット
Atmosphere Structure Instrument（ASI）	温度，圧力，密度，分子量プロフィール
Galileo Probe Mass Spectrometer（GPMS）	大気の化学組成
Helium Abundance Detector（HAD）	ヘリウム/水素比の測定
Nephelometer（NEP）	雲粒子（固体・液体）の特性の測定
Nex Flux Radiometer（NFR）	温度プロフィールおよび熱収支の測定
Lightning and Radio Emission Detector（LRD）	雷電波バーストとエネルギー荷電粒子の測定

3.5.2 ガリレオ・プローブの成果

1995 年 12 月 7 日，ガリレオ探査機から投下されたプローブは木星北緯 7° の大気を下降し，そこからのデータを我々に届けてくれた（図 3.19）.

大気の構造

大気の構造は，ASI（表 3.5）により測定された．大気への高速突入中は摩擦による減速度を測定し，それに基づき上層大気の密度・温度を決定した．パラシュートを開き降下モードに入ってからは，下層大気の圧力・温度を直接測定した（加速度データも取得している）．したがって，上層大気の温度構造はモデルを用いて間接的に決定されたものである．初期高度の仮定により異なる温度構造が得られるものの，高度 750 km 以下では速やかに一本のカーブに収束しており，値の信頼性は高い.

上層大気 350–750 km では非常に大きな温度勾配（$dT/dz = 2.9\,\mathrm{K\,km^{-1}}$ の勾配で，上にいくほど高温）を見せ，効率の良い大気加熱メカニズムの存在を示唆している．また，この高度では温度は単調に増加するのではなく「波打ち」を見せており，大きな温度勾配と合わせて，重力波によるエネルギー輸送がこのような構造を作っていると考えられる.

下層大気では $dT/dz \simeq -2.0\,\mathrm{K\,km^{-1}}$ 前後であり，乾燥断熱減率に近い．高度によって乾燥断熱減率を下回り，大気が安定になっていることは示唆されるも

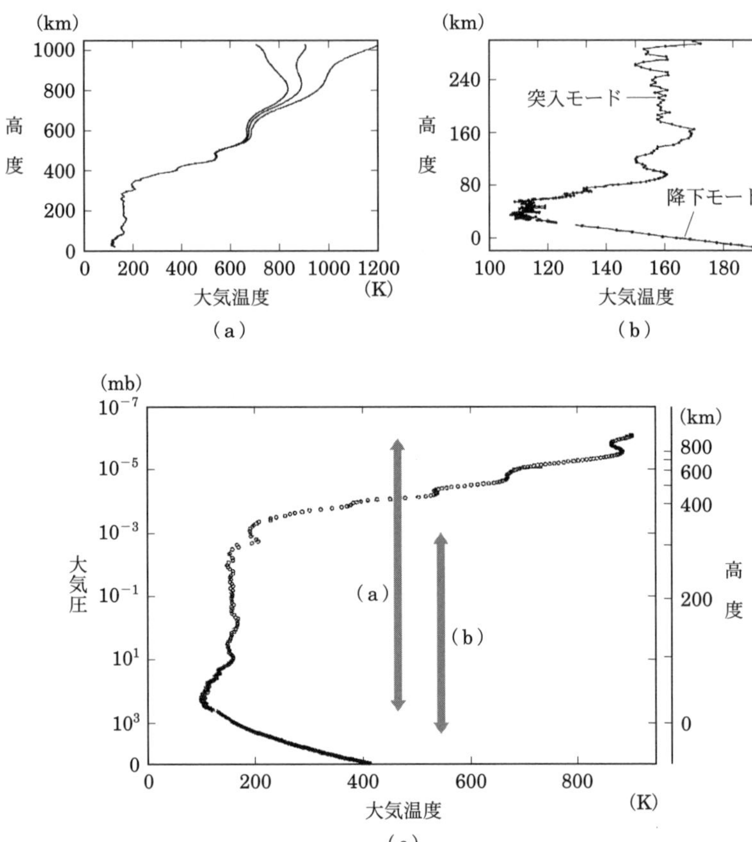

図 3.19　ガリレオ・プローブが観測した木星大気の温度構造．成層圏より上部は，自由落下の加速度を測定し，それを元に気圧・温度を求めたもの．下部はパラシュート降下しながら，気圧・温度を実測している．下部大気（対流圏）では直線的（ほぼ断熱的）な温度変化，上部大気はところどころにピークをもつ温度構造を見せている（A. Seiff *et al.* 1998, *J. Geophys. Res.*, 103, 205）．

のの，ASIセンサーどうしや他の機器との食い違いもあって，本当の安定度については未解決のまま残された．

大気の組成

大気組成のうち，NH_3, H_2S, H_2O の混合比は，GPMS により測定された（NH_3 については，プローブから送信される電波の減衰度からの推測もあり）．プローブ観測より前には，大気は十分に混合されており，これら気体の混合比は，それらが作る雲層より深部では一定になるもの[*50]と考えられていた．事前の予測では，NH_3 は 0.7 bar, H_2S は 2 bar, H_2O は 6 bar から下層では一定の混合比を持つと思われた．しかし実際には，NH_3 は 10 bar でやっと一定，H_2S は 16 bar, H_2O に至っては 20 bar まで下がってもまだ混合比が増え続けるという観測結果となった．プローブが降下して行った地点は，いわゆる 5 μm ホットスポット[*51]である．大気中の雲に乏しく，下層からの熱放射が外へ漏れ出しているこの領域は，木星大気の中でも特別に乾燥した「特異な場所」とされる．雲が乏しいゆえ，NH_3, H_2S, H_2O の混合比の鉛直分布も予想通りではなかったというのが，一般的な見方である．

ホットスポットの成因を説明する最も簡単なモデルは，上層から「密度の大きな気塊」が沈降してゆくというものである．この単純なモデルではしかし，10 bar の深さに達するまでに，周囲の安定な大気により気塊の下降が止められてしまうという問題がある．より現実的なモデルは，ホットスポットが赤道付近に束縛された大気波動の中の「下降大気」部分であるとするものだ．ホットスポットに西側から進入した気塊はそこで下向きに曲げられていったん下降し，数日後にホットスポットの東側へ抜ける際に，元の高度に戻るのである．このモデルは，NH_3, H_2S, H_2O が層状に存在するというプローブの観測と矛盾しない．

[*50] 凝結により雲を作ることで，それより上層大気では枯渇するといった方が考えやすい．

[*51] 木星大気は波長 5 μm 付近で透明度が高い（気体による吸収が少ない）．そのため，雲の薄い領域では大気深部からの赤外線を観測することができ，特に雲が少なく明るく観測される領域をホットスポットと呼ぶ．

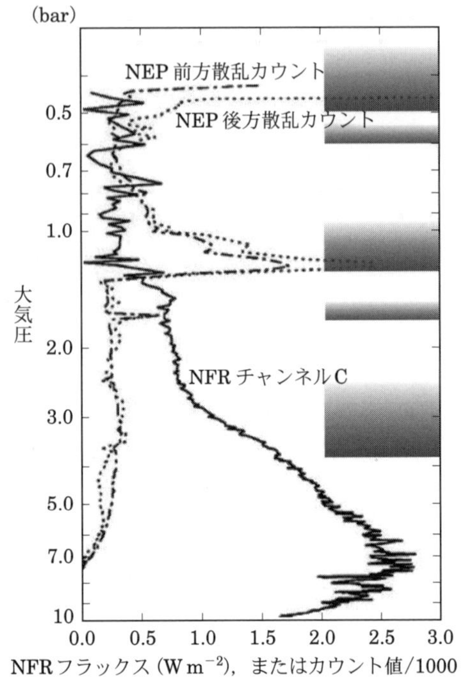

図 3.20　ガリレオ・プローブ NEP および NFR が捉えた木星雲層のシグナル．雲層が観測された場所をグラデーションで示した（F. Bagenal *et al.* eds. 2004, *Jupiter: The Planet, Satellites and Magnetosphere*, p.85）．

雲の高度分布

雲の分布は NEP と NFR の二つの機器で調べられ，0.46 bar から 12 bar の範囲で，NEP と NFR によってきわめて薄い雲が観測された．特に重要な知見は，0.5 bar に基部をもつ光学的厚さ ∼ 0.06 の雲，そして 1.34 bar にシャープな基部をもつ光学的厚さ ∼ 1.7 の雲，さらに 2.4–3.6 bar に存在する光学的厚さ ∼ 0.1 の雲が挙げられる．これら 3 層では，下層の雲ほど粒子サイズが大きくなっている（最上層から各々 0.5–0.9 μm, 0.8–1.1 μm, 1.0–4.0 μm）．これらに加えて，いくつかの鉛直広がりの小さな薄い雲も見られ，たとえば 1.6 bar 付近にそれがある（図 3.20）．より深部に水の雲が存在するという証拠は，NEP によっても

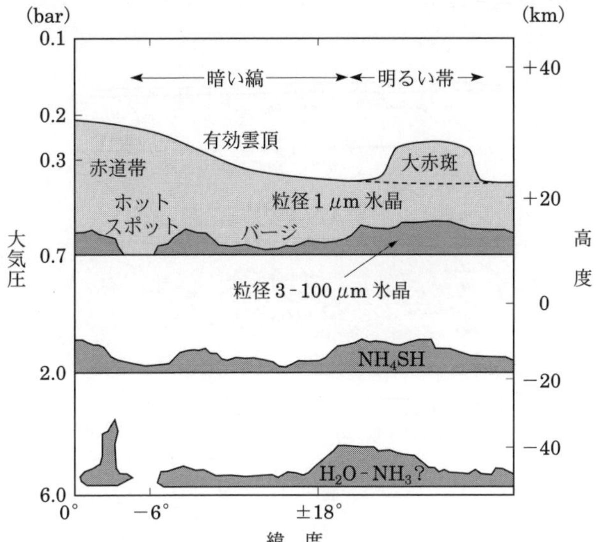

図 3.21 木星の上部雲層モデル．さまざまな観測を組み合わせて得られた「縞模様（明るい帯，暗い縞）」「ホットスポット」に対する雲層構造モデル．（濃い灰色部分）上から成層圏ヘイズ（CH_4 の光化学により生成する炭化水素化合物），小粒子の NH_3 ヘイズと NH_3 雲層（外から見える主雲層），NH_4SH と考えられる中層雲，H_2O と考えられる下部雲層からなる．ホットスポットに突入したガリレオ・プローブが見たものは，定性的にはこの描像とよく合致していた（F. Bagenal *et al.* eds. 2004, *Jupiter: The Planet, Satellites and Magnetosphere*, p.84).

NFR によっても得られなかった．こうした知見は，微妙な差異を別にすれば，従来考えられてきたホットスポットのモデルと定性的には一致している（図 3.21）．

ガリレオの見た海王星

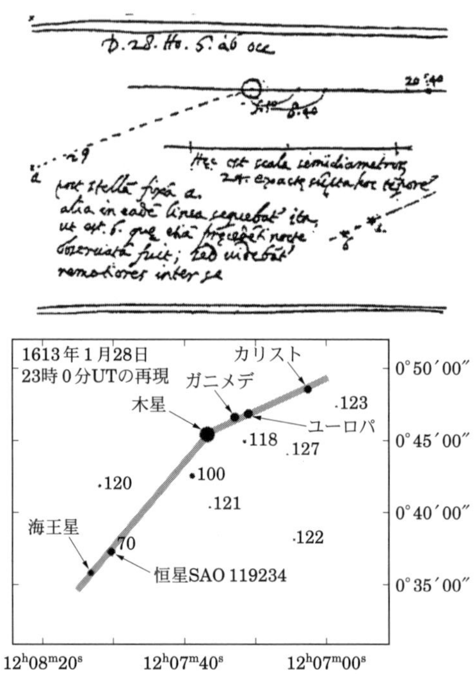

図 3.22 ガリレオの見た海王星.（上）1613 年 1 月 28 日にガリレオが彼の望遠鏡で観察し残した木星とその衛星群のスケッチ.（下）同じ時間の星空をシミュレーション・ソフトで再現すると，その視野の中に海王星が存在し，ガリレオのスケッチ中にも描かれていたことがわかる（D. Morrison & T. Owen 1996, *The Planetary System*（*Second Edition*）, p.399）.

海王星は 1846 年にルベリエとガレという仏独天文学者の協力により発見されたが，軌道を遡ると過去にもいくつか観測記録があることがわかった．なかでも特筆すべきは，ガリレオが 1612 年 12 月と 1613 年 1 月にスケッチした木星近傍の星として，海王星が描かれていたことである．海王星はガリレオの望遠鏡でも見えるほどに明るかったが，星図の整備されていなかった当時では，それを「動く惑星」と見破ることはできなかったのである（ガリレオの記録帳を調べ，この星の位置が変わったことに気づいていたのではないか，とする研究者もいる）.

第4章

衛星とリング

4.1　さまざまな衛星

惑星を周回運動する孤立した天体を衛星と呼ぶ．地球は衛星を一つ，火星はごく小さなものを二つ持つが，水星と金星は衛星を持たない．つまり地球型惑星には衛星が存在しないか，存在してもごく少数であるという特徴がある．これとは対照的に，木星型惑星はいずれも非常に多数の衛星を従えている．近年の系統的な地上観測により木星型惑星には多数の小衛星が発見され，これまでに確認された太陽系の惑星の衛星の総数は 200 を超えた．木星型惑星は同時にリングを持っている．リングは無数の粒子からなり，これらは互いに衝突を繰り返しながら惑星を周回している．リングの力学には，近くに位置する衛星の重力が重要な働きをしている．準惑星の冥王星には 5 つの衛星が見つかっている．

衛星が惑星の自転と同じ方向に運動すること[*1]を順行といい，これと逆方向に運動することを逆行という．20 世紀初めまでに発見されていた衛星，つまりそれだけサイズが大きく発見が容易であったものは少数の例外を除いて順行軌道を持つ．近年になって発見された微小な衛星には，逆行軌道を持つものが多数含まれている．

[*1] 厳密には惑星の自転角運動量ベクトルと衛星の公転角運動量ベクトルのなす角が 90 度未満の場合．

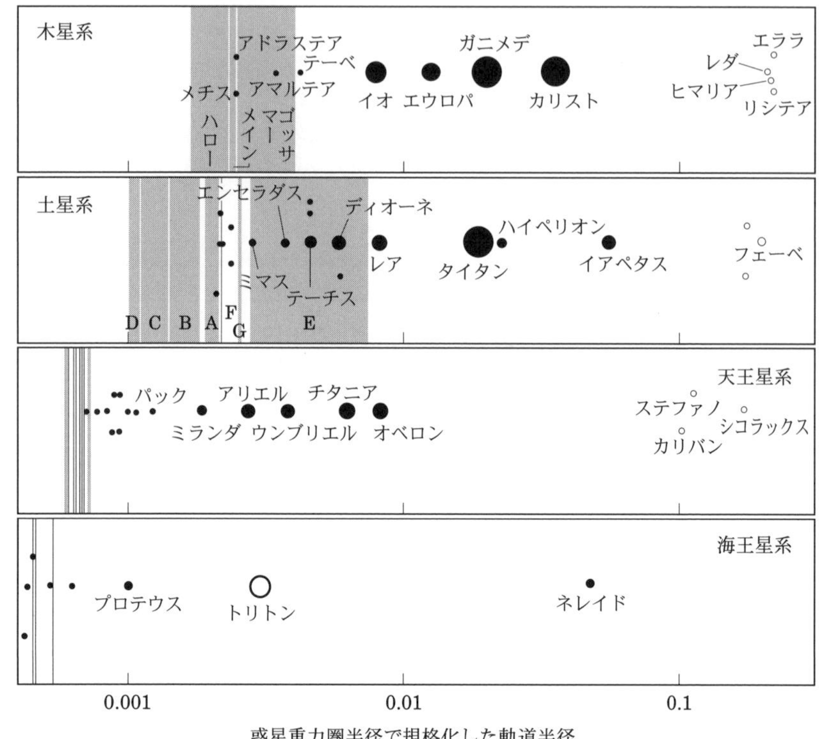

図 4.1 木星型惑星の主要な衛星の軌道半径．軌道半径は各惑星の重力圏半径で規格化した．大きい衛星については相対的な大きさを円の半径で示す．白丸は不規則衛星を表し，灰色の領域はリングの位置を表す．

順行する衛星のなかでも，軌道面が惑星の赤道面にほぼ平行で，軌道離心率の小さい衛星を規則衛星（regular satellites）といい，それ以外を不規則衛星（irregular satellites）という．古くから知られてきた衛星の大部分は規則衛星に属し，木星の 4 大衛星（ガリレオ衛星）イオ，エウロパ，ガニメデ，カリストはその代表例である．一方で，海王星最大の衛星トリトンは逆行軌道をもった不規則衛星の代表例である．

地球の月は常に同じ面を地球に向けているが，このような公転周期と自転周期の一致は，他の規則衛星にも一般的に観察される．これは惑星の及ぼす潮汐力の働きによる．また隣の衛星の重力の作用などによって軌道が円から歪んでいる場合には，衛星に働く潮汐力が時間変化し，これによって衛星本体が伸縮する．この伸縮運動の際の摩擦による熱の発生を潮汐加熱といい，衛星の地質活動を引き起こすエネルギー源として重要である．イオ・トリトン・エンセラダス（土星系）には噴火活動*2が観察されており，これらは潮汐加熱に起因する．

1979 年から 1989 年にかけて木星型惑星を次々に訪れたボイジャー探査機による観測の結果，木星型惑星の小衛星にはリングを狭い軌道領域に閉じ込める働きをしているものがあることが知られるようになった．これらは羊の群れが逃げ出さないよう番をする牧羊犬になぞらえて羊飼い衛星（shepherd satellites）と呼ばれる．またエンセラダスのように，リング粒子の供給源となっている衛星も存在する．

月やイオの密度は $3\,\mathrm{g\,cm^{-3}}$ 台であるのに対し，木星型惑星の大部分の衛星の密度は $2\,\mathrm{g\,cm^{-3}}$ 以下と小さい．これは前者がおもにケイ酸塩を主成分としているのに対して，後者ではケイ酸塩に加えて氷も重要な構成物質となっていることによる．氷を重要な構成物質とする衛星は氷衛星（icy satellites）と呼ばれる．氷衛星間の密度の違いは，組成に氷が占める割合の違いと自己重力による内部の物質の圧縮の効果による．直径数 100 km 以下の小さな衛星では，内部の空隙が密度の値に寄与しているかも知れない．

サイズ，質量ともに太陽系最大の衛星は木星系のガニメデであり，そのサイズは水星のそれを越える．同じく木星系のカリストと土星系のタイタンは，ガニメデによく似たサイズと質量をもつ．これらの衛星はしばしば巨大氷衛星（giant icy satellites）と総称される．

衛星の形成には大きく以下に挙げる複数のメカニズムがあったと考えられている．

（1） 周惑星星雲（subnebula）からの衛星形成，

（2） 太陽中心軌道を持っていた天体の捕獲，

（3） 巨大衝突による衛星形成．

衛星のタイプの違いにはこれらの形成メカニズムの違いが密接に関係している．

---

*2 トリトンとエンセラダスでは氷が気化し噴出していると考えられており，こうした活動は低温火山活動（cryro-volcanism）と呼ばれる（図 4.11 参照）．

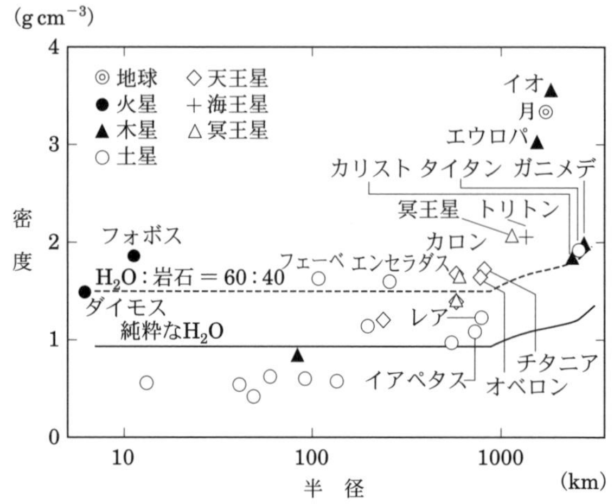

図 4.2 各惑星の衛星の密度と半径の関係（データは Jacobson *et al.* 2005, *BAAS*, 37 他による）．冥王星については本体もプロットした．実線と破線は純粋な H_2O 氷あるいは H_2O 氷と岩石成分が 60:40（質量比）で混合した場合の半径と質量の関係（Lupo & Lewis 1979, *ICARUS*, 40）を示す．

周惑星星雲からの衛星形成は，木星型惑星の規則衛星の起源をうまく説明する．周惑星星雲とは，誕生期の木星型惑星を取り囲んでいたガスと塵からなる円盤をいう．木星型惑星は厚い水素–ヘリウムガスの外層を纏っているが，これは周囲の原始太陽系星雲ガスを重力によって集めることで形成される．集まったガスは惑星に対して回転運動成分を持つため直接惑星には落ち込まず，一度惑星の周囲にガス円盤を形成する．木星型惑星の大気には酸素などの重元素が観測されていることから，このガス円盤には氷やケイ酸塩などの固体成分も含まれていたと考えられる．これらの固体成分から，原始太陽系星雲における地球型惑星の形成と同様の過程を経て，衛星が形成される．

このメカニズムの利点には，木星型惑星の規則衛星の軌道の特徴が自然に導かれることに加え，これらの衛星の組成の特徴も説明できることがあげられる．木星の 4 大衛星は木星衛星系の大部分の質量を占めているが，これらは母惑星からの距離とともに全体組成に占める氷成分の割合が上昇するという著しい特徴をもつ．これは周惑星星雲の内側ほど高温であり，そこでは氷が凝縮できなかったためと説明できる．また土星系や天王星系の順行衛星は，太陽中心軌道を持つ冥王星よりも氷に富む組成を持ち，これは周惑星星雲での化学過程を考えることで説明することができる．周惑星星雲は狭い空間にガスが集中する分，原始太陽系星雲よりも密度が高い．そのために $CO+3H_2 \rightarrow CH_4+H_2O$（氷）の反応が右へ進み，氷成分の割合が上昇すると考えられる．周惑星星雲の形成と進化の過程については観測的な制約条件に乏しく，原始太陽形星雲のそれに比べると不明な点が多く残されていることに注意しておく．

一方で，不規則衛星の大部分は太陽中心軌道を持っていた天体が捕獲されたものと考えられる．捕獲が起こるためには力学的エネルギーの散逸や第 3 体の重力の作用などが必要である．さもなければ惑星重力圏に飛び込んできた天体は再び圏外へ去ってしまう．力学的エネルギーの散逸の具体的な機構には惑星大気や周惑星星雲との摩擦や，惑星接近時の潮汐変形などが提案されている．逆行衛星のトリトン（海王星系）やフェーベ（土星系）は氷衛星としては密度が高く，冥王星に似た組成を持つと推定される．これはこれらの衛星が捕獲起源であることを支持する状況証拠である．

数値実験に基づいた惑星集積理論によると，惑星形成の末期には原始惑星同士の衝突が繰り返し起こることが確からしい．このような巨大衝突では，衝突角度によって原始惑星のまわりに衝突放出物からなる円盤が形成される．そこで衝突放出物が再集積すると衛星が形成されることになる．地球の月には，母惑星に対する質量比が大きいことや，母惑星に比べて著しく金属鉄に欠乏しているなどの顕著な性質がある．これらの性質は巨大衝突による月形成によって最もうまく説明される．冥王星の衛星カロンも母惑星に対して質量比が非常に大きな衛星であり，同様の機構によって誕生した可能性がある．また天王星は自転軸が公転面にほぼ平行になっているが，これも巨大衝突によってもたらされた可能性が高い．天王星系の規則衛星の母体となった周惑星星雲の形成には，原始太陽系星雲ガスの捕獲に加えて，巨大衝突が大きく寄与したのかもしれない．

火星の二つの衛星フォボスとダイモスは，その反射スペクトルが炭素質隕石の母天体とされる小惑星に似ることから，小惑星の捕獲により形成されたとする捕獲説が提唱されてきた．しかし，両衛星とも軌道離心率が小さく，ほぼ惑星赤道面内を公転しており，これらの順行衛星としての軌道の特徴は捕獲説では説明が難しい．近年では，火星の巨大衝突クレーターの形成に伴って放出された破片の一部が，火星軌道上で再集積して両衛星が生じたとする巨大衝突説も提案されている．

4.2 月

月は太陽と並んで天球上で最も視直径の大きな天体である．月の実際の大きさ（平均直径 3474 km）は，地球の約 1/4 または太陽の約 1/400 である．一方，地球から月までの距離は約 38 万キロと，これは地球から太陽までの距離の約 1/400 となっている．月と太陽の見かけの大きさがほぼ等しいのはこのためであり，これは皆既日食と金環日食の起こる所以ともなっている．

地球から見た月の模様が満ち欠けの他はほとんど変わらないことからもわかるように，月は常にほぼ同じ面を地球に向けている．これは地球が月に及ぼす潮汐力の働きによって，位置エネルギー的に安定な自転周期と公転周期の一致した状態に陥っているためである．このような公転と自転の同期は，ガリレオ衛星など他の多くの衛星にも見出されている．月面のうち地球に面した半球を表側（near side），その反対側の半球を裏側（far side）と呼ぶ．

月の軌道長半径は不変ではなく，現在でも年間約 3 cm の割合で少しずつ地球から遠ざかっている．これは潮汐摩擦の効果による．具体的には月の公転が約 28 日周期と地球の自転よりゆっくりしており，このため地球には潮汐バルジ（潮汐力による膨らみ）が地球–月間を結んだ軸に対して少し先行した方向に生じる．このずれの大きさは地球の非弾性的性質によっている．潮汐バルジは月に公転運動を加速する向きの万有引力を及ぼし，月は徐々に地球から遠ざかる．この反作用で地球の自転速度は徐々に減ることになる．地球の一日の長さが現在よりも短かったことは，堆積岩の記録からも支持されている．さらには形成当初の月は地球のごく近くを運動していた可能性が高い．

月の質量は地球の約 1/80 と，他の衛星の母惑星に対する質量比と比較すると非常に大きい[*3]．質量の絶対値で比較しても，月は太陽系で 5 番目に重い衛星である．月の平均密度は 3.34 g cm^{-3} と，自重による圧縮の効果を取り除いた地球

[*3] 例外は冥王星の衛星カロンである．

の密度（ゼロ気圧密度）の推定値 4.0 g cm^{-3} よりもかなり小さい．これは月を構成する元素には，Fe が欠乏していることを示唆する．重力場の計測から得られた慣性能率は密度一様を仮定して計算される値に近く，このことも地球と違って月には金属鉄を主成分とする核が存在しないか，存在したとしてもごく小さいことを示している．

月は惑星探査の最初の目標となった天体であり，特に 1969 年から 1972 年にかけて実施された有人月探査・アポロ計画によって合計約 400 kg にのぼる月試料が地球に持ち帰られた．これらの試料からは現在もなお月の歴史と構造について非常に多くの情報が得られ続けている．アポロ計画では月面に地震計などの地球物理的観測機器も設置され，その後の周回衛星による重力場・地形探査と併せて，月の内部構造について貴重な情報がもたらされている．近年では表面の物質の分布をリモートセンシング技術によって詳細に明らかにする探査が行われており，これらのデータは月の起源と進化の解明だけでなく，将来の月の工学的利用を検討するために生かされている．

月には大気や水は存在しない．また地球と比べて岩石中の Na や K などの高揮発性元素の濃度も低い．月面はレゴリスと呼ばれる大小さまざまな岩石や岩片の集合体に覆われている．細粒の岩片の集合体を特にソイルと呼ぶ．これらは度重なる小天体の衝突によって月表面の物質が砕け散り，再び堆積して形成されたものである．

地球から見た月表面は明るく見える高地と呼ばれる地域と，暗く見える海と呼ばれる地域に大別される．これは月の代表的な地質区分に対応している．高地はおもに Al と Ca に富む無色鉱物である斜長石を多く含んだ斜長岩からなるのに対して，海は Mg と Fe に富む有色鉱物の輝石を多く含む玄武岩からなる．高地は平均標高が高く，また大小無数の衝突クレーターに覆われている．衝突クレーターの多さは，この地域が古くに形成されたことを物語っている．高地には斜長岩以外に，Mg スーツと呼ばれる斜長石に加えて Mg に富んだ輝石とカンラン石を 50%程度含んだ岩石と，クリープ岩と呼ばれる希土類元素や P などの含有量の高い玄武岩が混在している．

海は月内部から噴出した玄武岩質の溶岩が巨大衝突盆地を埋めることによって形成された地形である．海の内部では衝突クレーターの密度は低く，溶岩の流出

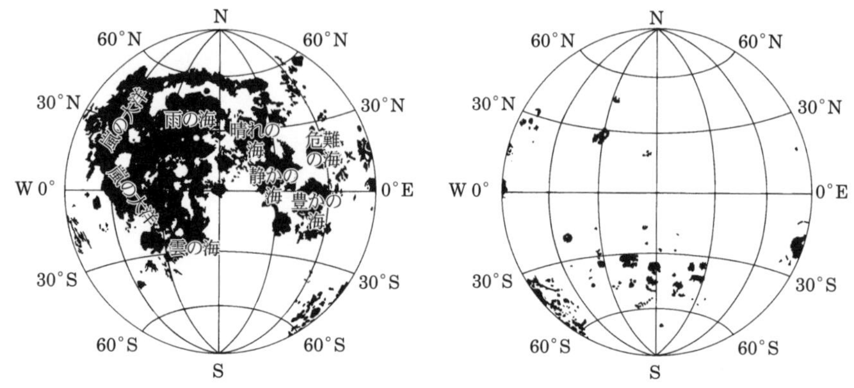

図 4.3 月の海の分布．海は表側（左）に集中し，裏側（右）には少ない．

は月の形成からかなり時間の経過した後に起こったことがわかる*4．海は月面の 2 割弱を覆っており，その大部分は表側に分布している．海にできた衝突クレーターの解析から，海の玄武岩の典型的な厚さは 1–2 km で，それよりも深部の岩石は高地と同様の組成になっている．つまり月の地殻の主体は高地の岩石であると考えられる．月震と重力場の解析から，月の高地地殻の平均的な厚みは 50 km 程度と求められている．さらに地殻の下にはカンラン石と輝石を主要な成分とする塩基性岩からなるマントルが存在すると推定されている．岩石学的推定によれば海の玄武岩の起源領域は月マントルの深さ約 100 km から 400 km の範囲にある．

このような月の内部構造は，月が一度大規模に融解していたことを示唆する．厚い斜長岩地殻の形成のためには Al と Ca を効率的に集める必要がある．これを説明する広く受け入れられている理論がマグマオーシャン仮説である．この説では月が表層から深さ数百 km 以上まで一度完全に融解し，マグマオーシャンが形成されたと仮定する．これが徐々に冷えてゆくと，結晶化に伴ってまず凝固点の高いカンラン石と輝石がマグマオーシャンの底に沈積する．これらの鉱物は Al と Ca を取り込まない．そのため，未固結のマグマは次第に両元素に富むよ

*4 月の岩石の結晶化年代の測定から，月面のいくつかの地域についてそれらの形成年代と衝突クレーター密度との相関が定量的に明らかにされた．これは月以外の惑星や衛星の表面についても，衝突クレーター密度から各天体の各地域の年代を推定するクレーター年代学の基礎となっている．

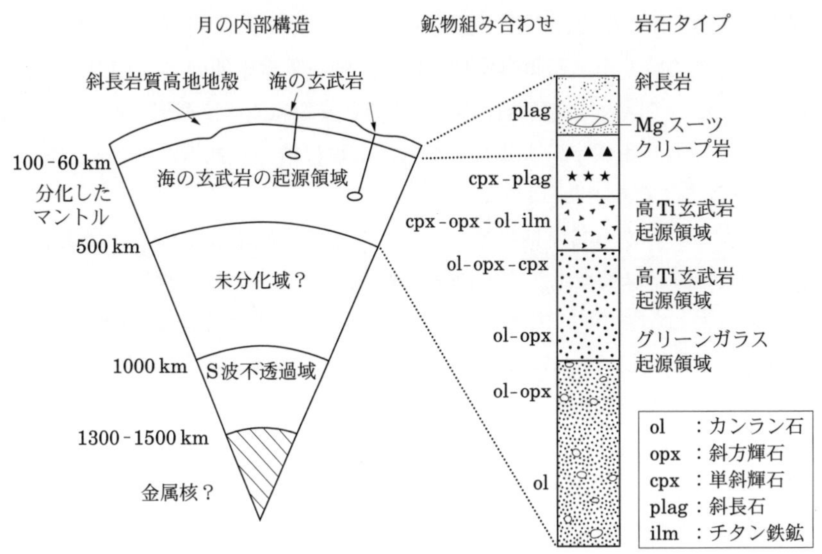

図 4.4 マグマオーシャン説に基づく月の内部構造.

うになる．やがて Al と Ca の濃度が十分に高くなると斜長石が結晶し始める．斜長石はマグマよりも密度が低いために月表面に浮上し，厚さ数十キロ以上にもなる斜長岩地殻を形成する．この説は月に見出される他の岩石種の起源も同時に説明する．

消滅核種 ^{182}Hf（半減期 900 百万年）の ^{182}W への壊変を利用した月試料の年代測定から，月は太陽系最古の年代を示す隕石中の難揮発性包有物の形成（45 億 6 千 700 万年前）から 3–5 千万年以内に誕生したと推定される．この年代は厳密には月が分化した，すなわち，月が一度融解し，内部に元素組成の異なるいくつかの物質リザーバーが生じた年代を指す．マグマオーシャン仮説に加えて，月形成メカニズムとして最有力な巨大衝突説（ジャイアントインパクト説）も月が初期に融解していたことを予測しており，この分化の年代は月誕生の年代にほぼ対応すると考えることができる．

月岩石の結晶化年代より，月誕生から 44 億年前までに斜長岩組成の原始月地殻が形成され，その後さらなる火成活動によって 38 億年前までに Mg スーツとクリープ岩が生じたことがわかる．この月誕生から 38 億年前までに，高地地殻は度重なる小天体の衝突によって衝突クレータに埋め尽くされた．衝突が頻繁に起きていたこの時期を隕石重爆撃期という．隕石重爆撃期の後，10 億年以上の長期間にわたって巨大衝突盆地の内部にさまざまな組成の玄武岩が断続的に噴出した．クレーター年代学による推定から，最後に海の玄武岩が噴出したのは約 10 億年前のことであったらしい．

月の起源は古くから科学的考察の対象となってきた．これまでに提案されてきた月の起源説には捕獲説，共成長説，分裂説，そして，巨大衝突説がある．捕獲説は他人説とも呼ばれ，太陽のまわりを公転していた天体が地球の重力圏に捕捉されたとする．しかし月ほど質量の大きな天体の捕獲の起こる確率が非常に低いことと，月が初期に融解していたことを説明できないことがこの説の難点となっている．共成長説は兄弟説とも呼ばれ，月がまだ小さな段階から原始地球を周回しつつ地球とともに成長したとする．この説の最大の難点は，月が地球とは著しく異なる組成を持つことを説明できないことである．一方，分裂説は親子説とも呼ばれ，原始地球が高速自転しために地球表層の物質が飛び出して月となったとする．この説は月では鉄が不足していることをうまく説明する．しかし分裂が起こるには現在の地球–月系の約 2 倍の角運動量が必要で，これほどの角運動量をまず獲得し，月形成後はそのかなりの部分をどこかへ捨て去らなくてはならない点がこの説の難点である．

現在最も広く受け入れられている月の起源説は巨大衝突説である．数値実験に基づいた惑星集積理論の発展によって，惑星形成の末期には原始惑星同士の衝突がたびたび起こることが確からしくなってきた．惑星同士の衝突の数値実験から，ほぼ現在の大きさに達した地球に，火星サイズ（質量は地球の約 1/10）の原始惑星が斜めに衝突すれば月の形成が再現できることが明らかにされている．このような衝突では原始惑星のすべてと原始地球の一部が砕け，一度軌道上に放出される．しかし放出物同士の重力の作用によって，衝突時に原始地球から近距離に位置した物質の大部分は地球に再び集積してしまう．こうした幾何学的な選別効果によって，おもに原始惑星のマントルに由来する物質からなる周地球円盤が形成される．衝突エネルギーの解放により円盤は初めはその一部が蒸発するほど高温となる．そして 1 か月程度とごく短い期間で円盤物質が合体集積し月が誕生する．このように巨大衝突説は月に揮発性物質と鉄が不足していること，月が初期には大規模に融けていたことをうまく説明する．

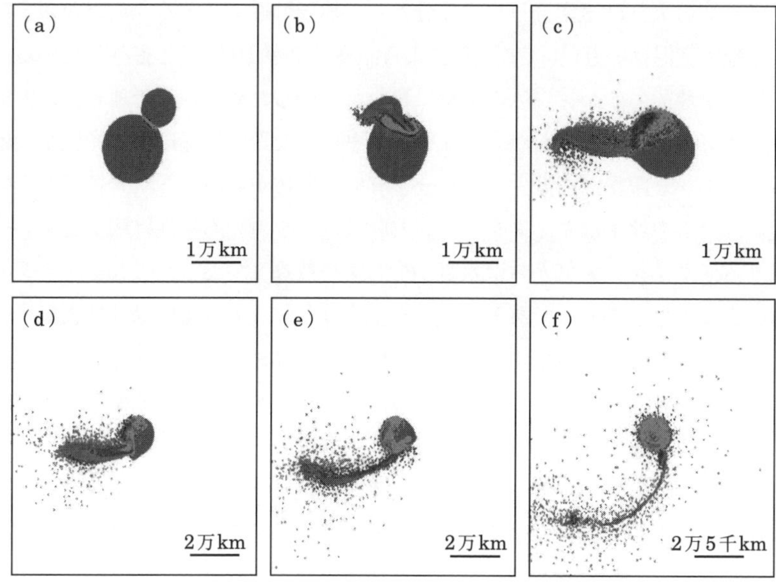

図 4.5 計算機シミュレーションにより再現された巨大衝突.(A)〜(F)に向かって時間が進む(Canup 2004, *Icarus*, 168, 433 を改変).

4.3 特筆すべき衛星

タイタン

濃い大気を持つ土星系の特異な衛星タイタンは平均半径 2575 km と,木星系のガニメデに次いで太陽系の衛星としては二番目の大きさを誇る.平均密度($1.88\,\mathrm{g\,cm^{-3}}$)からタイタンは質量比でほぼ 1:1 の氷と岩石からなると推測される.地表面気圧は 1.5 気圧に達し,これは地球の大気圧を凌ぐ.大気を持つ衛星には他にもイオやトリトンなどが知られているが,それらの大気は大気圧が 1 万分の 1 気圧にも満たない非常に希薄なものである.タイタンはホイヘンス(C. Huygens)によって 1655 年に発見された.その後 1944 年にカイパー(G. Kuiper)がタイタンにメタンを含む大気があることを明らかにした.1980 年には惑星探査機ボイジャー 1 号によるフライバイ観測によって,大気の基本的な構造と組成が明らかにされた.

タイタンの大気は窒素分子を主成分とし，地表付近で数%のメタンが含まれている．地表気温は約 94 K で，大気による温室効果が 10 K ほど寄与している．タイタンは全球的にオレンジ色のもやに覆われているために，その地表面は大気圏外からは可視光で見ることができない．もやは，太陽紫外線による光化学反応によってメタンと窒素から派生した高分子有機化合物からなる．紫外線照射実験で再現されたもや粒子はタイタンソリンと呼ばれ，その光学特性は観測とよい一致を見せる．タイタン大気からは水素が少しずつ散逸しており，これはメタンの光分解によって生じたものである．窒素を主成分とする大気組成は地球大気によく似ており，特に酸素が蓄積する以前の地球大気ではタイタン同様に高分子有機化合物の合成が起こっていた可能性がある．このためタイタンは原始地球大気や生命の起源の理解に重要な手がかりを提供する天体の一つと位置づけられている．

2004 年に土星系に到着した土星探査機カッシーニはタイタン大気プローブ・ホイヘンスとともに大気だけでなく，それまで謎に包まれていた地表の状態について観測を行った．ホイヘンスプローブによる特筆すべき成果として，河川状の地形の発見が挙げられる．これは表面に液体が流れたことを示す．タイタン表面で液体として大量に得ることのできる物質はメタンである．タイタンでは，地球における水と同様に，メタンが大気と地表間を蒸発・降雨の過程を通じて循環しているらしい．実際に探査機カッシーニにより降雨を伴うと考えられるメタンの雲の活動が見出されている．タイタンの地表は侵食作用や地殻変動の痕跡に富み，衝突クレーターはほとんど存在しない．タイタンは土星から比較的遠い軌道（軌道半径はおよそ 20 土星半径）を公転しており，衛星の地殻変動の駆動力として重要な潮汐力の効果を受けにくい．それにもかかわらずタイタンが非常に活動的な天体に見える理由は未解明である．

タイタンの窒素大気の起源については大きく二つの説があった．一つはタイタンに窒素分子を含む氷が集積し脱ガスしたとする直接集積説である．もう一つは，窒素はまずアンモニアとしてタイタンへもたらされ，その後なんらかの化学過程を経て窒素分子へ変化したとするアンモニア起源説である．

ホイヘンスプローブによる大気の微量成分の測定の結果，直接集積説ではタイタンの大気組成の説明は困難なことが示された．直接集積説は大気に希ガス成分が大量に含まれていることを予想する．これは凝縮温度の低い窒素分子が氷に取

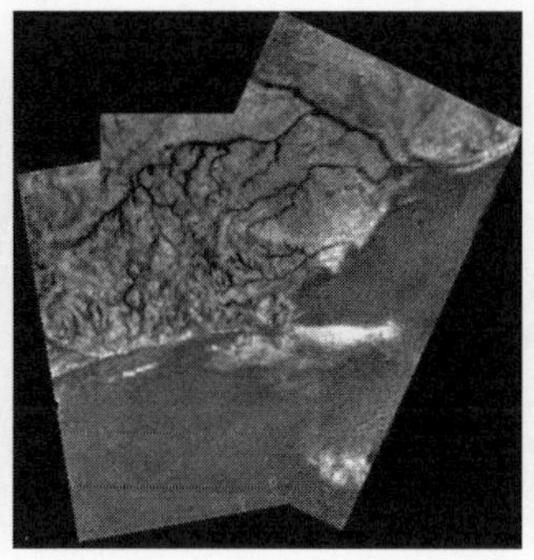

図 4.6 タイタンの大気を透過する 938 nm の波長で土星探査機カッシーニが撮像したタイタンの全景（左）にはクレータが見当たらず，地表面の更新が盛んに起きてきたことを物語っている．またホイヘンスプローブは河川状の地形を発見した（中央: 画像の範囲は約 10 キロ四方）．またこの画像から，暗い領域は低地に対応していることがわかる．おそらく大気から降り積もった有機物が低地へ流されることで明暗が生じるのであろう．またプローブ着陸点のまわり（右）には大きさ 10 cm 前後の丸い氷塊が散乱している．

り込まれるなら，アルゴンなどの希ガスも同様にかなりの割合で取り込まれるはずだからである．しかし実際にはタイタン大気はごく微量の希ガスしか含んでいないことが明らかとなった．

一方，アンモニアを窒素へ変換する化学過程としては，小天体の衝突時に発生する高温蒸気雲や，過去の温暖または高温な原始大気中での，熱変成あるいは光化学反応が提案されている．ホイヘンスプローブはタイタン大気中にカリウム 40 の放射壊変に由来するアルゴン 40 を発見した．これは内部からの持続的な脱ガス過程も大気の形成に寄与していることを示している．大気中のメタンは光化学反応によって徐々に分解されるため，補給源がなければ一千万年程度で失われてしまう．従来は地表にメタンの海があり，これによって光化学反応で失われた大気メタンが補充されるとする仮説が有力視されてきた．しかしカッシーニとホイヘンスの探査ではタイタン表面に海は存在しないことが示された．タイタンには地下から物質が噴出することによって生じたとみられる地形が発見されていることから，メタンはタイタン内部から断続的に補給されていると考えられている．

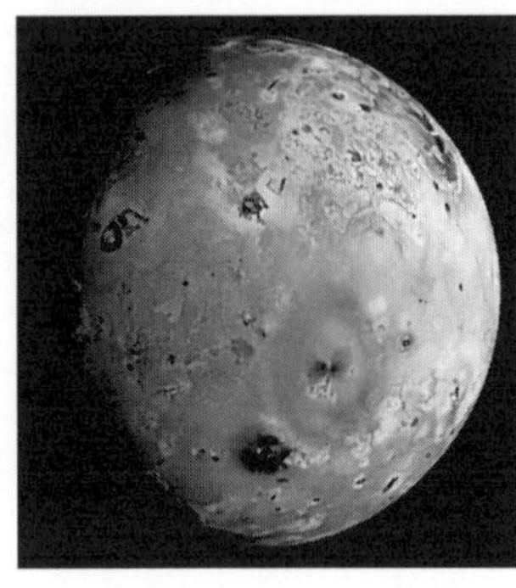

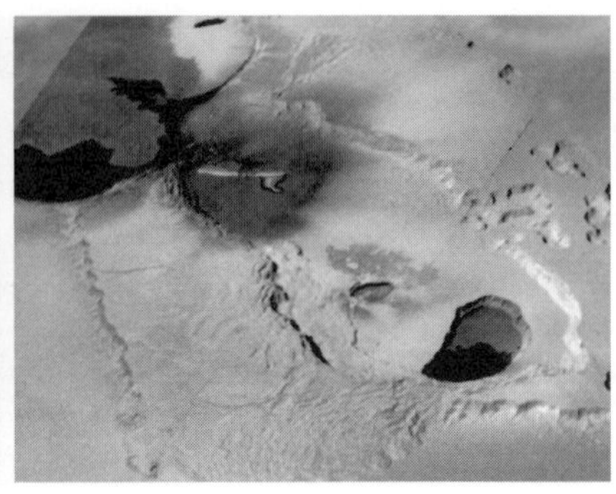

図 4.7 イオの表面（左）には無数の火山を確認することができる．イオにはさまざまなタイプの火山活動が存在する．トゥバシュターカテナでは割れ目噴火が起こった（右：画像の左右は約 300 km）．いずれも木星探査機ガリレオの撮像．

イオ

固体表面を持つ太陽系天体の中で，イオほど激しい火山活動を示す天体は他にはない．イオは 1690 年に他のガリレオ衛星とともにガリレオ（G. Galilei）によって発見された．1979 年にボイジャー 1 号が接近した際にイオから高度数百 km にまで達する噴煙柱が確認された．これは地球以外の天体で初めて発見された活火山であった[*5]．

イオの大きさ（平均半径 1822 km）は地球の月とほぼ同じである．イオでは多数の火山が活動しており，月が 10 億年以上前には火成活動を終えていることと対照的である．外側を運動するエウロパやガニメデの重力の影響で，イオの軌道は円軌道からわずかに歪んでいる．そのため木星とイオの距離が周期的に変化し，これに伴って木星がそのごくそばを公転するイオに及ぼす強大な潮汐力も周期変化する．ばねを伸縮させ続けると発熱するのと同様に，潮汐力の変化によってイオも伸縮し内部に熱が発生する．この潮汐加熱がイオの火山活動を駆動している．イオの内部から放出される熱量は約 $2\,\mathrm{W\,m^{-2}}$ と地球のそれの約 30 倍に達する．また熱放射スペクトルから求められた溶岩の温度も地球上で現在見られる溶岩の最高温度を凌ぐケースが知られている．

[*5] その後，海王星の衛星トリトンと土星の衛星エンセラダスに低温火山活動が確認されている．

イオの火山活動の形態には噴煙柱，溶岩流出，溶岩湖，地盤陥没などが知られている．火山はイオ表面にほぼランダムに散在しており，地球の火山の多くが島弧や中央海嶺などを作って帯状に分布していることと対照的である．分布状況からイオの火山はすべてホットスポット型であると言える．また地球の火山はたとえば富士山やマウナケアなど，裾野を持った山体が発達しているのが普通なのに対して，イオの火山では山体はほとんど発達していない．

イオの火山からは硫黄化合物（おもに二酸化硫黄と単体硫黄）が大量に噴出している．イオの赤みを帯びた独特の色は，これらの堆積物によるものである．噴出した二酸化硫黄の一部は，他の成分とともにイオの重力圏から脱出して，木星を取り巻く中性分子とイオンの雲を作り出している．これはイオプラズマトーラスと呼ばれ，木星磁気圏の物理過程に影響を与えている．また二酸化硫黄はイオにごく薄い大気をもたらしている．木星磁気圏磁場との相互作用によって生じる起電力によって，イオ大気と木星の極域を結ぶ電流系が構成されており，これは木星に発生するオーロラの一因となっている．

エウロパ

ガリレオ衛星の中で内側から 2 番目の軌道を公転するエウロパは，その氷の地殻の下に液体の水からなる内部海を湛えている可能性が高い．エウロパは平均半径が 1561 km と地球の月よりもやや小さな衛星である．表面は氷で覆われているが平均密度は $3\,\mathrm{g\,cm^{-3}}$ と岩石の値に近い．木星探査機ガリレオの取得した重力場データから，エウロパは岩石の核が厚さ約 100 km の H_2O 層で覆われている構造をしていると推定されている．ただし重力場のデータから H_2O 層の内部が融けているかどうかはわからない．

エウロパの最初の本格的な探査は 1979 年のボイジャー 1 号と 2 号により行われたが，それぞれ一度のフライバイによるものであり，エウロパの内部構造を知る手がかりは限られていた．その後 1995 年から数年間にわたって木星探査機ガリレオがさらなる多角的な探査を行った．その結果得られた内部海の存在を支持する証拠には次のものがあげられる．

(1) エウロパ表面に地下から液体が噴出することによって形成されたと考えられる地形が豊富に存在している．

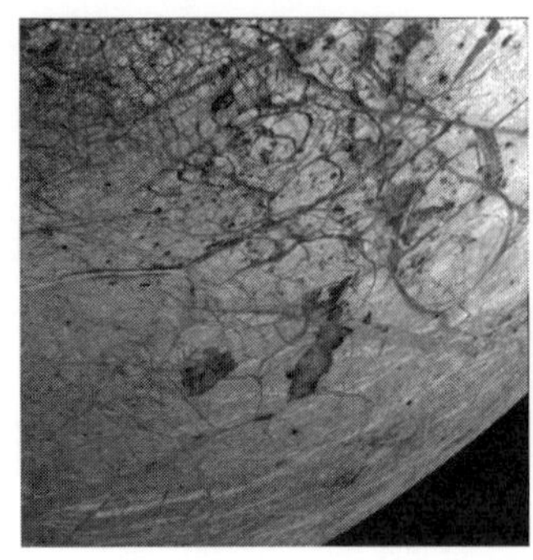
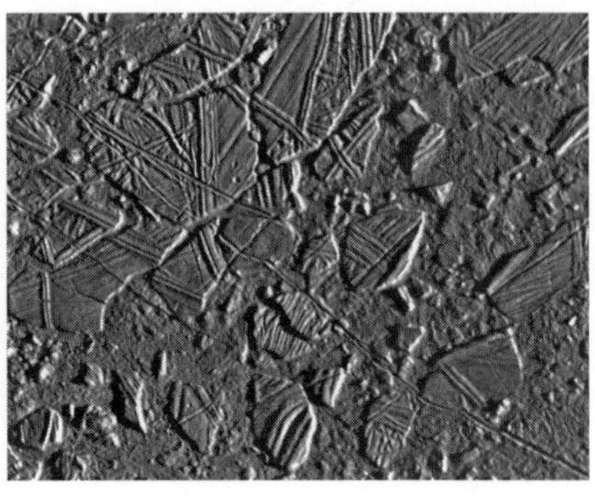

図 4.8　エウロパの表面（左）には無数の割れ目が走っている．浮氷地形（右：画像は約 34 km×42 km）はこの地域の地下が表面付近まで一度融解したことを物語る．いずれも木星探査機ガリレオの撮像．

(2)　スペクトル観測からエウロパ表面に不均一に水溶性の塩類が堆積しており，これらは地下から塩分を含んだ水が噴出することによってもたらされたと考えられる．

(3)　塩類の溶け込んだ水からなる高電気伝導度層が存在した場合に期待される磁場の異常が，磁場観測により検出されている．

(4)　地表の割れ目構造の分布パターンと木星の潮汐力が作る応力分布の対応関係から，氷地殻と岩石核との間にわずかな自転速度の食い違いが存在すると推定される．

氷層が一部融けて内部海が生じる原因には，イオ同様に潮汐加熱が有力視されている．しかし，表面を覆っている氷の熱伝導率が低いことから，仮に潮汐加熱がなくても初期の集積熱とその後の放射性熱源による発熱のみで内部海は持続できるという説も提唱されている．エウロパ表面は衝突クレータがほとんど存在せず起伏にも乏しい．これは地表の更新が活発であることを物語る．これも併せて説明するには潮汐加熱が必要かもしれない．

液体の水は地球型生命にとって必須の物質であり，エウロパは火星に次いで将来の地球外生命体探査の有力な対象に位置づけられている．これまでにエウロパの他に地下に液体の水からなる層が存在する状況証拠が得られている衛星には，ガニメデ（木星系）とエンセラダス（土星系）がある（図 4.11 参照）．

エンセラダス

水蒸気を噴出する活動を起こしていることで特筆されるエンセラダスは，土星の比較的大型の衛星の中で，ミマスについで2番目に内側の軌道を公転する直径約 500 km の衛星である．密度（$1.61\,\mathrm{g\,cm^{-3}}$）から，中心の岩石核を厚さ数十 km の H_2O 層が取りまいていると推定される．毎秒約 200 kg に達する水蒸気の噴出は，南極域にある数筋の氷の亀裂から生じており，その地下には内部海が存在するとみられる．

カッシーニ探査機による組成分析の結果，噴出ガスおよび付随する固体粒子には，水蒸気と氷以外に，水素，窒素，二酸化炭素，種々の有機化合物，シリカ（SiO_2），無機塩（Na, Cl など）が含まれていることが判明している．ここから，エンセラダスの内部海には有機物と塩類を溶解した液体の水が存在し，海底の高温の岩石と接して化学反応を起こしているものと推定されている．同様の過程が，原始地球の海洋底でも生じ，生命の誕生に重要な役割を果たしていた可能性がある．そのため，エンセラダスは生命に至る物質の化学進化の解明にとって，重要な研究対象とみなされている．

噴気活動に伴い放出されている氷の微粒子は，希薄な E リングに取り込まれている．太陽系の年齢の間，現在の質量放出率が持続したならば，総質量損失は現在のエンセラダス質量の約 30%に達する．土星衛星の中でエンセラダスが比較的高密度であることは，この氷の損失で説明できるかもしれない．氷で覆われたエンセラダスの表面はクレーターに乏しく，地溝や尾根など地殻変動によって形成された地形が全球的に分布している．噴気活動や地殻変動のおもなエネルギー源は，潮汐加熱とみられる．

4.4 リング

土星のリングを最初に観測したのはガリレオであった（1610 年）．しかし望遠鏡の精度が悪かったため，土星の両側に1個ずつ衛星があるのだと考えた．彼はその「衛星」がまったく動かないことや，数年後に姿を消した（実はこのときリングを真横から観測しており，その薄さのため見えなかった）ことに戸惑った．リングが薄い円盤状であることを見出したのはホイヘンス（1659 年）であり，それが無数の小粒子で構成されていることを理論的に明らかにしたのはさらに約

2 世紀後，マクスウェル（J.C. Maxwell, 1857 年）であった．その後長い間，リングを持つ惑星は土星だけであると思われていた．しかし 1977 年，地球から見て天王星の背後を恒星が通過する掩蔽現象の前後でほぼ対称な減光が複数観測され，天王星のリングの発見となった．その 2 年後の 1979 年，木星のリングが探査機ボイジャー 1 号によって発見された．さらに海王星リングの存在も 1980 年代半ばの地上からの掩蔽観測により明らかになり，1989 年，ボイジャー 2 号がその姿を明らかにした（図 4.9）．

図 4.10 は，四つの巨大惑星のリングとその近傍にある衛星の軌道を，惑星の半径で規格化して表したものである．土星と天王星では，惑星近傍にリングがあり，惑星から遠い軌道では衛星および衛星起源と考えられるダストリングがある，という傾向が見られる．一方，木星ではダストリングのみであり，海王星の場合は衛星とリングが複雑に共存している．

惑星近傍にはリング，遠方では衛星が存在するという大まかな傾向は，惑星近傍では惑星からの潮汐力のため相互重力による粒子の合体が妨げられる，ということで説明できる．いま，質量 $M_{\rm c}$ の惑星のまわりを公転する 2 粒子（質量 m_1, m_2；半径 R_1, R_2；密度 $\rho_{\rm p}$；軌道長半径 a）を考える．衝突した 2 粒子の相互重力が支配的となる距離であるヒル半径（Hill radius）は，$R_{\rm H} \equiv a\{(m_1 + m_2)/(3M_{\rm c})\}^{1/3}$ と表される．ヒル半径と 2 粒子の物理半径の和の比を $r_h \equiv R_{\rm H}/(R_1 + R_2)$ とする．2 粒子が衝突するとき，$r_h < 1$ なら 2 粒子間の相互重力が支配的となる前に跳ね返るため，重力による合体は妨げられる．それに対して，$r_h \gg 1$ で衝突の際に相対運動のエネルギーが十分に失われれば，粒子の合体は可能となる．衛星強度を無視した場合，衛星が惑星からの潮汐力で破壊されないための軌道半径の臨界値はロッシュ限界（Roche limit）と呼ばれ，

$$a_{\rm R} = 2.456(\rho_{\rm c}/\rho_{\rm p})^{1/3} R_{\rm c} \tag{4.1}$$

で与えられる（$R_{\rm c}$, $\rho_{\rm c}$ は惑星の半径および密度）．r_h は $a_{\rm R}$ を使うと

$$r_h \simeq 1.7\, \frac{a}{a_{\rm R}} \frac{\{1 + (m_1/m_2)\}^{1/3}}{1 + (m_1/m_2)^{1/3}} \tag{4.2}$$

と表すことができる．$a \gg a_{\rm R}$ のとき $r_h \gg 1$ となり，重力による衛星の集積が可能であることがわかる．図 4.10 には $\rho_{\rm p} = 1\,{\rm g\,cm^{-3}}$ とした場合のロッシュ限

図 4.9 （左上）木星とそのリング．この写真ではメインリングだけが見える．探査機ガリレオが 1996 年 11 月 9 日に撮影．（左下）土星とそのリング．探査機カッシーニが 2005 年 1 月 23 日に撮影．（右上）天王星リング．上から順に δ, γ, η, β, α リング．探査機ボイジャー 2 号が 1986 年 1 月 23 日に撮影．（右下）海王星リング．アダムズリングとルベリエリングが見える．アダムズリング上で明るくなっている部分はアークと呼ばれる．探査機ボイジャー 2 号が 1989 年 8 月 1 日に撮影（画像はいずれも NASA 提供）．

界の位置が点線で示してある．粒子の密度がこれより小さい場合には $a_{\rm R}$ は大きくなり，密度が大きいと $a_{\rm R}$ は小さくなる．たとえば土星の場合，リング外縁の位置は $\rho_{\rm p} = 1\,{\rm g\,cm^{-3}}$ としたときのロッシュ限界より少し外側にあり，氷を主成分とする粒子に空隙があって密度が $1\,{\rm g\,cm^{-3}}$ より小さいことを示唆している．また天王星や海王星では点線で示したロッシュ限界の内側に衛星がある．これは岩石成分を含むなどの理由で密度が大きいことを反映していると考えられる．

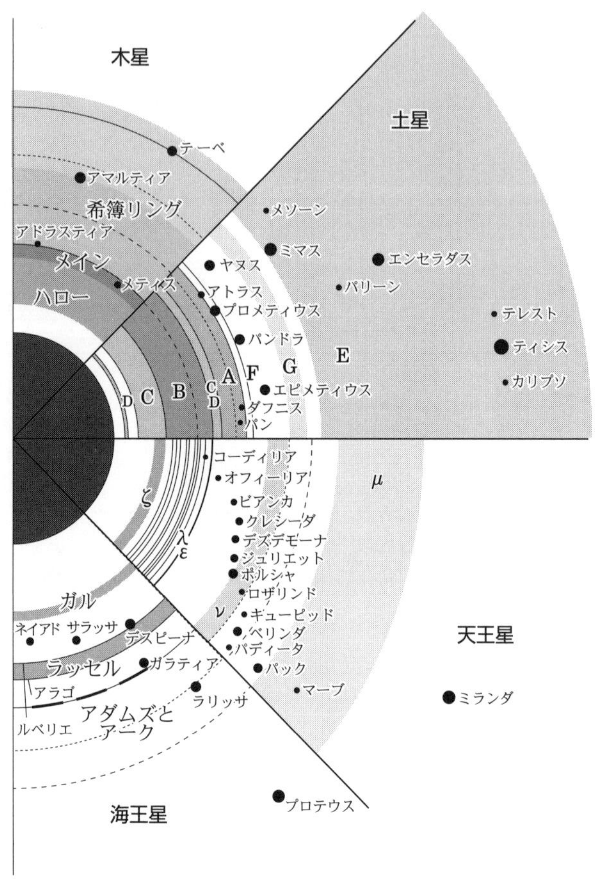

図 4.10　四つの巨大惑星のリングおよび近傍の衛星の軌道の模式図．惑星半径を共通の単位として規格化してある．点線は粒子密度を $1\,\mathrm{g\,cm^{-3}}$ とした場合のロッシュ限界（a_{R}）を表し，破線は粒子の公転角速度が惑星の自転角速度と等しくなる同期軌道（synchronous orbit）の位置を示す．土星リング中の“CD”は，カッシーニの間隙（Cassini division）を表す（バーンズ（J.A. Burns），ハミルトン（D.P. Hamilton）両氏の厚意により提供された図を，武田隆顕，大槻圭史が改変）．

土星リング

土星リングのうち，A リング（光学的厚さは約 0.5）とその内側の B リング（同 1–3），そしてその間のカッシーニの間隙（同約 0.1）は，地上の望遠鏡でも容易に観測できる．B リングの内側に希薄な C リングがあり，これら三つは主要リングと呼ばれる．C リングの内側にさらに希薄な D リングがある．また A リングのすぐ外側には細い F リング，さらにその外側に二つの希薄なダストリングである G リングと E リングがある．土星リングは氷を主成分とする粒子から成っている．粒子サイズは主要リングで 1 cm–10 m の程度，F リングで μm–cm サイズ，他のリングではミクロンサイズのダストが主成分である．

土星リングにはさまざまな微細構造が存在するが，その多くはリング中あるいはリングの近傍にある小衛星と関係がある．たとえば A リング中にあるエンケの間隙は，間隙中にある小衛星パンによって維持されている（図 4.11（左下））．同じく A リング中にある，より幅の狭いキーラーの間隙でも同様のメカニズムが働いていると考えられていたが，実際探査機カッシーニはこの間隙の中に小衛星ダフニスを発見した．全周にわたる間隙を作るほど大きな衛星でなくても，周囲のリング粒子に比べて飛びぬけて大きな小衛星の場合，周囲の粒子を跳ね飛ばして小さな構造を作り得る．この際，土星に近い軌道ほど公転角速度が大きいため，衛星の重力を受けた粒子が作る構造は，衛星の進行方向に対して惑星に近い側では前方に，遠い側では後方に見られる．これがちょうど衛星を中心にして飛行機の二枚のプロペラのように見えるため，プロペラ構造と呼ばれている．これは理論的に予想されていたが，カッシーニが初めて直接確認した（図 4.12）．プロペラ構造を作っているのは直径 100 m 程度の小衛星と考えられる．衛星との共鳴もリングの構造形成に重要な役割を果たす．たとえば A リングの外縁はヤヌスとの 7：6 共鳴によって，また B リングの外縁はミマスとの 2：1 共鳴によって，それぞれ維持されていると考えられている．衛星のリング面方向の運動とリング粒子軌道運動の共鳴により引き起こされる密度波（density wave），そして衛星のリング面に対して鉛直方向の運動との共鳴が原因である屈曲波（bending wave）も，リング中に多数観測されている．また，主要リングの外側にあり，2 つの羊飼い衛星，プロメティウスとパンドラに挟まれた細い構造をもつ F リングは，コアと呼ばれる粒子密度が比較的高い部分とそのまわり

図 4.11 土星リングのさまざまな構造および衛星との関わり．（左上）B リング中に現れたスポーク（リング中の黒っぽいまだらな模様）．探査機ボイジャー 1 号が 1981 年 8 月 22 日に撮影（NASA 提供）．（右上）F リングと衛星プロメティウス（リングの左下に見える楕円形状の天体）．探査機カッシーニが 2004 年 10 月 29 日に撮影（NASA 提供）．（左下）A リング中に作られたエンケの間隙と衛星パン．探査機カッシーニが 2006 年 10 月 27 日に撮影（NASA 提供）．（右下）衛星エンセラダスから噴出する氷微粒子のジェット．E リングの成因であると考えられる．探査機カッシーニが 2005 年 11 月 27 日に撮影（NASA 提供）．

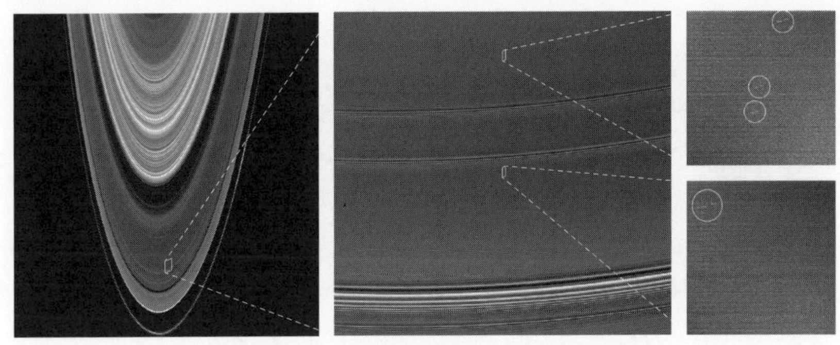

図 4.12 土星の A リングの微小領域とその拡大図．中央および右図において，土星は図の上方にあり，リング粒子は左から右に向かって公転運動している．右図ではプロペラ構造（丸印の中）がかろうじて確認できる（NASA 提供）．

のダストを主成分とする部分からなることがカッシーニによる観測で明らかになった（図 4.11（右上））．F リングは，これら 2 つの衛星がかつて衝突した際に，衛星表面部分が剥がれてまき散らされてできたと考えられる．

ロッシュ限界に近い領域にある A リングでは，C リングなど土星近傍の領域に比べて粒子間の相互重力がより重要になる．重力によって集まった粒子が密度の濃淡を形成すると考えられ，それを間接的に示す観測結果も多数得られている．一方，粒子の空間密度が高い B リング中には，光学的厚さが土星からの距離とともに不規則に変化する構造が観測されているが，その成因は明らかになっていない．粒子空間密度の高い系に特有な粘性過安定（viscous overstability）が原因であるというのが有力な考えである．このほか B リングでは，スポーク（spokes）と呼ばれる，時間変化する構造が観測されている（図 4.11（左上））．スポーク中にはミクロンサイズのダストが多く含まれている．スポークは最初動径方向の模様として現れ土星磁場と同期して回転し，粒子のケプラー差動回転によって円周方向に引き伸ばされた後に消滅する．スポークの生成にはダスト粒子にはたらく電磁気的な作用が関係していると考えられるが，完全には理解されていない．

カッシーニによる観測をきっかけとしてリングと衛星の起源進化に関する理解も大きく進んだ．A リング外縁付近からレアまでの中・小型衛星の質量は，土星から遠ざかるにつれて大きくなる．この観測事実の説明として，かつて土星のまわりに現在よりも質量の大きなリングがあり，そこからこれらの衛星が形成されたという説が提唱された．リングは粒子間の衝突と重力作用によって拡散し，ロッシュ限界より十分外側にまで拡散した粒子は集積して衛星となる．形成された衛星はリングや土星本体との潮汐作用によって徐々に軌道が拡大していく．リングの外縁付近で形成される衛星の質量はそのときのリングの質量が大きいほど大きいため，初期の，まだリングの質量が大きいときに形成された衛星ほど質量が大きい．それが外側へと移動すると次の衛星がまたリングの外縁付近で形成されるが，拡散のためリングの質量が小さくなっており形成される衛星の質量は前よりも小さくなる．この過程をくりかえした結果，外側ほど質量が大きい，現在の衛星系ができるというのである．そして，拡散して質量が減った後に残ったのが現在のリングとなる．一方，土星の衛星の中で最大であるタイタンは，土星のまわりに形成されたガス円盤中で小さな固体物質が衝突合体をくりかえして形成されたと考えられている（4.1 節）．

上に述べた，中・小型衛星を生み出したかつてのリングの起源として，土星のまわりのガス円盤中で形成されたタイタン程度の大きさの衛星が破壊されたものである，という説がある．そのように大きな衛星は，ガス円盤との相互作用の結果徐々に軌道が減衰して土星に近づき，やがて潮汐力の効果で破壊される．衛星が岩石の核と氷のマントルという層構造をもつ場合，氷マントルの部分のみが破壊されて氷のリングを作り，岩石の核は軌道減衰を続けて土星に衝突したと考えると，氷を主成分とする土星のリングの特徴を説明できる．別の可能性として，土星の潮汐力で破壊されたのは衛星ではなく，他の巨大惑星の重力作用を受けるなどして太陽系外縁から飛来した天体だとする説もある．この場合，飛来する天体が層構造を持っていて氷マントル部分が破壊され破片のうち土星の重力圏に捕獲されたものがリングを作ったと考えれば，氷を主成分とする土星リングの特徴も説明できる．リングの起源や形成時期については，今も研究が続けられている．

一方，少なくともリングの一部は今も進化しつつあるということが，これまでの探査等により明らかになってきた．たとえば探査機カッシーニは小さな衛星のまわりの希薄なリングを複数発見しており，後述する木星のリングの形成メカニズムと同様に，小衛星への隕石衝突による形成が起きつつあることを示唆している．またカッシーニは衛星エンセラダスの表面から氷微粒子が噴出しているのを発見した（図 4.11（右下））．これはエンセラダス内部での地質活動によるものと考えられ，E リングの成因と考えられる．さらに，土星大気の高緯度領域に見られる細く暗い縞状の構造が，磁力線を介してリングの構造とつながっていることが探査機や地上望遠鏡による観測によって明らかになっている（3.3 節）．これは帯電した氷や岩石の微粒子が磁力線に沿ってリングから大気へと降り注ぐことによると考えられ，環の雨（ring rain）と呼ばれる．観測される量をもとに土星のリングが数億年以内に消失するという見積りもあるが，同様の現象が今後継続するかは不明であり，リングの長期的な進化に対する影響はよくわかっていない．

木星リング

木星リングはメインリング（main ring），ハロー（halo），希薄リング（gossamer rings）の三つの部分に分けることができる．主要成分はケイ酸塩あるいは炭素質化合物からなるミクロンサイズの粒子である．このように小さなダスト粒子は太陽放射を吸収・放出することに伴う軌道減衰（ポインティング–ロバートソン効果）により数千年以内に木星に落ち込むはずである．したがって観測されているリングを説明するにはなんらかの生成メカニズムが必要であり，以下に述べるように木星近傍の小衛星に隕石が衝突してダストをまき散らすことがリングの成因と考えられている．

メインリングは幅約 6000 km，厚さ数十キロメートルの領域に広がる，もっとも濃い部分である（図 4.10，4.9（左上））．しかし光学的厚さは 2×10^{-6} 程度に過ぎず，他の惑星のリングに比べるとずっと希薄である．メインリングの外縁は衛星アドラスティアの軌道位置にほぼ一致し，メインリング内にもう一つの小衛星メティスもある．メインリングは，木星系外から飛んできた隕石が，上の二つおよびまだ見つかっていないがリング近傍にあると考えられる小衛星に衝突した際に放出されたダストが起源であると考えられている．これらの隕石は木星重力に加速されているため衛星に高速で衝突する．衝突の際に生成されたダスト粒子の大部分は衛星重力を振り切って衛星外に放出されるが，重力の弱い小さな衛星の方がダストを放出しやすい．後述する希薄リングの起源と考えられているアマルティアとテーベよりも小さな衛星であるアドラスティアとメティスが，希薄リングよりも濃いメインリングを生成しているのは，このためであると考えられる．

ハローはメインリングのすぐ内側の領域にある，光学的厚さが 10^{-6} 程度の希薄なリングである．惑星の赤道面付近に集まっている他のリングとは異なっていてドーナツ状をしており，厚さは 20000 km 以上にも及ぶ．木星と同期して自転する木星磁場の回転周期とダスト粒子の公転周期が共鳴関係にあると，ダストは磁場の影響を強く受ける（ローレンツ共鳴）．ハローの内側および外側の境界はそれぞれ 2：1 と 3：2 のローレンツ共鳴の位置と一致しており，ハローではこの共鳴が重要な役割を果たしていると考えられる．鉛直方向の広がりもこの共鳴が原因であると考えられている．

メインリングの外側にある光学的厚さが 10^{-7} 程度の希薄リング（gossamer rings）は，探査機ガリレオの詳しい観測により，二つの成分からなることが明らかになった．一つは衛星テーベの軌道付近からメインリング付近まで広がるテーベリング，もう一つはアマルティアの軌道からメインリング付近まで広がるアマルティアリングである．各成分の厚さが各衛星の鉛直方向の運動範囲とよく一致していることから，希薄リングはこれら二つの衛星に隕石が衝突して生成されたと考えられている．

天王星リング

天王星近傍にある九つの細いリング（図 4.10 で ζ リングのすぐ外側にあるもの）は内側から 6, 5, 4, α, β, η, γ, δ, ε と名づけられている．1977 年の掩蔽観測によってまず明らかになった五つのリングに内側から順に α, β, γ, δ, ε という名前がつけられ，その後の詳しい解析および新たな観測で確認されたものに残りの呼び名がつけられた（図 4.9（右上））．これらの光学的厚さは 0.5 から 4 程度である．

その後 1986 年に探査機ボイジャー 2 号は，δ リングと ε リングの間のダストリング（λ リング）とリング 6 の内側の希薄な ζ リングを発見し，上述の九つの細いリングの間に無数の希薄なダストリングも見つかった．さらにハッブル宇宙望遠鏡を使った観測により，より遠方に二つの希薄なリング（μ リング, ν リング）が発見された．九つの細いリングの多くは幅が 1–10 km 程度，離心率は 10^{-3} 程度である．これら主要リングを構成する粒子のサイズは数センチメートルから数メートルで，アルベド（albedo）*6が 0.03 程度と暗いのが特徴である．

*6 天体において外部からの入射光エネルギー（太陽系内の天体の場合，通常，太陽からの入射エネルギー）に対する反射光エネルギーの比をいう．反射能ともいう．

このため粒子は炭素質の物質で覆われていると考えられている．粒子が炭素質コンドライトのような始原的な物質でできている可能性もあるが，メタンなどの炭化水素が，天王星磁場中の高エネルギー粒子の衝突による変成を受けた結果生成された，という説が有力である．

天王星リングの細い形状は，土星のFリングの場合と同様，衛星との相互作用によって維持されていると考えられる．実際ボイジャー2号は ε リングを挟むような軌道上にある二つの小衛星，オフィーリアとコーディリアを発見した．これら二つの衛星は λ, δ および γ リングとも共鳴関係の位置にあるため，これらのリングの形状維持に寄与している可能性もある．これら二つ以外の小衛星が ε リング以外のリングの形状を維持している可能性もあるが，これまでのところ対応する衛星は見つかっていない．

一番幅広い ε リングは離心率 8×10^{-3} を持つ楕円リングであり，幅は天王星に一番近い部分で約 20 km, 一番遠い部分で約 100 km である．扁平な形状をしている天王星が及ぼす重力作用は，楕円リングの近点の方向を徐々に回転させる効果がある．この際，近点の方向がずれる速度は楕円リングの内縁の方が外縁より速いため，たとえば ε リングの場合，近点の方向は 200 年程度の間に一様化されるはずである．このため天王星の楕円リングでは，近点をそろえるなんらかのメカニズムが働いていると考えられる．リングの自己重力や衛星からの重力作用が原因であるという説が提唱されているが観測結果を完全には説明できておらず，詳しいメカニズムはまだ明らかでない．

海王星リング

海王星には五つのリングが確認されており，海王星の発見に関わった天文学者たちの名前が付けられている．いずれも天王星リングと同様に暗い．このうちアダムズリング上にあるアークと呼ばれる，部分的に密度の濃くなった数箇所の部分が一番明るく，光学的厚さは 0.1 程度である（図 4.9（右下））．ボイジャー2号による海王星探査以前に行われた地上からの掩蔽観測では，あるときには海王星の片側だけで減光され，また別のときには両側とも減光されないといったことが起き，観測者たちを戸惑わせた．これらの観測ではこのアークの部分だけを見ていたのである．アダムズリングのアーク以外の部分，およびもう一つの比較的明るいリングであるルベリエリングでも，光学的厚さは 10^{-3} の程度に過ぎない．他に細いリング（アラゴ）とダストリング（ガルおよびラッセル）があるが，いずれも光学的厚さは 10^{-4} 程度である．

アダムズリングの細い形状ならびにアーク状に濃集されたリング粒子分布は，そのすぐ内側にある衛星ガラティアによる重力作用が原因であると考えられている．観測により，アークの相対的な位置や明るさが変化しつつあることが明らかになった．したがってアークは定常的な分布ではなく，衛星との相互作用およびリング粒子間の衝突等により力学的に変化しつつある構造だと考えられている．

他の天体のまわりのリング

最近の観測により，巨大惑星以外にもリングが存在することが明らかになった．まず 2014 年に，地上からの掩蔽観測により，ケンタウルス族天体（5.5 節）であるカリクロにリングが見つかった．カリクロは，土星軌道と天王星軌道の間にある小天体である．さらに，海王星より遠方にある太陽系外縁天体の一つであるハウメアにもリングが存在することが，2017 年に明らかになった．カリクロのリングの起源については，巨大惑星への近接遭遇の際に受けた潮汐力による衛星の部分破壊などが考えられている．ハウメアはリングのほかに 2 つの衛星をもっており，リングの起源は衛星形成過程と関連している可能性があるが，詳細は不明である．このほか太陽系外の惑星のまわりのリングについても，探索が精力的に進められている．リングの構造やその形成過程は衛星や惑星の形成進化過程とも密接に関わる．今後，さまざまな系でのリングの観測が進めば，衛星や惑星の起源進化の理解が深まると期待される．

第5章

小天体

5.1　小惑星

太陽系に存在している八つの惑星と五つの準惑星とそれに付随する衛星の他に太陽系内には天体が存在している．それらを総称して小天体と呼ぶ．

我々人類が発見した小天体は区分上，まず小惑星と彗星に分けられる．小惑星として区分される天体は太陽系に属している惑星・衛星以外でコマや尾を伴っていない小天体である．よって，地球近傍から冥王星の遠方にあるような彗星以外の小天体は実はすべて小惑星として区分されることになる．ただし，小惑星はおもに天体の軌道長半径によってさらに細分化されており，特に海王星軌道以遠の天体は太陽系外縁天体と呼ばれおり，通常の小惑星とは別格視されている．これらの天体について詳しくは5.5節で紹介する．木星軌道以遠にも太陽系外縁天体起源と思われる小天体が存在しているので，木星より内側に軌道長半径を持つ小惑星を一般的に小惑星と呼ぶ傾向にある．本節では木星より内側に軌道長半径を持つ小惑星について紹介する．

5.1.1　軌道の正確さからみた小惑星の区分

我々人類が発見した小惑星は国際天文学連合の小惑星センターにて管理・登録が行われている．管理・登録されている小惑星は大きく分けて仮符号の小惑星と確定番号の小惑星に分けられる．

一晩に数回位置観測を行い，かつ，その位置観測が2夜以上あった新発見の小惑星のみ仮符号が与えられる．それ以下の位置観測しか行われていない小惑星は仮符号の小惑星としては登録されない．その条件を満たさないと最低限の正確さを持つ軌道要素が求められないからである．

仮符号の小惑星から確定番号の小惑星に昇格するには，小惑星の軌道の不確定性が国際天文学連合で定義された値以下になる必要がある．これを満たすためには結果的に少なくとも複数季節での位置観測が必要になる．軌道の不確定性が定義された値以下になるとその小惑星は確定番号を得ることができる．そして，確定番号を得ることができた小惑星は，そこで初めて名前をつけられる資格を得る．

2020年11月時点で，確定番号の小惑星は約54万7千個（名前が付いた小惑星も含めて），仮符号の小惑星は約48万個登録されている．

5.1.2 軌道要素からみた小惑星の区分

小惑星は軌道要素（おもに軌道長半径）から分類がされている．小惑星は大きく分けて，おおよそ2-4 au に分布しているメインベルト（図5.1参照）の小惑星・トロヤ群小惑星・近地球型小惑星に分類される．

メインベルト（小惑星帯）の小惑星

火星と木星の間に存在する小惑星群のことを一般的にメインベルトの小惑星と呼ぶ．発見されている小惑星の9割強がこのメインベルトの小惑星である．

メインベルトの小惑星のほとんどが，軌道長半径で，木星と小惑星の公転周期が4：1と2：1の関係にある平均運動共鳴*1間に存在している．ただし，平均運動共鳴4：1, 3：1, 5：2, 7：3, 2：1の位置と永年共鳴*2 ν_5，ν_6，ν_{16}の位置には小惑星はほとんど存在していない（図5.1, 5.2, 5.3参照）．小惑星は太陽のまわりをケプラー運動をしているが，木星のような巨大惑星の重力はある特定の軌道では多大にその重力の影響を及ぼすことがあり，そのことを共鳴現象と呼ぶ．

*1 影響を受ける天体（小惑星）と影響を及ぼす側の天体（小惑星の場合は木星）の公転周期が簡単な整数比になっている場合の共鳴．

*2 影響を受ける天体（小惑星）と影響を及ぼす側の天体（小惑星の場合は木星及び土星）の軌道の近日点もしくは昇降点の歳差が同期している場合の共鳴．

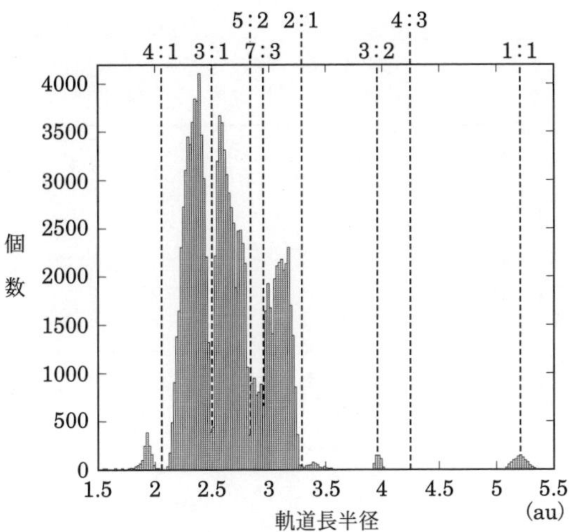

図 5.1 軌道長半径と小惑星の個数を示した図．2006 年 1 月時点での確定番号の小惑星のみを表示している．縦の破線は平均運動共鳴の位置を示している．

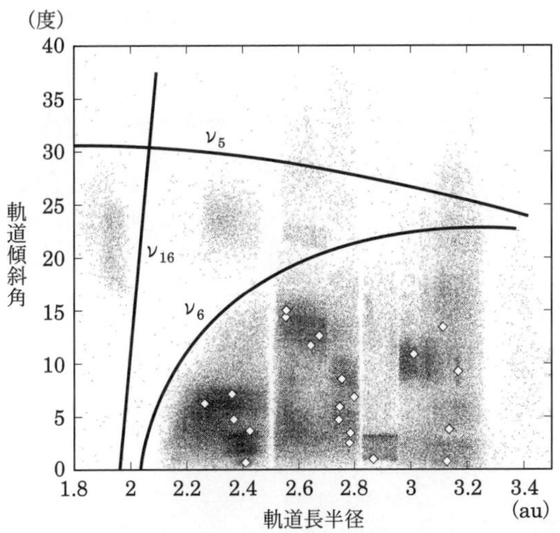

図 5.2 小惑星の軌道長半径と軌道傾斜角での分布を示した図．2006 年 1 月時点での確定番号の小惑星のみを表示している．菱形はおもな族の位置を示している．

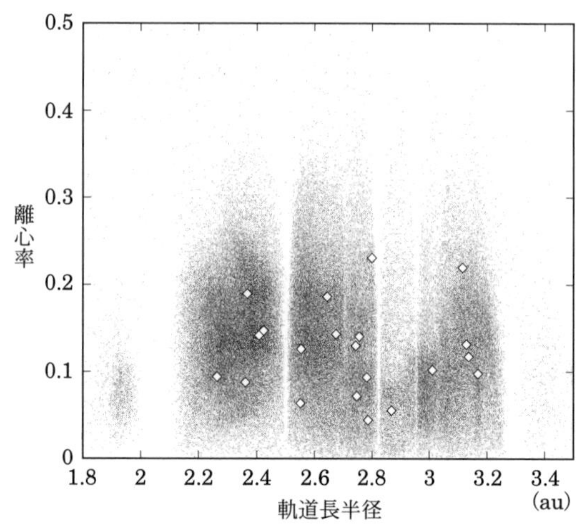

図 5.3　小惑星の軌道長半径と離心率での分布を示した図．2006年1月時点での確定番号の小惑星のみを表示している．菱形はおもな族の位置を示している．

これらの共鳴上に軌道のある小惑星はおもに木星の重力の影響をうけて，大きく軌道が変わり，安定に存在しえないのである．

メインベルトの小惑星のうち，木星と小惑星の公転周期が3：2に位置し，軌道長半径が4.0 au（天文単位）近くの天体群をヒルダ群，4：3に位置して，軌道長半径4.3 au近くの天体群をチューレ群と呼ぶ．これらは前述の共鳴位置にある小惑星とは違い安定して存在している．しかし，現在あるヒルダ群の小惑星は近日点距離のときに木星と太陽を挟んだ位置，つまり一番遠くの位置に存在していることなどが多く，木星の重力の影響を比較的受けにくい傾向にある，という特殊な条件下にあるためである．

なお，2：1の共鳴の外側にある3.4 au近くの小惑星群をキベレ群，1.9 au付近に存在し，永年共鳴のν_5・ν_{16}の内側に位置している小惑星群をハンガリア群，2.35 au付近に存在し永年共鳴のν_6・ν_{16}の外側，ν_5の内側に存在している小惑星群をフォカエア群と呼ぶ．

木星トロヤ群小惑星

木星のラグランジュ点に存在する小惑星群を一般的に木星トロヤ群小惑星と呼ぶ．木星トロヤ群小惑星は木星のラグランジュ点[*3]に存在しているために離心率が 0.15 を超えるもの，軌道傾斜角[*4]が 30 度を超えるものはほとんど存在していない．これ以上になると不安定な軌道になり，安定して存在しえないからであると考えられる．

木星トロヤ群小惑星は L4（木星の進行方向前方 60 度の位置）と L5（木星の進行方向後方 60 度の位置）に存在しており，現在のところ，他のラグランジュ点には発見されていない．L4 に位置する木星トロヤ群小惑星群をギリシャ群，L5 に位置する木星トロヤ群小惑星群をトロヤ群と呼ぶこともある．トロヤ群小惑星の名前はギリシャ神話のトロヤ戦争にでてくる人物の名前から付けられおり，L4 側がギリシャ側の人物名，L5 側がトロヤ側の人物名がつけられていることに由来している．ただし，L5 の位置にある小惑星にギリシャ側の人物の名前が，L4 の位置にある小惑星にトロヤ側の人物がつけられている小惑星もある．2019 年 5 月時点では L4 では約 5700 個強，L5 では約 3400 個近くの木星トロヤ群小惑星が発見されている．なお，地球・火星・天王星・海王星のラグランジュ点にも小惑星が発見されている．

近地球型小惑星

軌道的に地球に近接する小惑星のことを近地球型小惑星と呼ぶ．近地球型小惑星はアポロ群・アモール群・アテン群に分けることができる．

アポロ群の小惑星は軌道長半径が 1.0 au（地球の軌道長半径）以上で，近日点距離が 1.017 au（地球の遠日点）以下の小惑星である．この定義からアポロ群の小惑星は地球軌道よりも内側に来ることのある小惑星ということがわかる．アポロ群の小惑星は 2020 年 11 月時点で約 1400 個発見されており，日本のはやぶさ探査機がランデブーした小惑星（25143）イトカワや（162173）リュウグウはこのアポロ群に属している．

アモール群の小惑星は軌道長半径が 1.0 au（地球の軌道長半径）以上で，近日

[*3] 2 つの大きな質量の天体が共通重心まわりで回転運動しているときに，その 2 つの天体に比べて十分無視できる質量をもった小さな天体が平衡状態が保てることのできる点．

[*4] 軌道上運動をしている天体の軌道面と基準面（黄道面）とのなす角度．

点距離が 1.017 au（地球の遠日点）–1.3 au（火星の近日点の少し内側）の小惑星である．この定義からアモール群の小惑星は近日点位置が地球と火星の間にくる小惑星ということがわかる．アモール群の小惑星は 2020 年 11 月時点で約 10000 個発見されており，NASA のニア・シューメーカー探査機がランデブーした小惑星 433 エロスはこのアモール群に属している．

アテン群の小惑星は軌道長半径が 1.0 au（地球の軌道長半径）以下で，遠日点距離が 0.983 au（地球の近日点）以上の小惑星である．この定義からアテン群の小惑星は地球軌道より内側にあるが，地球軌道の外側に位置することのある小惑星ということがわかる．しかしながら，最近は遠日点距離が地球の近日点よりも小さな天体，すなわち，常に地球軌道の内側にくる小惑星（現在のところ仮符号ではあるが）もいくつか発見されており，それもアテン群と分類する傾向にある．アテン群の小惑星は 2020 年 11 月時点で約 1900 個発見されている．

小惑星の族

メインベルトの小惑星の内には軌道長半径・離心率・軌道傾斜角が似通った小惑星が存在している（図 5.2, 5.3 参照）．これらの似通った軌道要素をもつ小惑星の集まりを族と呼ぶ．有名な族には，3 大族であるテミス・コロニス・エオス族がある．その他にフローラ・ベスタ・マリーア・ニサ・ベリタス族等がある．これらの族は一つの天体だったものが衝突破壊によって砕かれて生き残った破片群であると考えられており，スペクトルやアルベドの観測（後述）からもそれを支持する結果がでている．なお，大きな族の中でさらに族を形成している場合もある．コーリン族はコロニス族の中に位置しておりこの例に相当する．

5.1.3 小惑星表層の色からみた小惑星の区分

小惑星は軌道の正確さの観点や軌道要素的観点からのみでなく，小惑星表面の色，すなわち，小惑星の表層組成の観点からも分類がされている．

CCD の感度波長域である 0.4–0.9 μm の波長帯における小惑星のスペクトルの形状によって分類が行われる．色の観点による小惑星の区分は何種類かあり，分類方法によって小惑星のスペクトルタイプの種類はいろいろあるが，基本的には C タイプ・S タイプ・X タイプ・D タイプ・V タイプの 5 種類に分けることができる（図 5.4 参照）．なお，分光・多色測光観測が行われていない小惑星は表面の

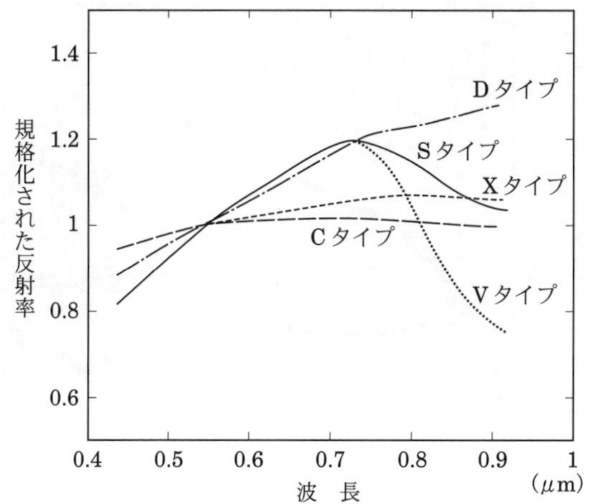

図 5.4 可視光域での小惑星の各スペクトルタイプの比較図.

色がわからないので，小惑星表面の色の観点からの分類は行うことができない.

現在，小惑星は 100 万個強登録されているが，実際に分光観測が行われて，分類されているのは 1 万個程度である.

なお，小惑星の分光から対応する隕石を完璧に同定することは難しい．これは異なる隕石でも同じようなスペクトルを持つものがあるためである．また，そもそも隕石として手に入れていない物質があると考えられるからである.

C タイプ小惑星

C タイプ小惑星の可視光のスペクトル形状は 0.45–0.9 μm にかけてはフラット形状である（図 5.4 参照)．紫外光域に行くとスペクトルは落ちていくが，赤外光域にかけては 2.5 μm まではほぼ，フラットなスペクトルである．3 μm 帯には含水鉱物起源の吸収がある場合が多い（図 5.5 参照)．C タイプ小惑星の表層物質はそのスペクトルの相似から炭素質コンドライト（5.2 節参照）ではないかと考えられている.

C タイプ小惑星は小惑星帯外側にいくに従いその割合は増えていく傾向にある（図 5.6 参照).

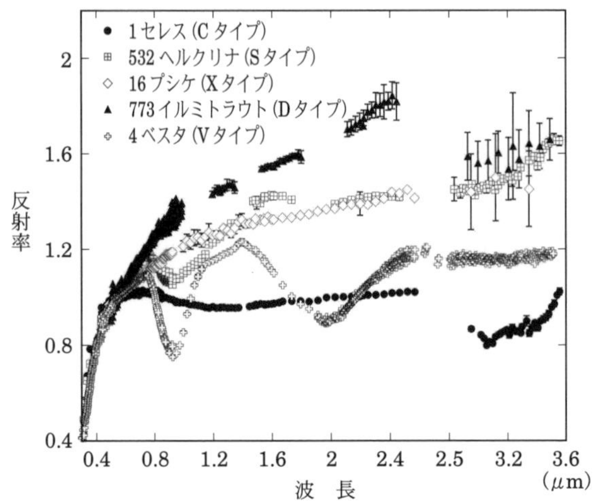

図 5.5　可視–近赤外光域での小惑星の各スペクトルタイプの比較図.

Sタイプ小惑星

Sタイプ小惑星の可視光のスペクトル形状は 0.4–0.7 μm にかけては波長が長くなると反射率があがるが，0.7–0.9 μm にかけて反射率が落ちていくことが特徴的である（図 5.4 参照）．2.5 μm までのスペクトルをみると 0.8–1.4 μm にかけてと 2 μm 付近に吸収帯があることがわかる．これは輝石とカンラン石の吸収帯と一致する．このことから，輝石とカンラン石がおもな構成物質ということがわかる（図 5.5 参照）．

Sタイプ小惑星はそのスペクトル形状が石鉄隕石（5.2 節）と似ているために当初は石鉄隕石に対応すると考えられていた．しかし，小惑星の分光される個数が増えるにつれ，Sタイプ小惑星は小惑星帯の内側により多く存在していることがわかってきた（図 5.6）．その一方で，地球に一番落下してくる率が高い普通コンドライト（5.2 節）と似たスペクトルを持つ小惑星がほとんど存在しないこともわかってきた．普通コンドライトに対応するスペクトルを持つ小惑星がほとんど存在していなかったことは隕石と小惑星の関係を考える上で問題になった．

Sタイプ小惑星と普通コンドライトはスペクトルの形を見ると吸収帯の位置（波長 1 μm と 2 μm にある）は一致しているが，Sタイプ小惑星の方が普通コン

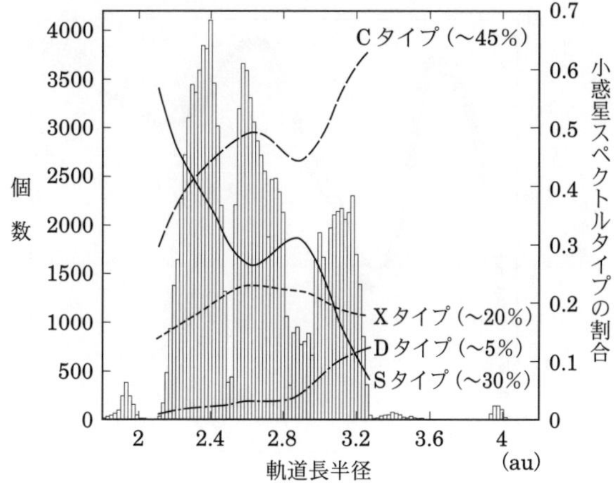

図 **5.6** 小惑星の個数とスペクトルタイプの割合の図.

ドライトと比べて．短波長側の反射率が低くなっている（図 5.7 参照）．そこで，太陽風や宇宙塵の衝突に曝されることによって，S タイプ小惑星のスペクトルの短波長側の反射率が下がったと考えられるようになってきた（このことを宇宙風化作用という）．実験室による宇宙風化作用のシミュレーションやはやぶさ探査機が持ち帰ったサンプル分析結果から，現在においては S タイプ小惑星の表層物質はその大部分が普通コンドライトではないかと考えられている．

X タイプ小惑星

X タイプの可視光のスペクトル形状は 0.4–0.9 μm にかけては波長が長くなると反射率が緩やかに増加する傾向にある（図 5.4 参照）．

X タイプの表層組成はそのスペクトルから鉄隕石・エンスタタイトコンドライト・エコンドライト・オーブライト・変成したタギシュレイク隕石（5.2 節）とさまざまな隕石に対応する．これらを分離する方法としてはまず，絶対反射率からの推定がある．

0.55 μm での反射率が ~ 0.04 と低いものは P タイプとも呼ばれ，変成したタギシュレイクに対応すると考えられている．反射率が ~ 0.1 と中間的なものは M タイプとも呼ばれエンスタタイトコンドライト・エコンドライトに対応すると考えられている．反射率が ~ 0.4 と高いものは E タイプとも呼ばれオーブラ

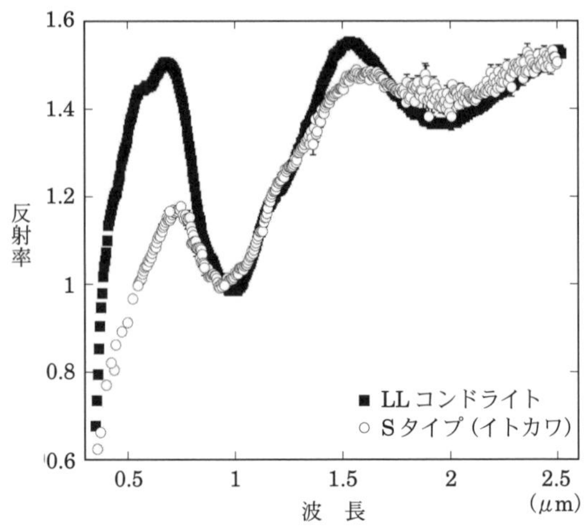

図 5.7　S タイプ小惑星と普通コンドライトのスペクトルの比較.

イトに対応すると考えられている．しかしながら，反射率だけで分離する方法にも限界があり，これ以上詳しいことがわからないのが現状である．

D タイプ小惑星

D タイプの可視光のスペクトル形状は 0.45–0.9 μm にかけては波長が長くなると反射率が急に増加する傾向にあり，X タイプのそれと比べて急である（図 5.4 参照）．

D タイプに対応する隕石は長らく発見されていなかった（正確にいうと宇宙塵には D タイプと似たスペクトルのものは発見されていたが）が，今世紀に入り，タギシュレイク隕石という通常の炭素質コンドライトよりも始源的な隕石が落下し，それのスペクトルが D タイプ小惑星のスペクトルと似ていることが判明した．

D タイプは小惑星帯にはその率は少ないが，木星のトロヤ群小惑星では大半を占めている．

V タイプ小惑星

V タイプ小惑星の可視光のスペクトル形状は 0.4–0.7 μm にかけては波長が長くなると反射率が上がるが，0.7–0.9 μm にかけて反射率が落ちていくことが特徴的である（S タイプのそれより急）（図 5.4 参照）．2.5 μm までのスペクトルをみると 0.8–1.4 μm にかけてと 2 μm 付近に吸収帯があることがわかる．これは輝石の吸収帯と一致する．このことから，輝石がおもな構成物質ということがわかる（図 5.5 参照）．

V タイプ小惑星の 0.3–2.5 μm までのスペクトルは玄武岩質隕石である HED 隕石（5.2 節参照）ときわめてよく似ており，このことから HED 隕石の母天体は V タイプ小惑星で一番大きな天体であるベスタであろうということが考えられている．なお，V タイプ小惑星は小惑星帯の小惑星でおよそ数%しかない．

5.1.4 探査機による小惑星探査

約 200 年前に望遠鏡を使って発見された小惑星であるが，その後，望遠鏡を用いた観測によって，多くの小惑星の自転周期・おおよその形状・大きさ，表層物質・表層特性が求められてきた．しかしながら，望遠鏡による観測では限界があり，表層の細かい様子を知るためには探査機による探査が待たれていた．

1991 年に木星に向かう途中のアメリカのガリレオ探査機が（951）ガスプラにフライバイし，表層のクレーターがはっきり見える詳細な画像が得られた．その後，同探査機が（243）イダに，ディープ・スペース 1 探査機が（9969）ブライユに，ニア・シューメーカー探査機が（253）マティルドと（433）エロスに，スターダスト探査機が（5535）アンネフランクに接近して詳細な画像等を得た．ヨーロッパのロゼッタ探査機が（21）ルテティアと（2867）シュテインスにフライバイした．アメリカのドーン探査機が（1）セレスと（4）ベスタがランデブーを行いさまざまな科学的なデータを得た．アメリカのオサイリスレックス探査機が（101955）ベヌーからサンプルリターンをすべく，探査を行っている．日本のはやぶさ探査機が（25143）イトカワに，はやぶさ 2 探査機が（162173）リュウグウにランデブーと着陸離陸を行い，サンプルリターンを行った（図 5.8）．

探査機によって得られるデータは搭載される科学機器で決まるが，撮像装置や分光装置，蛍光 X 線分光器等などが一般的に搭載されている．撮像装置によって，表層の詳細な様子がわかり，分光装置によって地域ごとの表層の鉱物組成がわかる．これらのデータから地質学・鉱物学的な観点からのアプローチが可能になる．また探査機自身の挙動から天体の質量が判明し，密度を求めることができる．

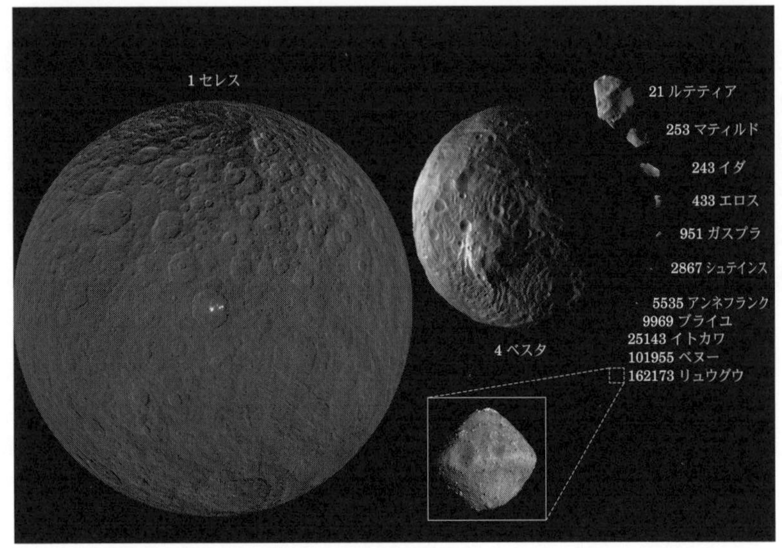

図 5.8 探査機によって撮像された小惑星（口絵 13 参照，NASA, JAXA 提供）.

このように探査機による探査は望遠鏡観測ではなかなか得られることが難しいさまざまな詳細な情報を得ることができる．ただし，探査機による探査は頻繁に行うことができないので，望遠鏡による小惑星観測も非常に重要である．

5.2 隕石

5.2.1 隕石とは

宇宙から地球に落ちてきた岩石を隕石（meteorite）と呼ぶ．多くの隕石は小惑星（5.1 節参照）のかけらである．地球やその他の惑星，衛星は内部や表面でのさまざまな地質活動によって，太陽系初期のみならず天体誕生時の情報もほとんど更新されてしまっているのに対して，小惑星はほとんど温度が上がらなかったか，温度が上がっても地質活動の期間が短かかったため，太陽系初期に起こったさまざまな物質進化過程が記録されており，小惑星のかけらである隕石は，太陽系の初期進化を理解するためには必要不可欠な研究対象である．

隕石はケイ酸塩成分と金属鉄成分の割合から，石質隕石，石鉄隕石，鉄隕石

（隕鉄）の 3 種類に大別され，石質隕石はコンドライト，エコンドライトの 2 種類に分類される．地球への落下頻度は，コンドライト 86%，エコンドライト 8%，石鉄隕石 1%，鉄隕石 5%程度である．

エコンドライトは溶融を経験した隕石で，溶融の結果，ケイ酸塩成分と金属鉄成分が分離した天体（分化天体）のケイ酸塩成分であると考えられる．鉄隕石は分化天体の金属鉄成分に対応し，石鉄隕石はケイ酸塩成分と金属鉄成分が混合されたものと考えられる．エコンドライト，石鉄隕石，鉄隕石は分化隕石と分類され，初期太陽系での天体の熱史および分化過程が記憶されている．エコンドライトの中には，火星や月から来た隕石もあり，火星や月の火成活動や内部構造の推定などにも用いられている．

コンドライト（口絵 14 参照）は火成岩のような組織も持たず，化学組成が太陽系元素存在度にほぼ一致し，天体分化過程での元素分別を受けていないことなどから，分化していない小天体のかけらと考えられている．コンドライトは未分化隕石に分類され，その化学組成や構成物質には小天体誕生以前の初期太陽系での物質進化過程が反映されている．多くのコンドライトが 45 億 6000 万年程度の年代を示すことから，太陽系誕生がその頃であったと考えられている．

化学組成や組織，形成過程が多様なコンドライトや分化隕石も，全岩の同位体組成は，軽元素（C, H, O, N）を除き，ほぼ均一で地球の同位体組成と大きく変わらない．太陽系の元素・同位体組成は銀河の化学進化の結果であり，複数の恒星で合成された核種の混合である．プレソーラー粒子（太陽系形成以前から存在する粒子）を除き，0.01–0.1%程度の不均一さしか残さない程度の隕石の均一な同位体組成は，隕石材料物質において核種の混合がきわめてよく起こったことを示唆する．この混合はさまざまな同位体組成を持つ微小粒子の機械的混合ではなく，いったんすべての核種がガス化するようなイベントを経験し，そのガスから新たに物質が誕生したと考える方が妥当である．

5.2.2 コンドライト

コンドライトの化学グループ

未分化隕石であるコンドライトは，酸化還元度，全岩化学組成，酸素同位体組成の違いなどに基づき，複数の化学グループ（CI, CM, CO, CV, CR, CK, CH,

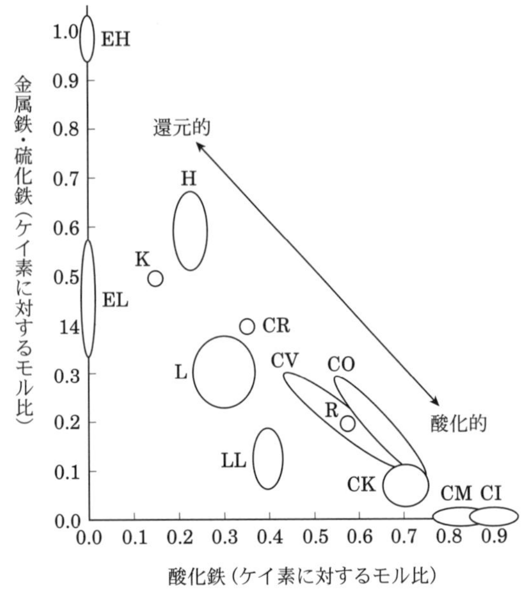

図 5.9 コンドライトにおける酸化物中の鉄および金属・硫化物中の鉄の存在度（Brealey & Jones 1998, in *Reviews in Mineralogy*, 36 より改変）.

H, L, LL, EH, EL, R, K）に分類される．

図 5.9 にはコンドライトにおける酸化物中の鉄および金属・硫化物中の鉄の存在度が示されている．一般に，エンスタタイトコンドライト，普通コンドライト，炭素質コンドライトの順に酸化物としての鉄の割合が増え，酸化的環境での形成が示唆される．

全岩化学組成を CI コンドライトと比較してみると（図 5.10），CI コンドライトを除く炭素質コンドライト（CM, CO, CV, CR, CK, CH）は難揮発性元素（1.2 節）に富み，普通コンドライト（H, L, LL），エンスタタイトコンドライト（EH, EL）は難揮発性元素に乏しい．また，一般にすべてのコンドライトは CI コンドライトに比べて中程度揮発性元素，揮発性元素（1.2 節）に乏しいこともわかる．これは，初期太陽系円盤内で元素の揮発性の違いによる元素の分別過程があったことを示している．

コンドライトの各化学グループは特有の酸素同位体組成を持つことも知られて

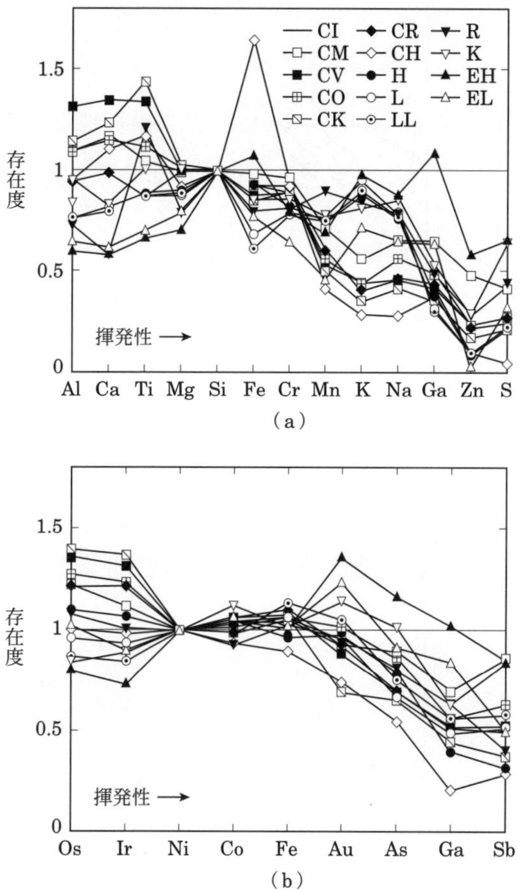

図 5.10 コンドライトの全岩化学組成．各元素の存在度をケイ素および CI コンドライト中の存在度で規格化したもの（([元素]/[Si]）/（[元素]/[Si]）CI)．横軸の元素は右側ほど揮発性が高い．(a) 親石元素 (b) 親鉄元素．

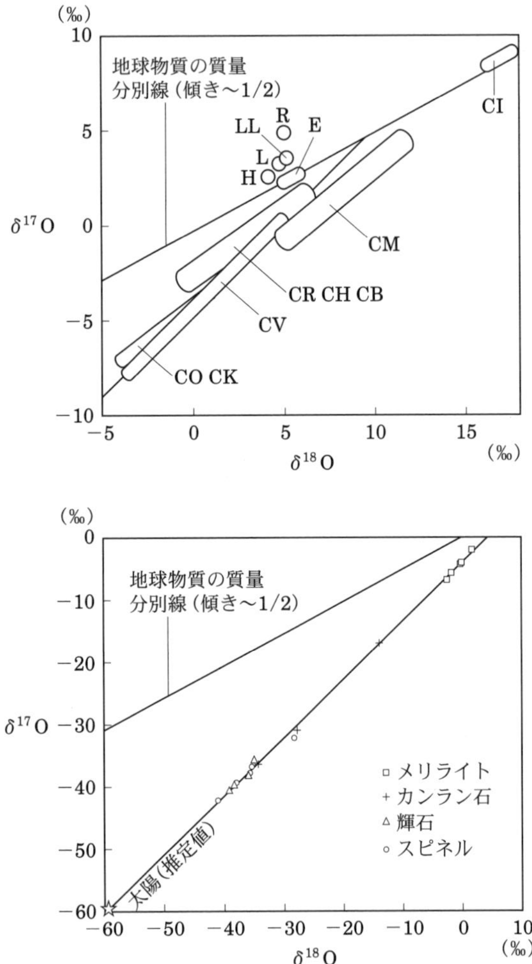

図 5.11 コンドライト全岩およびCAI構成鉱物の酸素同位体組成．グラフの縦軸，横軸は ^{17}O, ^{18}O の ^{16}O に対する存在度を標準海水の同位体組成からのずれとして千分率で表したもの．$\delta^{17,18}\mathrm{O}(‰) = \{(^{17,18}\mathrm{O}/^{16}\mathrm{O})/(^{17,18}\mathrm{O}/^{16}\mathrm{O})_{\text{標準海水}} - 1\} \times 1000$. (a) コンドライト全岩（Clayton 2003, in *Treatise of Geochemistry* より改変）．(b) CAI構成鉱物（Clayton *et al.* 1977, *Meteori. Planet. Sci.*, 32, A30 より改変）．星印はジェネシス探査によって推定された太陽の酸素同位体組成（McKeegan *et al.* 2011, *Science*, 332, 1528）．

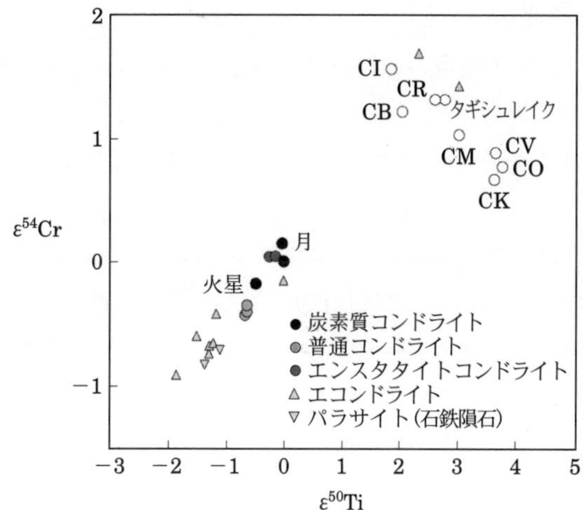

図 5.12 様々な隕石のクロム同位体組成（$^{54}Cr/^{52}Cr$），チタン同位体組成（$^{50}Ti/^{47}Ti$）．地球の同位体比からのずれを一万分率で表現（Scott *et al.* 2018, *Astrophys. J.*, 854, 164 より改変）．

いる．図 5.11（上）において，傾き約 1/2 の線は質量に依存した同位体分別線（質量分別線）であり，同一の酸素供給源から形成された物質でも，さまざまな熱的過程（蒸発，拡散，結晶化など）によって酸素同位体組成はその線上を変動する．コンドライトの各化学グループの酸素同位体組成は，同一の質量依存型同位体分別線に乗らないため，質量非依存型の同位体分別過程を経験したか（たとえば，光化学反応など原子核の励起を伴うような反応），異なる酸素同位体供給源間の混合によって説明される．探査機「はやぶさ」が持ち帰った小惑星イトカワの粒子は酸素同位体分析によって，LL コンドライトに分類されることがわかった．

分析精度の向上によって，酸素だけでなく，クロム，チタン，ニッケル，モリブデンなどの金属元素の同位体組成も隕石ごとに 0.01%程度の違いがあることがわかっている（図 5.12）．特に炭素質コンドライトとそれ以外の隕石で 2 つのグループに分かれる可能性が指摘されており，原始太陽系における形成場所の違いではないかと議論されている．

コンドライト構成物質

コンドライトは，ケイ酸塩の球粒組織であるコンドリュール，難揮発性元素に富んだ白色包有物であるCAI, 鉄ニッケル合金，硫化鉄，それらの合間を埋める細粒鉱物の集合体であるマトリクス，わずかに含まれるプレソーラー粒子からなる．

CAI（難揮発性包有物）はカルシウム，アルミニウムといった難揮発性元素に富んだ鉱物からなる数mm程度の包有物である．難揮発性元素に富むことから，高温ガスから凝縮した最初の固体物質もしくは固体物質が高温に加熱されて揮発性元素が蒸発した残渣であると考えられる．放射性元素を利用した年代測定によると，太陽系でつくられた最古の固体物質（5.2.4節参照）であり，太陽系誕生初期に1300 Kを越えるような高温プロセスがあったことを示す．CAIの構成鉱物は^{16}Oに富むものが多く，それらの酸素同位体組成は質量依存型分別線には乗らず．傾きが約1の線上に分布する（図5.11（下））．NASAジェネシス探査機によって持ち帰られた太陽風サンプルの分析によって，推定された太陽の酸素同位体組成はCAIに近く，^{16}Oに富むものであることが明らかになった（図5.11（下））．すなわち，惑星物質の酸素同位体組成はCAIに近い^{16}Oに富むものから，^{16}Oに乏しい酸素同位体組成を持つ成分との同位体交換を通じて，現在の同位体組成へと変化したものと考えられる．

コンドリュールは直径1 mm弱のケイ酸塩を主成分とした球粒で，多くのものはカンラン石やCaに乏しい輝石の斑晶とその隙間を埋めるガラス質もしくは微結晶質のメソスタシス（石基）からなる．普通コンドライトにおいては，体積の60–80%を占める．その球状の形態やメソスタシスの存在から，コンドリュールは，初期太陽系円盤中で溶融したケイ酸塩が速やかに冷却されて形成されたと考えられている．コンドリュール形成の加熱機構として，初期太陽系円盤内での衝撃波や雷による加熱，円盤内縁部での原始太陽からの放射加熱などが提案されているが，まだ確定していない．

鉄ニッケル合金や硫化鉄は，マトリクス，コンドリュール内部，コンドリュール周縁などに存在する．硫化鉄は，鉄ニッケル合金と硫化水素との反応で形成されるため，両者は伴って存在する場合が多い．コンドライト中の親鉄元素，親銅元素は主として，これらの相に含まれる．

マトリクスは，コンドリュール，CAI, 鉄ニッケル合金・硫化鉄などの間を埋める数 μm 以下の微粒子の集合体である．コンドリュールや CAI の破片や，プレソーラー粒子も含まれており，マトリクス構成粒子の起源はさまざまであると考えられる．ただし，マトリクス全体の元素組成は，コンドリュールや CAI に比較して，揮発性元素に富み，コンドリュールや CAI と合わせた全岩のコンドライト化学組成として，太陽系元素存在度に近くなるため，その起源にコンドリュールや CAI 形成が関連している可能性が高いと考えられる．

コンドライトマトリクスには，太陽系の平均的同位体組成とはまったく異なる同位体組成を持つ微粒子（nm–μm サイズ）が存在し，太陽系誕生以前に晩期星周環境で形成されたものと考えられ，プレソーラー粒子と呼ばれる（図 5.13）．発見されているプレソーラー粒子は，ケイ酸塩，酸化物，炭化物，窒化物，グラファイト，ダイアモンドなどで，コンドライト中の存在度は最も多い nm サイズのダイアモンドで 0.1%，その他の鉱物は数 ppm から数 10 ppm 程度である．同位体組成に基づき，プレソーラー粒子は単一の恒星からもたらされたものではなく，赤色巨星や超新星，新星など複数の恒星に起源を持つと考えられている．太陽系の材料物質には，銀河の化学進化の結果として，複数の恒星の元素合成が寄与していることを示す強い証拠がみられる．

熱変成・水質変成・衝撃変成

未分化隕石であるコンドライトも母天体で熱や水，小天体同士の衝突による変性作用を被っている．コンドライトは組織や同一鉱物の元素組成のばらつきといった特徴などから，6 段階に分類され（岩石学タイプとよばれる），岩石学タイプ 3 の隕石が最も未分化で，3 から 6 にかけては熱変成の程度が進み，3 から 1 にかけては水質変成の程度が進む．また，衝撃変成も，鉱物の結晶格子のゆがみの程度や部分的に融解した証拠などを基に S1 から S6 に区分されている．

5.2.3 分化隕石

エコンドライトは溶融およびそれに伴う分化を経験した隕石母天体のケイ酸塩成分である．大規模な溶融を経験せず，コンドライトに近い化学組成を持つエコンドライトも存在し，それらは始源的エコンドライトと呼ばれる．

エコンドライトは岩石学的特徴および酸素同位体組成からいくつかのグループ

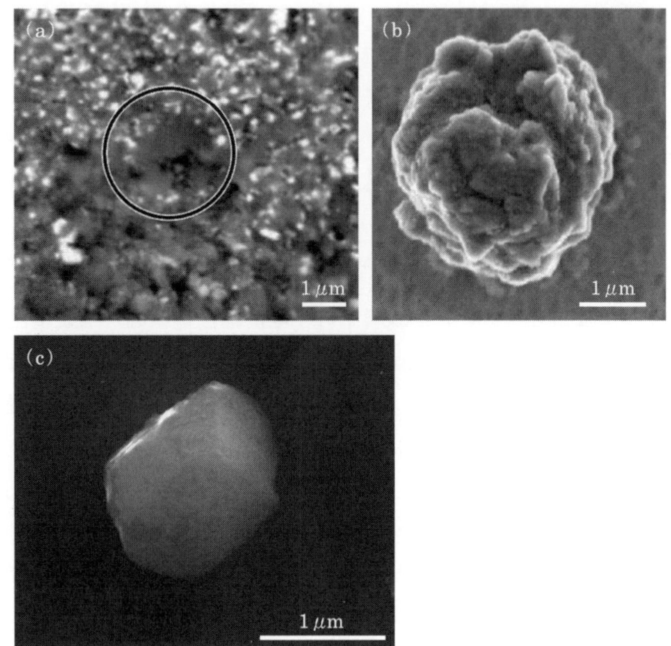

図 5.13 プレソーラー粒子．走査型電子顕微鏡で撮影．(a) プレソーラーカンラン石（丸印中）(Nagashima *et al.* 2004, *Nature,* 428, 921)．周囲は Acfer094 隕石のマトリクス．(b) プレソーラー炭化ケイ素（Nittler 2003, *Earth Planet. Sci. Let.,* 209, 259)．(c) プレソーラーコランダム（酸化アルミニウム）(Takigawa *et al.* 2018, *Astrophys. J. Lett.,* 862, L13).

に分けられる．最も豊富に存在するエコンドライトは HED グループ（ホワルダイト，ユークライト，ダイオジェナイト）で，同一母天体起源と考えられる．小惑星ベスタの可視および赤外スペクトルとの類似から，ベスタもしくはその他の V タイプ小惑星（5.1.3 節参照）に起源を持つのではないかと指摘されている．

その他，小惑星起源のエコンドライトとして，エンスタタイトコンドライトとの関連が指摘されているオーブライト，CAI と同程度の古い形成年代を示すアングライト，CAI のような酸素同位体組成のばらつきを示し，ケイ酸塩鉱物の隙間を炭素質物質が埋めるという特異な組織を持つユレイライトなどが存在する．SNC グループや ALH 84001（生命活動の痕跡ではないかと論議を呼んだ組織が見つかった隕石）は，ALH 84001 を除き 13 億年前や 1.8 億年前といった若い年代を示し，隕石に含まれる窒素や希ガスの同位体組成がバイキング探査機の火星大気分析データと一致することから火星起源と考えられている．また，アポロ探査機が持ち帰った月の石との組織や鉱物組成の類似から，月を起源とするエコンドライトが存在することも知られている．

金属鉄とケイ酸塩が混合した石鉄隕石であるパラサイトは，金属鉄成分およびケイ酸塩成分がそれぞれ分化小天体のコアとマントルに対応し，小天体のコア–マントル境界を起源とする可能性が高い．同じく石鉄隕石のメソシデライトは強い衝撃でケイ酸塩成分と金属鉄成分が混合された痕跡を持ち，ケイ酸塩成分の岩石学的特徴や酸素同位体組成は HED グループに類似するため，HED グループと同一母天体である可能性も指摘されている．

主として鉄ニッケル合金からなる鉄隕石は，ニッケルに対するゲルマニウム，ガリウム，イリジウムなどの含有量の相関の違いから，少なくとも 13 のグループに分類される．これらの元素の相関は固体金属鉄・液体金属鉄間での親鉄元素の分配を反映し，相関の違いは異なる分化過程によるものと考えられることから，グループの異なる鉄隕石は異なる小天体に起源を持つと考えられる．

5.2.4 隕石に記憶された初期太陽系イベントの年代

初期太陽系円盤で起きたイベントの年代や継続期間が，放射性核種を用いた隕石の年代測定によって明らかにされている．放射性核種が安定な娘核種に改変する際，その壊変速度は放射性核種の存在度に比例し，その比例定数は核種に固有である．^{238}U, ^{235}U, ^{232}Th, ^{187}Re, ^{87}Rb, ^{40}K といった太陽系の年齢程度もしくはそれより長い寿命を持つ放射性核種は，現在の存在量と娘核種の存在量の比を求めることで，それらの核種が物質中に固定された年代を決定することができる．特に二つのウラン崩壊系列の最終娘核種である鉛の同位体比を用いた鉛–鉛年代測定法は，太陽系初期のような古い時代の年代測定に適している．

太陽系初期には存在したが，現在は消滅してしまった短寿命放射性核種（^{26}Al, ^{53}Mn, ^{129}I, ^{182}Hf など）を用いた年代測定も用いられる．短寿命放射性核種の存在の証拠は，現在，隕石中に親核種の安定同位体存在度に比例した娘核種の過剰として検出され，ある物質の形成時の短寿命放射性核種存在度も決定することができる．古い時代に形成された物質の方が短寿命放射性核種をより多く含む（すなわち娘核種の過剰が大きい）ため，短寿命放射性核種の存在度を比較することで複数の物質の相対的な年代差を求めることができる．この手法の長所は，短寿命放射性核種の半減期が 100 万年程度であるため，10 万年程度の年代の差に対して，存在度の顕著な変化が見られ，年代差の詳細測定が可能となる点である．ただし，年代の絶対値は求められない．

長寿命および短寿命放射性核種を用いた隕石の年代測定によって描き出される太陽系物質進化の姿を見てみよう．太陽系最古の年代は，鉛–鉛年代測定法を用いた CAI の年代測定から得られ，45 億 6730 万年（±16 万年）という値が報告されている．コンドリュールの鉛–鉛年代測定および ^{26}Al を用いた相対年代測定からは，コンドリュールと CAI に 100 万年から 200 万年の年代差があることが知られている．エコンドライトには CAI やコンドリュールと同程度の年代を示すものもあり，CAI やコンドリュールを形成する高温イベントが起こっている初期太陽系円盤内ですでに小天体の形成および分化が始まっていた可能性を示唆している．太陽系最古の物質である CAI の形成が惑星系進化のどのステージで起こったか，現在のところわかっていないため，太陽系物質進化過程と初期太陽系円盤や原始太陽の進化を直接結びつけることは難しいが，太陽系では高温での物質形成の開始から小天体の形成まで数百万年程度であったことがわかってきている．

5.3 彗星

5.3.1 彗星の構造

彗星の構造は，大きく「コマ」と「尾」に分けることができる．可視光で観測した際に見られる拡散状の光芒部分をコマと呼び，中心部が強く集光している．実際にコマの中心には「核」と呼ばれる直径数百メートルから数キロメートル程度の固体が存在するが，可視光領域ではその存在を地上から直接見ることはきわめて困難である．

氷と固体微粒子（塵）からなる彗星核は，太陽に近づくと表面から揮発性成分が昇華し，このガスに引きずられて塵も放出される．こうして放出されたガスや

図 5.14 太陽に最も近づいた頃のヘール・ボップ彗星（C/1995 O1）．幅広に広がった塵の尾（下）と，比較的細いイオン（あるいはプラズマ）の尾（上）が目立っている．彗星の動きに合わせて撮影したため，背景の恒星が線状に延びて写っている．

塵が太陽光を散乱することで形成されるのが，可視光で見られる「コマ」である．コマの広がりはガスと塵でも異なるし，成分等によっても異なる．また，コマから伸びる 2 種類の「尾」と呼ばれる構造がある．これらは，それぞれ，「イオンの尾（あるいはプラズマの尾）」，「塵の尾」と呼ばれる．これらに加えて，反太陽方向に直線状に伸びる「中性ナトリウム原子の尾」が観測されることがある．以上は，彗星が太陽から 1 au（天文単位）付近にある場合の，可視光において観測される形態を元に述べている．今後も特に断らない限り，彗星が太陽から 1 au 程度の距離にある場合について述べる．

5.3.2 彗星核

コマや尾といった彗星特有の構造は，彗星核からのガスおよび塵の放出に起因している．彗星核が H_2O を主成分とする氷と塵からなる固体核であるという「汚れた雪玉」モデルを，ホイップル（F.L. Whipple）が提唱したのは 1950 年代のことであった．1986 年には，各国の探査機がハレー彗星（1P/Halley）の直接探査を行い，初めて彗星核の直接撮像に成功している．その後，2001 年にはボレリー彗星（19P/Borrelly），2004 年にはヴィルト第 2 彗星（81P/Wild 2），2005 年と 2011 年にはテンペル第 1 彗星（9P/Tempel 1），2010 年にはハート

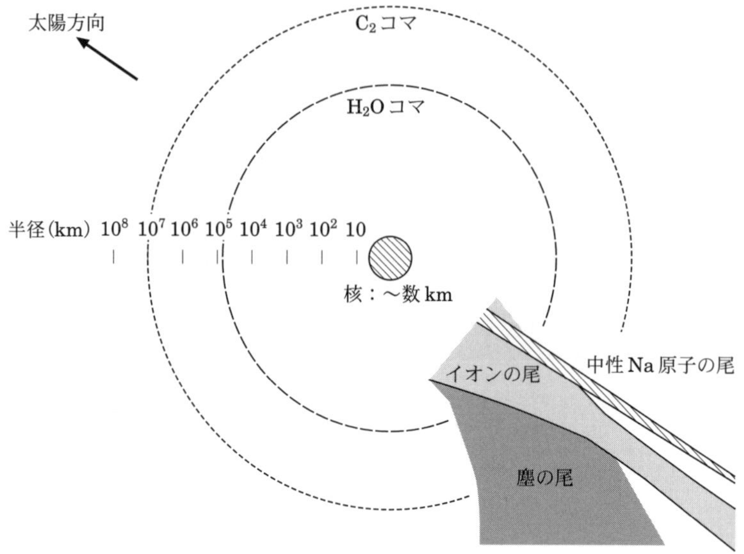

図 5.15 太陽から 1 au 付近にあるときの彗星の構造．彗星核は数 km–数 10 km のサイズであるが，コマは，それよりもはるかに広がっている．彗星の尾も，場合によっては 1 au 程度まで伸びることがある．

リー第 2 彗星（103P/Hartley 2），そして 2014 年から 2016 年にかけてチュリュモフ・ゲラシメンコ彗星（67P/Churyumov-Gerasimenko）と，探査機による彗星核の「その場」（*in situ*）観測が進められてきた．とくにチュリュモフ・ゲラシメンコ彗星はロゼッタ探査機（欧州宇宙機関）によってランデブー探査が行われており，一過性のフライバイ探査であった以前の彗星探査とは違って，近日点通過前から通過後までの彗星核の変化が詳細に観測された点は特筆に値する．こうした過去の彗星探査によって，彗星核について，共通の特徴が明らかになっている．

彗星核の可視光における表面反射率（アルベド）はきわめて低く，典型的には 4%程度である．反射率は長波長側ほど高くなっており，核表面は「赤黒い」．彗星核表面に氷はあまり露出しておらず，大部分は塵マントル層に覆われている（この塵マントル層が断熱材として働き，表面下は H_2O 氷が存在できる程度の低温度に保たれている）と考えられる．表面の低反射率の原因となる物質について

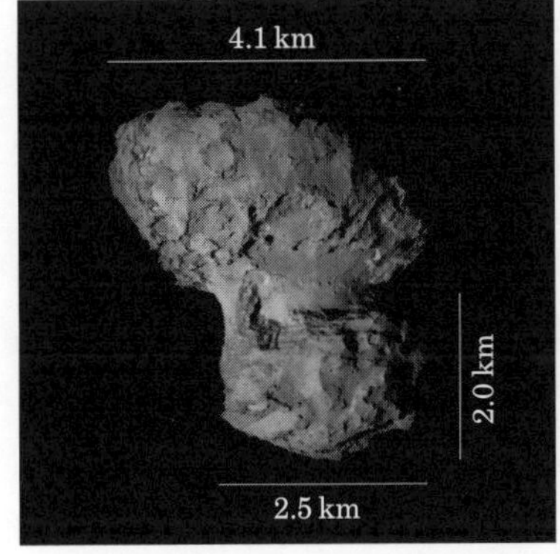

図 5.16 チュリュモフ・ゲラシメンコ彗星（67P/Churyumov-Gerasimenko）の核（ESA 提供）.

は，複雑な有機物であると考えられるものの，その特定は現在でも困難を極めている（ロゼッタ探査機の観測では，彗星核表面に，ある種のアンモニウム塩が存在する可能性が示唆された）．また，塵やガスが放出される領域については，定常的には彗星核表面下から表面付近のダスト層を通じて放出されている．彗星核表面の特定の地形からジェット状の噴出が観測されることがあるが，核表面の活動領域と表面地形との関係は十分には理解されていない．また，ハートリー第 2 彗星では彗星核から最大で数十 cm サイズの揮発性氷（おもに H_2O の氷）を含んだ粒子が噴出しており，これらからの二次的なガスの放出があった．これらの氷粒子は，より揮発性の高い CO_2 などの昇華に伴って放出されているようである．

一方，彗星核全体の特徴として，複数の彗星で核の平均密度が $1\,\mathrm{g\,cm^{-3}}$ を下回っており（H_2O 氷:$1\,\mathrm{g\,cm^{-3}}$，典型的な塵:約 $3\,\mathrm{g\,cm^{-3}}$），かなり空隙率が高いことを示唆している．チュリュモフ・ゲラシメンコ彗星では平均密度は約 $0.5\,\mathrm{g\,cm^{-3}}$，空隙率は 70–80%，と求められている．彗星核内部構造の解明は彗星探査における今後の課題であるが，ロゼッタ探査機と彗星核表面に下ろした着陸機による観測からは，10 m 程度以上の空間スケールにおいては，目立った非一様性はないことが分かっている．

彗星核に含まれる揮発性成分の組成は，おもにコマを構成するガス成分の観測から推定されている．主成分は H_2O の氷であり，CO, CO_2 の氷がそれに続いて多い．CO はきわめて揮発性が高く，彗星が太陽から遠方にある場合の彗星活動の源として重要な役割を果している（H_2O の昇華は 3 天文単位以内で顕著になる）．その他，星間空間でも検出されているさまざまな分子がそれぞれ 0.1–数%程度含まれており，星間氷との類似性が認められる．彗星探査機による「その場」観測としては，ロゼッタ探査機に搭載された質量分析器が目覚ましい成果をあげており，過去に彗星において検出報告のなかった窒素分子（N_2）や酸素分子（O_2）の発見をはじめ，生命起源物質との関連が指摘されるアミノ酸（グリシン）やリン（P）を含む分子も検出されている．こうした揮発性物質の組成比については彗星ごとの多様性も報告されており，原始太陽系円盤内での場所の違いによる化学進化の違いや，太陽への回帰に伴う後天的な表層付近の氷組成比の進化が，多様性の原因として議論されている．彗星核をプローブとして太陽系の起源を解明するにあたって，こうした先天的な原因と後天的な原因の切り分けが課題である．そのため，従来の彗星探査でターゲットとなった短周期の（何度も太陽の加熱の影響を受けた）彗星ではなく，非常に長周期の（あまり太陽光加熱の影響を受けていない）彗星の探査が待ち望まれている．

難揮発性物質である塵については，彗星ごとにコマ中の塵のサイズ分布が異なっているようで，塵と氷との質量比は彗星ごとにバラツキがみられる（平均的には，質量比は 1–10 程度）．中間赤外線の観測から，彗星塵には結晶質および非晶質のシリケイト（ケイ酸塩鉱物），炭素質の粒子などが含まれていると考えられている．結晶質シリケイトは，原始太陽系円盤内側で非晶質シリケイトが（~1000 K 程度まで）加熱されて結晶化したもの，あるいはガスから直接的に凝縮したものと考えられており，こうした塵が低温で凝縮した氷と一緒に彗星核中に存在することは，原始太陽系円盤中で円盤の動径方向に物質輸送があった可能性を示している．2006 年には彗星塵サンプルを地上に持ち帰ることに成功しており（STARDUST 計画），やはり高温凝縮物が彗星塵中に存在していることが明らかになった．その他，探査機による観測から C, H, N, O に富んだ有機物系の塵が発見されており，コマ中での二次的なガス供給源になっていると考えられる．

5.3.3 彗星コマ

彗星核表面からの揮発性成分の昇華に伴って，彗星核中に含まれる塵もガス圧によって放出されており，彗星コマはガスと塵から構成される．特に，彗星核の

表 **5.1** 彗星核の典型的な化学組成（H_2O を 100 として）.

分子	組成比	分子	組成比	分子	組成比
H_2O	100	$(CH_2OH)_2$	0.1–0.3	OCS	0.05–0.4
CO	0.2–20	C_2H_5OH	~ 0.1	SO	0.04–0.3
CO_2	2–30	CH_2OHCHO	~ 0.01	SO_2	~ 0.2
O_2	~ 3	NH_2CHO	0.01–0.02	CS	0.02–0.2
CH_4	0.1–1.5	NH_3	0.2–0.7	H_2CS	0.01–0.1
C_2H_2	0.04–0.5	N_2	~ 0.1	NS	~ 0.01
C_2H_6	0.1–2	HCN	0.08–0.3	S_2	0.001–0.2
H_2CO	0.1–1.5	HNC	0.002–0.04	PO	~ 0.01
CH_3OH	0.6–6	HNCO	0.009–0.08	HF	~ 0.01
HCOOH	0.03–0.2	CH_3CN	0.008–0.04	HCl	~ 0.01
$HCOOCH_3$	~ 0.08	HC_3N	0.002–0.07	Ar	$\sim 6\times10^{-4}$
CH_3CHO	~ 0.06	H_2S	0.1–1.5	Kr	$\sim 5\times10^{-5}$

出典：Bockelée–Morvan & Biver 2017, Phil. Trans. R. Soc. A375, 20160252, Rubin *et al.* 2019, MNRAS 489, 594–607 より一部改変.

近傍ではガスの数密度が高く，ガスと塵は混在一体となって流体的に振る舞う．しかし，核から離れるに従ってガスや塵の数密度は低下し，次第に自由粒子的となって，ガスと塵を分離して扱うことが可能となる．

彗星核近傍では，ガスの膨張に伴って温度が急激に下がる（彗星核から数 10 km–100 km 程度までの範囲）．しかし，彗星核から昇華した分子が太陽光紫外線によって光解離され，光解離生成物（光解離の際に，余剰エネルギーが転化された運動エネルギーを余分に持つ）によってコマ中のガスは徐々に加熱される．そのため，彗星コマ中の温度分布は，光解離によって加熱に寄与する分子（おもに H_2O）の存在量に依存する．太陽からの距離が等しい場合でも，H_2O 分子の生成率が大きいほど，コマの平均温度は高い傾向がある．また，コマ中のガスの膨張速度は，彗星核近傍で温度低下にともなって約 $1\,\mathrm{km\,s^{-1}}$ 程度まで加速され（昇華時の分子の熱運動のエネルギーの大部分が並進運動のエネルギーに転化されている），それよりも外側ではほぼ一定になる（図 5.17 参照）．

コマ中のガス組成は，おもに太陽光紫外線による光解離反応によって変化する（イオン・分子反応などの化学反応は，分子間衝突が顕著なコマの極めて内側で

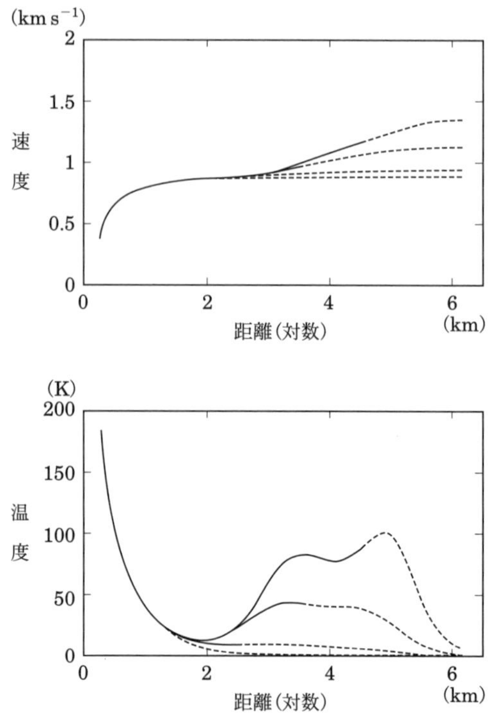

図 5.17 コマの構造．下から上に順に H_2O のガス生成率 $Q(H_2O) = 10^{27}, 10^{28}, 10^{29}, 10^{30}$（個 s^{-1}）に対応する．破線部分は流体的な扱いのできない範囲（自由粒子的領域）を表す．

のみ寄与する）．H_2O の場合，光解離・光電離に対する寿命は，太陽から 1 au において 6×10^4 s 程度である．一般に，こうした光解離反応に対する寿命は分子種ごとに異なる．同一分子種については，寿命は入射光量に反比例すると考えられ，日心距離の 2 乗に比例する．

一方，ガスによって加速され，その後，自由粒子的な運動を行うようになった塵については，太陽放射圧が塵粒子の運動に影響を与えない程度の狭い範囲で，ほぼ球対称なコマを形成している．塵の動径方向速度は粒径などにも依存するが，可視光で大きな散乱断面積を持つ $0.5\,\mu$m 程度の塵では，数百 $m\,s^{-1}$ 程度である．太陽放射圧の影響は塵のサイズや形状，成分などに依存しており，球対称コマとして扱える範囲は対象となる塵の性質によって異なる．

5.3.4 彗星の尾

前述したように，彗星には三つのタイプの尾が存在する．第 1 の尾はイオンの尾（プラズマの尾）と呼ばれる．彗星コマ中のガスが電離すると，イオンや電子の運動は太陽風が運んでくる太陽風磁場（惑星間磁場）に凍結される．彗星自身は磁場を持たないため，惑星間磁場は彗星コマに引っ掛かったような構造になり，それに沿ってイオンや電子が運動する．そのため，イオンの尾は反太陽方向に伸びた構造となる．おもに CO^+, CO_2^+, H_2O^+ などのイオンが可視光で発光している．

一方，彗星核から放出された塵によっても尾が形成される（第 2 の尾）．塵粒子は太陽放射圧によって，等価的に太陽重力が弱くなったかのように振る舞う（太陽放射圧と太陽重力の比を β と書く）．この影響で，塵は彗星核とは異なる軌道を運動する．β の値は太陽放射と塵の散乱特性によって決まっており，塵のサイズ，形状，組成等に依存する．さまざまな β 値の塵が時間的に連続して放出されることにより，塵は彗星核から伸びた幅の広い尾を形成する．彗星核からの塵の放出速度が無視できる場合，塵の尾は彗星の軌道面内に分布し，空間的には薄い構造となる．

最後に中性ナトリウムの尾であるが，これは彗星塵から放出された中性ナトリウム原子が，大きな太陽放射圧を受けることによって形成される．中性ナトリウム原子は波長 589 nm に強い電子遷移（D 線）を持つが，太陽との相対速度がゼロであれば，太陽スペクトル中にも同波長に中性ナトリウム原子による吸収が存在するため，彗星中の中性ナトリウム原子はほとんど光子を受け取らない．しかし，彗星が太陽に対して大きな相対速度を持っている場合，彗星コマ中の中性ナトリウム原子は（D 線の波長からずれた）強い太陽放射にさらされ，強い放射圧を受けることになる．ナトリウム原子は金属原子としては比較的揮発性が高く，そのために太陽から 1 au 程度の距離であっても，ナトリウムを含む鉱物からなる塵から放出されると考えられる．一方で彗星が太陽にきわめて近くにあるような場合には，鉄などの金属原子が高温になった塵から昇華し，これら金属原子からなる尾が形成される場合もある．

5.3.5 彗星からの電磁波放射機構

彗星からの電磁波放射を担っているのは，ガス，塵，そして彗星核自身であり，基本的にそれらのエネルギー源は太陽である．可視光では彗星核からの寄与はほぼ無視でき，ガスと塵による太陽光の散乱がおもな発光メカニズムと言える．

可視・近赤外線の場合，ガス分子（中性およびイオンを含む）の発光は太陽光の共鳴蛍光散乱がおもな原因である．分子が太陽光を吸収して一時的に励起状態となり，その後，再び基底状態へと戻る際に光を発する．これ以外に，光解離反応生成物が反応の直後に電子的（あるいは振動的）励起状態にあり，その後，光子を放出して基底状態に戻るために生じる発光もある．一方，電波領域では分子の回転遷移が観測される．これは彗星コマのガスの冷却過程として放射されるものである．また，X 線放射も観測されており，これは，太陽風中の高階電離イオンと彗星コマ中の中性ガス分子との電荷移動反応によって生じる高励起状態のイオンが，より下位のエネルギー状態に遷移する際に放射されていると考えられる．

塵については，可視光から近赤外領域では太陽光の散乱がおもな発光原因である．中間赤外より長波長側では，塵そのものからの熱放射がおもに観測される．彗星核についても同様であるが，可視光から近赤外波長領域では，塵の総散乱断面積が彗星核の散乱断面積をはるかに上回ることが多く，彗星核からの寄与はほぼ無視できる．なお，太陽から遠方にあって，彗星核からのガスや塵の放出がほとんどない状態では，彗星核そのものによる太陽光反射および熱放射が観測でき，彗星核のサイズや反射率の推定が可能となる．

5.3.6 彗星の起源

現在，太陽系に存在する惑星は，原始太陽系円盤中で形成された微惑星と呼ばれる km サイズの小天体が合体集積して形成されたと考えられている（6 章参照）．特に，氷雪限界線（snow line）よりも外側で形成された微惑星は氷と塵が混在しており，これらの氷微惑星のうち惑星に取り込まれなかった残存物が，現在，オールト雲（Oort cloud）やカイパーベルト（Kuiper belt）といった太陽系外縁部の構造を形成していると考えられる．これらの残存物が，惑星の摂動や銀河潮汐力の影響，太陽系と恒星・巨大分子雲との接近遭遇などの原因によって，太陽系内部へ至る軌道に進化したものが彗星である．

観測されている彗星軌道の力学的特徴から（木星に対するティスラン・パラメータ[*5]によって分類することが多い），彗星の供給源は，おもにオールト雲と散乱円盤（散乱 TNO がつくる円盤構造：5.5 節参照）にあると考えられる．残念ながら，これらの彗星供給源に存在する氷微惑星が，もともと原始太陽系円盤中のどのあたりで形成されたのかについては，十分には理解されていない．従来，オールト雲に存在する氷微惑星については巨大惑星（木星から海王星まで）が存在した領域付近，散乱円盤については海王星軌道付近であると考えられてきたが，太陽系形成初期における巨大惑星の移動を考慮する必要があり，原始太陽系円盤の比較的内側と外側である程度まざっている可能性が高い．一方，観測されている彗星氷の化学組成や各種分子の重水素/水素比，塵に含まれる鉱物の組成比や結晶質対アモルファス比などからも彗星物質の起源や進化について議論されており，こうしたさまざまな観測結果を統一的に説明できる太陽系形成の物理化学進化モデルが待ち望まれている．

彗星の名前について

彗星の名前は，基本的に，その発見者の名前がつくことになっている．ただし，ハレー彗星などは例外である．しかし，それでは個々の彗星を区別できないことがあるので（同一人物が複数の彗星を発見した場合など），彗星を一意に同定できるような符号がつくシステムになっている．たとえば，「C/1995 O1 (Hale-Bopp)」という名前は，「1995 年の 7 月後半に発見された最初の彗星で，発見者は Hale と Bopp である」という意味になる．発見時期については，各月を前半・後半に分けて A から Y のアルファベット（ただし，I は除く）で表し，その後に，その期間に発見された何番目の彗星かを示す数字をつけて用いられている．また，軌道特性が確かになった彗星は「周期彗星」として登録番号が与えられる．周期彗星は「C/」ではなく「P/」で表し，その前に登録番号を付与する（例：ハレー彗星 → 1P/Halley)．また，慣例的に，同じ人が発見した周期彗星が複数ある場合には，最後に数字を付与して区別することがある（例：テンペル第 1

[*5] 今，彗星の運動を太陽・木星・彗星の 3 体のみで考え，木星が円軌道上を運動しているとしたとき（円制限 3 体問題），彗星が木星から十分に離れていれば，ティスラン・パラメータ（あるいはティスラン不変量）と呼ばれる量がほぼ一定に保たれる．この「木星に対するティスラン・パラメータ」$T_{\rm J}$ は，木星の軌道長半径 $a_{\rm J}$，彗星の軌道長半径 a，軌道離心率 e，軌道傾斜角 i を用いて，$T_{\rm J} = a_{\rm J}/a + 2\sqrt{(1-e^2)\,a/a_{\rm J}}\cos(i)$ と定義される．場合によっては，彗星の運動に影響を与える摂動天体として他の惑星を考えることもある．

彗星 → 9P/Tempel 1). しかし，本来は登録番号だけで彗星を特定できるため，最近では最後の数字は冗長であるとして，そうした数字を付与しないことが多い．こうした命名については公式的には国際天文学連合の管理下にあり，詳しくは，https://minorplanetcenter.net/iau/info/CometNamingGuidelines.html などを参照のこと．

5.4 流星

5.4.1 流星とは

夜空を見上げていると，ときどき音もなく流れる光に気づく．あたかも星が流れて消えるように見えるので，流れ星，あるいは流星と呼ばれる．実際には，通常の天体とは異なり，地球大気中の物理現象である．比較的小さな塵粒が，地球大気に高速（対地速度が秒速約 70 km から 10 km 程度）で飛び込み，おもに衝撃波加熱によって，蒸発したプラズマが発光している現象である．通常の流星の場合，塵粒の大きさは，せいぜいセンチメートルサイズ以下で，ほとんどは流星現象の結果，蒸発してしまう．サイズが大きいほど，また対地速度が高速であるほど，つまり運動エネルギーが大きいほど流星としては明るくなる．一般に，望遠鏡でないと観測できないような暗い流星ほど数は多く，明るく輝く流星ほど頻度は少ない．

流星のうちでも，きわめて明るいものを，しばしば「火球」と呼ぶことがある．英語では流星は「meteor」だが，火球は「fireball」と区別されている．絶対等級（100 km 離れたところから見たときの明るさ）マイナス 4 等より明るいものを火球と呼ぶ．

流星の発光高度は一般に地上高度約 120 km，消滅点は 80 km 程度である．ただ，これは個々の流星の明るさ，すなわち運動エネルギーに依存している．突入速度が速ければ速いほど，高度は高くなる傾向に，また流星の突入角度が浅ければ浅いほど，高くなる傾向にもある．火球のような明るい流星の場合は，もっと低高度まで流星現象が続くことがあり，隕石落下を伴うような場合は，飛行中に発生した衝撃波が音波として地上に到達することもある．2013 年 2 月 15 日に

図 5.18 2001 年に出現したしし座流星群．多数の流星が放射点から流れ出るように見えるのがわかる（和歌山・津村光則氏撮影）．

ロシアに落下したチェリャビンスク隕石の例では，衝撃波でガラスが割れるなどして，1500 名以上の人が怪我をした．

流星のもとになっているプラズマとなった高温のガスの雲からは，輝線が放射されている．速度によっても異なるが，おもにカルシウム，ナトリウム，ケイ素，マグネシウム，鉄，あるいは大気中の窒素などの分子からの輝線スペクトルが見られる．流星を肉眼で観察すると色がついて見えることがあるが，こういった何種類かの物質が発する輝線の組み合わせで，さまざまな色に見える．一般に遅い流星だとオレンジ色が強く，速度が速い流星になると，青白くなる傾向がある．これらは，早い流星になるとカルシウムの輝線が強くなったりすることで説明される．

流星が出現したとき，その後に煙のようなものを残すことがある．これを一般に「流星痕」と呼ぶ．多くの場合，痕はできてからほんの数秒，あるいはそれ以下で消える．流星が痕を生成しながら流れていっても，できるそばから消失してしまうので，あたかも流星が短い尾を持って流れているように見える．これが尾を引いて見える理由で，この短い尾を「短痕」と呼ぶこともある．まれに，明るい流星にともなう流星痕が数分から数十分も残って，光り続ける場合がある．このようなものを特別に「永続痕」と呼ぶ．永続痕が，たとえ肉眼で見えなくなっても，その付近を撮影し続けると，写真にはしっかり写っていることもある．実は，この永続痕が光り続けるメカニズムは完全に解明されてはいない．高層大気との相互作用で光っていると考えられ，永続痕の形状が時間変化するのを観察することで，超高層にある大気の風の状態を知ることができる．

ところで，上空で光り輝き，最後には融けきってしまった塵粒の物質からは，そのスペクトルから金属元素が溶融しているのがわかる．高温になった金属原子は，温度が下がるにつれて，集まって丸く再凝結しながら，冷えておもに直径 0.1 ミリ以下の固体の球粒となり，次第に大気中を降下し，地上に達する．これを流星塵または宇宙塵と呼ぶ．鉄を主成分とする鉄質球粒が多いものの，なかにはケイ酸質のものや，全体が無色透明な美しいガラス質の球粒もある．これらは，一度高温で溶融した形跡があることや，成分比などから地球外起源であることがわかる．過去に堆積した流星塵が海底などから採取され，深海底球粒 DSS（deep sea spherules）とも呼ばれる．地上で見つかるものと基本的には同じだが，現在では工場などの煙突や車の排気ガスなどにも同様の球粒の物質が排出され，本格的な分析なしでは宇宙起源かどうかわからなくなってしまっている．

ところで，流星現象は木星（3 章参照）や火星でも観測されており，現在観測される彗星の軌道から，火星や金星での流星群の予測などもされるようになりつつある．また，月への流星体の衝突による発光も，しし座流星群やペルセウス座流星群で観測されている．

5.4.2　流星の観測

流星の観測は，個々の出現が予測できない本質的な困難がある．観測方法としては，肉眼による眼視観測，多地点の可視光撮像やビデオ観測による三角測量の原理を使ったものが主流である．写真の時代には，流星の軌道は精度よく求められても，精度が低い速度情報が多く，かつては，カメラの前に羽根状のシャッターを回転させ，流星の軌跡を点状にして速度を求めるなどの工夫をしていたが，現在は高感度 CCD やビデオカメラを利用することが多い．また，コンピュータも利用し，自動観測によって流星出現を自動識別し，その部分だけ記録する自動観測も数多くのアマチュアが行いつつある．

ところで，流星の飛跡はプラズマなので，永続痕でなくても，直後であればある程度の電子密度があるために，短時間，電波を反射する．これを利用して，観測するのが電波観測である（これを利用して，通信を行う流星バースト通信という手法もある）．

流星の場合，通常，反射して返ってくる電波をエコーと呼ぶ．これは流星の経路上に残った電子雲からの反射である．流星本体のまわりにできるプラズマ雲からの反射波も高度なテクニックを用いれば受けることができ，ヘッド・エコーと呼んで区別している．電波では，レーダー観測などによって軌道と速度を求める方法もあるが，反射電波の到達時間差と干渉を用いた方法や，最近では多地点での受信時刻の差から求める方法などが実用化されている．

いずれにしろ，対地軌道が決まれば，それを太陽系空間の軌道に引き直して，元の軌道を求めることができる．一般に，彗星起源の離心率の大きな軌道が多いため，出現時刻，すなわち地球と出会った時刻だけで決まってしまう軌道の角度要素（昇交点黄経など）に比べれば，軌道長半径や離心率の誤差は大きい．散在流星（5.4.3 節参照）の中には，軌道が放物線あるいは双曲線とされるものがあり，太陽系外起源といわれているが，レーダーでも可視光でも誤差が大きな推定量なので，その存在の真偽については議論が続いている．

散在流星の中に，本当に銀河系空間に漂っていた塵粒があるのかもしれないし，あるいは放物線軌道に近い長い周期を持つ彗星から生成した流星体が，なんらかの理由で軌道を少しだけ変えたために双曲線軌道の流星として観測されているのかもしれない．いずれにしろ，太陽系外からの流星が存在するかどうかについては，まだ完全に解決したわけではない．

地球に飛び込んで流星となるようなサイズの塵粒の空間密度はきわめて低く，探査機や人工衛星では観測不可能である．したがって，地球大気や月を壮大な検出器として利用し，流星として捉える観測は，惑星間空間塵の起源を考える上でも今後も大事であろう．

5.4.3 流星群

流星は，毎夜ほとんどコンスタントに出現するが，しばしば特定の日時に数が急激に増える．これを流星群と呼び，これに属する流星を群流星，ランダムに出現するものを散在流星と呼ぶ．流星群は，同じ母親から生まれた流星体の群れである．母親は彗星である場合が多いが，ふたご座流星群のように小惑星状のこともある．ほぼ同じ軌道を運動しているため，地球に突入する群流星は，天球上である1点から放射状に流れるように見える．これを天文学では「放射点」あるいは「輻射点」と呼ぶ．流星群は流星雨と，しばしば混同して用いられており，厳密な区別はない．流星群に属する流星の出現数は，さまざまである．流星数がそれほど多くないときには小流星群といったりすることがある．数が極端に多い場合，たとえば，しし座の流星雨が大出現するような場合には，単なる流星雨ではなく，大流星雨とか「流星嵐」という言い方もある．

流星群は，一般に放射点がある近くの恒星名をもとに，XX座XX流星群という呼称を用いる．しばしば星の名前が省略される場合もある．かつては，名称に母彗星の名前を使う場合もあったが，国際天文学連合で名称は標準化され，現在では彗星の名前は使わないことになった．これに伴い，和名も統一されている．

流星群の活動度や流星の数の多少を表すのに，しばしば用いられるのが，1時間当たりの流星数（Hourly Rate（HR））である．これは眼視観測時代の名残で，10分間に5個の流星を数えたら，1時間当たりにすると30個に相当するので，HR30と表す．HRとともに，放射点が天頂にあると仮定した天頂修正1時間当たり流星数という意味のZHR（Zenithal Hourly Rate）も用いられる．HRだけの比較だと月明かりや天候状況，視野の広さ，それに注目する流星群の放射点の高度など，観測条件の差がもろに影響するからである．たとえば，3等星しか見えない空のもとで流星を観測するのと6等星まで見える空のもとで数えた流星数はまったく違ってくるし，放射点の高度が低ければ低いほど，その観測している視野に飛び込んでくる流星の数は減ってしまう．こういったさまざまな要素を，ある程度の経験則をもとに修正して比較できるようにしたものだが，いろいろな流儀があるので，世界共通の修正法というのはない．

流星群には，毎年コンスタントにほぼ同じ出現数を見せる定常群と，母親の彗星の回帰に伴って出現数が大幅に増加する周期群とがある．ペルセウス座流星群

表 5.2 おもな流星群.

名称	出現期間	極大	放射点 赤経（°）	 赤緯（°）	母天体
しぶんぎ	12 月 28 日– 1 月 12 日	1 月 4 日	230	49	不明
みずがめ η	4 月 19 日– 5 月 28 日	5 月 6 日	338	−1	ハレー彗星
ペルセウス	7 月 17 日– 8 月 24 日	8 月 13 日	48	58	スイフト・タットル彗星
10 月りゅう	10 月 6–10 日	10 月 8 日	262	54	ジャコビニ・ジンナー彗星
オリオン	10 月 2 日– 11 月 7 日	10 月 21 日	95	16	ハレー彗星
しし	11 月 6–30 日	11 月 18 日	152	22	テンペル・タットル彗星
ふたご	12 月 4–20 日	12 月 14 日	112	33	小惑星ファエトン

出典：『理科年表』, 2021.

やふたご座流星群は前者，ジャコビニ流星群やしし座流星群は後者である．また，かつては見られたのだが，現在はそれほど観測されなくなってしまったものを衰退群と呼ぶこともある．

群の帰属判定は個々の流星の軌道がはっきりわかる場合にのみ可能である．ところで，流星は昼夜に関係なく地球に飛び込んでくるが，ある流星群の放射点が太陽の方向にある場合，夜間にその流星群に属する流星を眺めることはできない．こういった昼の流星群の存在は，1950 年代のレーダー観測によって発見された．これらの昼の流星群を「昼間群」あるいは「昼間流星群」と呼んで，区別することもある．

流星群そのものを宇宙空間で捉えることは難しいが，彗星軌道に沿って，流星体に相当する塵粒が赤外線や可視光で観測されることがあり，これをダスト・トレイルと呼ぶ（5.4.4 節参照）．ただ，実際のトレイルは，さらに細いトレイルの集合体であるが，地上からの観測では，細いトレイル一つ一つを分離して見ることはできない．

5.4.4 流星群の形成と進化：流星体の軌道上での拡散

彗星から放出された流星体は，見かけ上は，母親の彗星核とほとんど同じような運動をしつつ，初期の放出速度や太陽放射圧などの影響で，ゆっくりと核から離れ，次第に軌道上で，核の前後に長く伸びるダスト・トレイルを形成する．回帰ごとに彗星の軌道は，わずかに異なるので，回帰ごとのダスト・トレイルは，通常は異なる空間分布を持つ．以前は，彗星軌道そのものを中心に流星物質が集中していると考えていたのだが，20 世紀末から 21 世紀にかけてのしし座流星群の観測から，実際には回帰ごとの細いダスト・トレイルの集合体であり，それぞれを計算すると，実際の流星群の出現をよく再現できることがわかった．これをダスト・トレイル理論と呼ぶ．古い理論と新しいダスト・トレイル理論の概念の比較を図 5.19 に示す．

母親が特定されていれば，このダスト・トレイル理論を用いて，流星群の正確な出現予測や観測の再現を行うことができるようになり，物理観測などが行いやすくなったことは，近年の流星天文学の革新的な進歩である．

ところで，こうした細いトレイルがバラバラに存在しており，母親の回帰とともに大出現を起こしたりする状態が周期群の状態である．これらのトレイルは周回を重ねるごとに，惑星の摂動やさまざまな力を受けて，拡散していき，次第に個々のトレイルを区別することができなくなる．幅の広い（つまり出現期間もある程度長い）流星群となり，これが定常群となっていると考えられる．つまり，流星群は初期は周期群として始まり，次第に定常群へと進化し，母親である彗星が枯渇したり，雲散霧消したりして供給も止まったり，地球軌道と交差しなくなるなどの理由で衰退群へと進化していくと考えられる．流星群に属する流星体は，今まで述べたような末路を辿った末に，拡散しすぎて，いずれは流星群と認識できない状況になり，最終的には惑星間を漂う一匹狼の塵粒になる．そういったものが地球大気に飛び込んで，「散在流星」となる．逆に言えば，散在流星の大部分は，もともとはどこかの流星群に属していたものが，長い年月の間に帰属不明になったものと考えられる．したがって，ほとんどは太陽系の中で彗星から（ごく一部は小惑星から）生まれたものである．

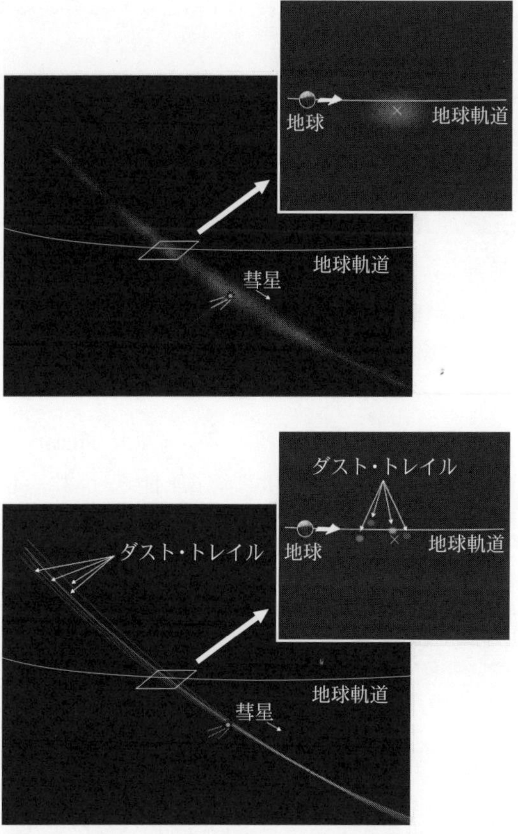

図 5.19 これまでの理論（上図）とダスト・トレイル理論（下図）の概念の比較．それぞれのパネルの右上には黄道面における地球軌道と流星の塵の交差状況を示す．

5.5 太陽系外縁天体

ローウェル天文台のトンボー（C. Tombaugh）は，口径 33 cm の望遠鏡を用いて 1930 年 1 月 21 日，23 日，29 日に撮像した写真乾板から，冥王星[*6]を発見した．直径 2377 km の冥王星の離心率 0.249 と軌道傾斜角 17.1 度は，これまでの惑星に比べると共に大きい．また，近日点は海王星の軌道の内側に入ることか

[*6] 第 1 巻 4.2.2 節にあるように，冥王星は新しいグループ準惑星（dwarf planet）になった．

ら，海王星と冥王星の軌道を黄道面に投影すると交わっているように見えるが，実際の三次元的な軌道では交差はしていない．

冥王星と海王星との間には，複数の力学的メカニズムによって衝突が回避されている．2：3 の平均運動共鳴により，冥王星が 2 回公転する間に海王星が 3 回公転するため，両者はいつも決まったタイミングですれ違い，互いには近づかない．また，摂動により回転する近日点の方向（近日点引数）が，冥王星の場合は 90 度のまわりを振動し，軌道同士が接近しないような仕組み（永年共鳴という）も備わる．さらに，冥王星と海王星の昇降点と海王星の軌道面に対する冥王星の軌道傾斜角の間にも，接近・衝突を回避するメカニズム（これも永年共鳴）が存在する．

冥王星の衛星カロン（Charon）は，クリスティ（J. Christy）によって発見された．カロンの自転周期と公転周期は共に約 6.4 日で，常に同じ面をお互いに向けている．また，カロンの半径約 604km と大きく，冥王星とカロンの関係は衛星というよりバイナリー天体（連星）に近い．

一方，ウィーバー（H. Weaver）らは 2005 年にニックス（Nix）とヒュドラ（Hydra），ショーウォーター（M. Showalte）らは 2011 年にケルベロス（Kerberos），2012 年にステュクス（Styx）の新衛星を発見した．4 つの衛星の半径は数十 km とカロンに比べて非常に小さく，カロンよりも遠方を公転している．

アメリカ NASA は，可視光カメラをはじめ，赤外線や紫外線の撮像分光器などを搭載したニュー・ホライズンズ探査機を 2006 年 1 月に冥王星へ向けて打ち上げた．探査機は 2015 年 7 月に冥王星と 5 つの衛星の近傍を通過した．地上の望遠鏡やハッブル宇宙望遠鏡などによる近赤外線域の反射スペクトルから，冥王星はメタン（CH_4）の氷をはじめ，窒素の氷（N_2）や一酸化炭素（CO）の氷で覆われ，表面の色の分布には地域差があると考えられてきた．探査機が写しだした冥王星の写真（図 5.20（左））には，その様子が見事に捉えられている．

富士山ほどの高さの氷の山々が見られる地域もある一方，白いハート型のスプートニク平原は窒素や一酸化炭素，メタンの氷からなる平地である．クレーターや山脈が見られず，いまも氷の移動による地質活動が続いていることが示唆される．火山活動を行っていたと思われる地形も見つかり，内部には熱源が保持

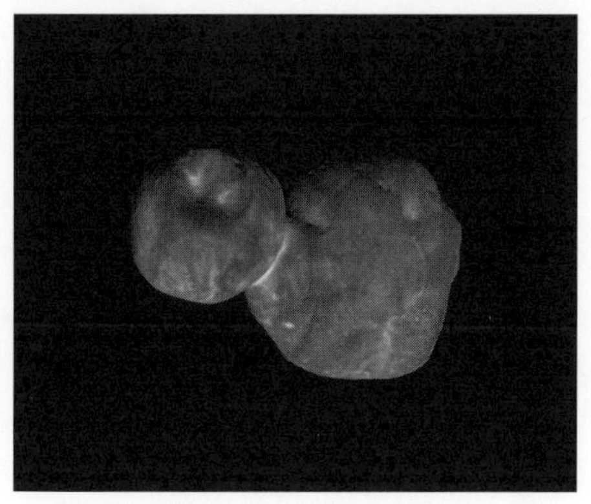

図 5.20 （左図）ニュー・ホライズンズ探査機による冥王星．白いハート型の地域はスプートニク平原と呼ばれクレーターや山脈などの構造が見られない．（右図）ニュー・ホライズンズ探査機による TNO のアロコスの姿．最も長いところは約 36 km．

されていると考えられる．冥王星通過後に振り返って撮影した写真には，冥王星の大気とその中に靄が見つかった．

コワル（C. Kowal）は写真乾板を用いた観測から，1977 年 10 月に特異小惑星キロン（2060 Chiron）を発見した．当時知られていた小惑星とは異なり，キロンの軌道は土星から天王星の軌道にまたがる．1989 年になると塵のコマが観測され，彗星の特徴を示した．大きさは 80 km 近い．

スコッティ（J.V. Scotti）によって 1992 年に発見されたフォーラス（5145 Pholus）は，近日点が土星軌道の内側，遠日点は海王星軌道を越えたところにある．大きさは 140 km ほどあり，彗星活動の兆候は見られない．

キロンやフォーラスのような惑星軌道を横切る天体をケンタウルス族（Centaur）と呼び，これまでに約 270 天体が発見された．ケンタウルス族は，太陽系外縁部に広がる小天体（後述の TNO）の力学的散乱や互いの衝突によって，太陽系内部に軌道が進化した天体と考えられている．

ケンタウルス族の可視光域や近赤外線域の反射スペクトル観測と測光観測より，キロンのスペクトルに特徴は見られないが，フォーラスは太陽系内で最も赤っぽい色をしていることがわかった．彗星活動を示すキロンの表面はつねに更新されている状態である一方，フォーラスは同じ表面が長い間，宇宙線に被曝したため赤くなったと考えられている．その他のケンタウルス族も，赤っぽい色をしている傾向が見られ，同様なメカニズムが働いていることが示唆される．

1950年前後になると，エッジワース（K. Edgeworth）とカイパー（G. Kuiper）は「惑星になりきれなかった氷の小天体が海王星の外側にベルト状に分布，太陽系内部に入り込み彗星になる」と同じようなアイデアを独立に発表した．

カイパーが先に出版されたエッジワースの論文を引用しなかったため，太陽系外縁部に広がる小天体をカイパーベルト天体（Kuiper Belt Object; KBO）ということがある．一方で，歴史的な列記のエッジワース–カイパーベルト天体（Edgeworth-Kuiper Belt Object; EKBO）と書き，2006年8月以降は太陽系外縁天体（Trans-Neptunian Object; TNO, 単に外縁天体とも）と呼ぶ．現在では，原始惑星系円盤内で誕生した微惑星の生き残りがTNOであると考えられている．

マウナケア山頂のハワイ大学2.2メートル望遠鏡でTNO探査をしていたジューイット（D. Jewitt）とルー（J. Luu）は，1992年8月30日に恒星に対し1時間に約2.8秒角の速さで移動する，最初のTNOの1992 QB1を発見し，2018年1月にアルビオン（Albion）と名付けられた．アルビオンの軌道要素は，軌道長半径44天文単位，離心率0.07, 軌道傾斜角2.2度で，反射率を彗星の核と同じ4%と仮定すると大きさは約200 kmになる．

1992 QB1が発見されると，世界各国でTNOの探査が盛んに行われるようになった．2020年5月現在，約3400個のTNOが見つかり，そのうち約2割に相当する680個あまりの軌道が確定している．TNOの全体は，地球質量の0.1倍に満たない程度と考えられる．発見されたTNOの軌道長半径に対する離心率を図5.21に描いた．冥王星と同じ，海王星と2：3平均運動共鳴には多数のTNOが存在する一方，1：2, 3：4, 3：5, 4：5, 4：7の各平均運動共鳴にもいくつかのTNOが見つかっていることがわかる．

力学的な特徴によって，TNOはいくつかのタイプに分類される．海王星と平均運動共鳴にあるものが共鳴（レゾナント，Resonant）TNOで，特にプルチーノ（Plutino）は冥王星と同じ2：3平均運動共鳴のTNOである．軌道長半径がさらに大きく，離心率，軌道傾斜角がともに大きなTNOは，過去に重力的な散乱によって飛ばされたと考えられることから，散乱（スキャッタード，

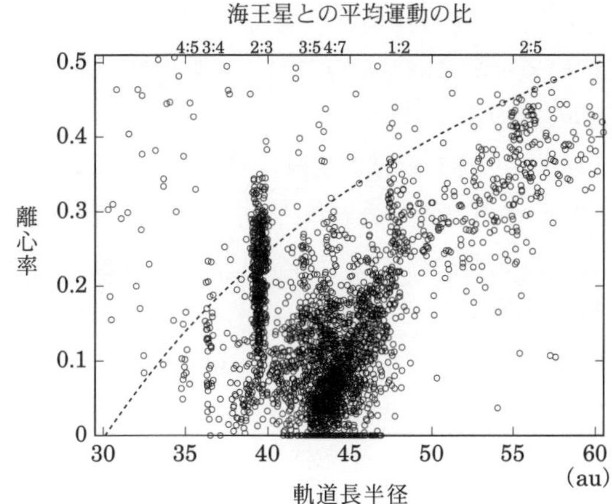

図 **5.21** TNO の軌道長半径と離心率の関係．上部横軸は海王星との平均運動共鳴の位置で，左下から右上に伸びる曲線は各軌道長半径において海王星軌道と近日点が交わる最小の離心率の値を示す．冥王星は軌道長半径 39.5 au，離心率 0.249 で，離心率 0 の天体は軌道決定精度が低いため円軌道を仮定したもの．

Scattered）TNO と呼ばれる．いずれにも属さない小さな離心率と軌道傾斜角を持つものが古典的（Classical）TNO である．

TNO が互いの重力散乱や衝突により，太陽系内部へ軌道進化した天体がケンタウルス族と考えられている．同様に，近日点が太陽に近い軌道になることで，彗星の中でも軌道傾斜角が比較的小さな短周期彗星の木星型になることがコンピュータシミュレーションによって確認されてきた．しかし，発見された TNO，ケンタウルス族，彗星核の大きさの違いは未解決の問題である．

（90377）セドナ（2003 VB12）のように軌道長半径が数百天文単位もあるような散乱 TNO がいくつか見つかっているものの，50 天文単位よりも大きな軌道長半径を持つ古典的 TNO が見つかっていない．TNO を生成した原始惑星系円盤は数百天文単位まで広がっていたとされる一方，現在の観測では 100 天文単位にある数百 km サイズの天体も十分発見できる．TNO 同士の接近や惑星が形成される際の力学的メカニズム，恒星接近などの現象により現在のような構造になったと考えられるが，詳しいことはわかっていない．

TNO の明るさと反射率がわかれば大きさが得られる．彗星核と同じ反射率

(4%) を仮定すると，これまでに見つかった TNO の直径は数百 km といえる．明るい TNO については変光観測が行われ，自転周期が求められ，数時間から 10 数時間程度の値を持つことがわかった．

TNO の可視光域から近赤外線域の反射スペクトルによると，ケンタウルス族と同様に，赤っぽい色の TNO もあれば，スペクトルに特徴がないものもある．一般的に TNO は暗く表面の組成まで特定することは難しいが，明るい TNO では水の氷の存在が確認された．

2020 年までに，衛星を持つ TNO は 60 個ほど発見された．TNO の発見総数が約 3400 であるため割合は 2%程度であり，古典的 TNO では 2 割程度が衛星を持つとの予想もある．冥王星・カロンと同様，両者の大きさの比が小さいことから，衛星というよりはバイナリー TNO と呼ぶ方がふさわしいものも多い．このような TNO の発見は，重要な物理量の一つ，質量を知る唯一の手段でもある．

発見数が増えるにつれ，サイズの大きな TNO も増えてきた．なかでも (136199) エリス (2003 UB313) は冥王星よりも大きいことがわかっている．2006 年 8 月からは，冥王星，エリス，さらに小惑星のセレス（ケレス）が準惑星 (dwaf planet) となった．また，2008 年には TNO のマケマケとハウメアが新たに準惑星に分類された．直径が 1000 km を超えると考えられる TNO はすでに発見されていることから，今後も準惑星は増える可能性もある．

冥王星を通過したニュー・ホライズンズ探査機は，2019 年 1 月に TNO のアロコス (Arrokoth) に接近し，世界で初めて TNO の姿を写し出した（図 5.20 (右)）．最も長い部分が 36 km ほどある赤色をした雪だるまのような形をしており，事前の観測から予想されていた通りの姿であった．二つの天体が非常にゆっくりとした速度で衝突し合体した結果であると考えられている．探査機は太陽系外縁部を飛行し続けており，現在はすばる望遠鏡をはじめとする大型望遠鏡を利用して，将来に接近可能な軌道を持つ TNO のサーベイ観測が行われている．

5.6　惑星間塵

5.6.1　はじめに

地球上において惑星間空間からやってくる塵（惑星間塵）は，19 世紀半ばにイギリスの海洋探査船チャレンジャー号によって発見された．深海底の堆積物か

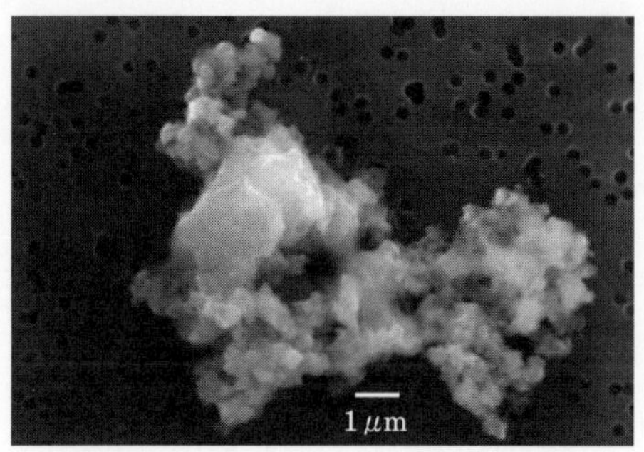

図 **5.22**　上層大気で採取された惑星間塵.

ら採取された球状の微粒子を宇宙からの塵と呼んでいたのである．やがて地球大気上空や極地氷床からも採取されるようになってきた．我々が体験できる最も身近な惑星間塵による現象として「流星」がある（5.4 節）．流星は，惑星間空間に漂っている塵が地球大気に飛び込んで発光する現象である．このような塵の集まりは，「黄道光(こうどうこう)」として私たちの肉眼で見ることができる．

5.6.2　黄道光・黄道放射

よく晴れた春の夕方に太陽が沈んで十分時間が経つのに西の空が淡く光っていることがある．同様の現象は秋の早朝東の空でも見ることができる．この黄道面（地球の軌道平面）に沿った淡い光の帯こそが黄道光であり，その正体は，惑星間空間に漂っている塵によって散乱された太陽光である．黄道光は，黄道面から離れるにつれて，また太陽から離れるにしたがって，どんどん暗くなる．太陽からちょうど正反対になる方向で再び明るくなる．これを対日照と呼ぶ．黄道面付近が明るく見えるのは，塵の個数密度が高くなっているからだ．太陽に近づくにつれて明るく見えるのは，塵の個数密度が増えることと，塵による光散乱の効率が前方散乱でより強くなるからである．また反太陽方向で明るくなるのは塵による光散乱の効率が後方散乱でわずかに強められていることによる．赤外線波長域において惑星間塵は，塵自体が発する熱放射として観測される．このような黄道光は散乱光と区別するために「黄道放射(こうどうほうしゃ)」と呼ばれることもある．衛星高度から赤外線波長域で観測すると，夜空は黄道放射が支配的となる．

図 5.23 ハワイ・マウナケアで撮影した明け方の黄道光．望遠鏡群の背景にコーン状にぼんやりと輝いている．

5.6.3 惑星間塵の運動

惑星間塵の運動は，惑星とは異なり太陽の放射圧が重要な役割を果たす．一般に，重力は大きさの3乗に比例するのに対して，太陽放射圧は大きさの2乗に比例する．したがって，重力に対する太陽放射圧の比（β）は大きさの逆数に比例する．つまり小さな塵ほど太陽の放射圧を無視できなくなる．β が大きな $1\,\mu$m 以下の小さな塵は太陽重力によって太陽系に留めることができず短時間のうちに太陽系外に出てしまう．彗星を観測したとき，反太陽方向にたなびく塵雲をよく目にすることがあるが，このような塵の多くは β が 0.1 を超えるものである．

もう一つ塵の力学で重要なのがポインティング–ロバートソン効果である．太陽の放射場中をケプラー運動する塵は，太陽光を光散乱する過程で角運動量を失い太陽に向かって非常にゆっくりとらせん状に落ちていく．特徴的なサイズ（$10\,\mu$m から $100\,\mu$m サイズ）の塵が地球軌道から太陽まで落下するのにかかる時間はおよそ数千年から数十万年，小惑星帯から太陽まで数万年から数百万年かかる．太陽系ができて約46億年経つことから，太陽系形成にかかわった塵は現在の太陽系に存在しないことになる．このことから現在の太陽系に惑星間塵の供給源が存在していることが推測できる．では一体塵はどこからやってくるのだろうか．

5.6.4 小惑星起源塵

木星軌道より内側に現存する惑星間塵は，おもに小惑星と彗星を起源とする．小惑星帯での衝突頻度は，太陽系の他の場所に比べると非常に高い．小天体同士の衝突が惑星間塵を供給していると考えるのは自然なことである．小惑星には族（ファミリー）と呼ばれる，似た軌道要素を持つ小惑星のグループがあることが知られている．この族を発見した日本人天文学者・平山清次の名前にちなんでヒラヤマ・ファミリーと呼ばれることもある．このような族を構成している小惑星は元来 1 個の天体だったものが衝突によって壊れたと考えられている．

小惑星から塵が放出されているという直接的証拠が発見されたのは 1980 年代のことである．赤外線天文衛星 IRAS はヒラヤマ・ファミリーのうちテミス族，コロニス族，エオス族の空間分布に近い塵雲（ダストバンド）を発見した．当時，ダストバンドとヒラヤマ・ファミリーを力学的に関連づけるモデル計算が精力的に行われた．ここでダストバンドに関する大きな論争が生じるようになってきた．ヒラヤマ・ファミリーの推定年齢はポインティング–ロバートソン効果による塵の寿命より十分古いため，族を生成した衝突によってできた塵は現在の太陽系に残ることはできない．現在もなお定常的に衝突が起こっているという説（衝突平衡説）や過去 1 億年以内に壊滅的な衝突が幾度か起こったとする説（衝突非平衡説）が唱えられた．2002 年以降，カリン族やベリタス族のような過去 1 億年以内に激しい衝突によって生成された「新しい族」が発見されるようになってきた．新しい族の空間分布の方がヒラヤマ・ファミリーの空間分布よりもダストバンドの輝度分布を説明しやすい．また地球の深海底に堆積する惑星間塵はベリタス族の衝突直後に増えていることもわかってきた．このことから，最近では衝突非平衡説を推す研究者が多くなってきている．衝突非平衡説に基づいて小惑星を起源とする惑星間塵の量を計算すると，全体のわずか数パーセントにすぎない．このことから，近年は小惑星起源塵の割合は少ないと考える研究者が大半である．

5.6.5 彗星起源塵

彗星はその雄大な塵の尾をたなびかせていることから，惑星間塵の供給源として誰もが思いつくであろう．太陽に近づくにつれて揮発性物質によって加速された塵が，反太陽方向に雄大な姿を現す．ところがこのような小さな塵の多くは，前述のとおり太陽の放射圧によって太陽系外へと吹き飛ばされており，二度と戻ってこない．太陽系に残るか残らないかは，太陽から受ける放射圧と重力との比 β，母天体である彗星の軌道要素，さらには彗星軌道上の放出される位置によって決まる．一般に大きな（すなわち β の小さな）塵ほど惑星間空間に残ることができる．母天体の離心率が大きな長周期彗星は，ダストの放出量が多いものがたくさん存在するが，非常に大きな塵（β がほぼ 0）を除いては太陽系外に出てしまう．したがって短周期彗星から出た塵の方が長周期彗星から出た塵よりも惑星間空間に残りやすい．また近日点付近よりも遠日点付近で放出する方がより小さな塵まで残存することができる．惑星間空間に現存する彗星塵は，比較的大きな粒子に限られていることに注意すべきである．

赤外線天文衛星 IRAS は短周期彗星の軌道に沿って安定に運動しているミリメートルからセンチメートルサイズの塵雲（ダスト・トレイル）を発見した．このような塵雲が地球軌道と交差した場合，毎年決まった季節に流星群を起こす．近年塵の軌道進化に関する研究が向上し，しし座流星群（母彗星はテンペル・タットル彗星）が出現する時刻が高い精度で決定され話題をよんだ（5.4 節）．

ダスト・トレイルは軌道が安定していることから惑星間塵の起源として有力視されている．各々の彗星に対して塵の放出量とサイズ分布を調べれば，惑星間塵のうち彗星起源塵の占める割合を決定することができる．しかしながら観測精度が不十分なため現在のところ精度よく決定することができない．地球上層大気中で採取される塵の多くが空隙の多いふわふわした形状をしていることから，彗星起源塵が惑星間塵に大きく寄与していると主張する研究者も少なくはない．

5.6.6 エッジワース–カイパーベルト起源塵

小惑星や彗星以外にも塵の供給源が考えられる．エッジワース–カイパーベルト天体もその供給源の一つだ．エッジワース–カイパーベルト天体同士の衝突や太陽系に流入してくる星間塵（太陽系外から太陽系内に入ってくる塵で，探査機

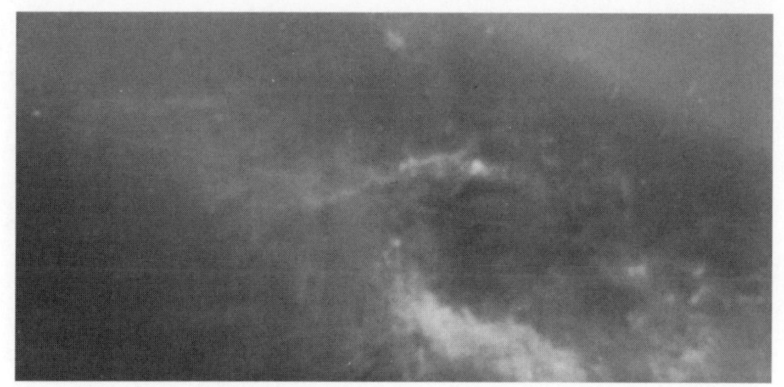

図 5.24 赤外線天文衛星 IRAS が検出したダスト・トレイル．飛行機雲のように彗星軌道にそって細長く伸びている（サイクス（M.V. Sykes）氏提供）．

ユリシーズによってその存在が確認された）との衝突によって塵が放出されると考えられている．近年大型望遠鏡によって太陽系外の星のまわりに塵雲が検出されるようになってきたが，その多くは太陽系でいうところのエッジワース–カイパーベルト領域に相当する．他の惑星系で見つかっていることから我々の太陽系にも存在するのではという期待は膨らむが，このような塵雲を検出しようとした場合，内惑星領域に存在する塵が明るすぎるために現在のところ観測的にその存在は実証されていない．

近年，ニュー・ホライズンズ探査機によって，冥王星やその衛星カロン，エッジワース–カイパーベルト天体アロコス（図 5.20 参照）の鮮明な姿が捕らえられ，これらの天体がこれまでに経験してきた衝突史について詳細な研究が実施されている．それと同時に，この探査機に搭載された塵のその場検出器によってかなりの量のダストが太陽系外縁領域に現存していることも確認されている．

5.6.7 展望

上述のように，近年は惑星間塵の大半は，彗星起源に傾きつつある．ところが，小惑星が衝突とは別の様々な原因で塵を放出している様子が観測されるようになり，小惑星起源塵に関する研究が再考されるようになってきた．

JAXA が 2024 年打ち上げ予定の DESTINY+探査機は，その目的地ファエトンに到着するまでの期間，惑星間塵や星間塵の軌道要素や組成に関する調査を実施する予定である．これらの情報が付加されることによってより確実な起源に関する考察ができるものと期待される．さらにDESTINY+が探査する小惑星ファエトンは，ふたご座流星群の母天体として知られている．この小惑星を精密に観測することによって，なぜ小惑星が過去に塵を放出してダスト・トレイルを形成したのか明らかになることが期待される．惑星間塵の起源に関する研究はまだしばらく続きそうである．

第6章

太陽系の起源

太陽系の起源論の歴史については第1巻4.4節で述べられている．ここでは，太陽系形成に関する現時点での標準シナリオを紹介する．

観測的証拠と理論的考察から，星と惑星はほぼ同時に形成されたと考えられる（第6巻II部）．太陽系もそうであったと考えて良い．太陽系は，その46億年の歴史のうち，最初の1億年以内に基本的な構造が形成されたと考えられる．この形成史の前期の数百万年以内に原始太陽とそれを取り巻くガスの雲である原始惑星系円盤が形成され，その後，円盤に含まれる固体微粒子（ダスト）を原料として惑星集積過程が進行していった．

この前半の段階（原始惑星系円盤の形成まで）については，星形成過程の一般論の一部として，第6巻8章および10章に述べられている．また，近年はアタカマ大型ミリ波サブミリ波干渉計（ALMA）により，惑星形成領域に迫る分解能の観測成果が得られている（6.2節）．いくつかの状況証拠や理論的考察から，太陽もまた，標準的な小質量星の形成過程に従って生まれたと考えられる．ただし，一般の星形成過程では連星系となる確率が高いが，太陽は単独星であることなど，太陽系の独自性にも留意する必要がある．

後半の段階は，観測的な制約は少なく，太陽系に残された痕跡[*1]と重力多体系

[*1] 太陽系の基本的特徴のほか，月面上の衝突地形，始原的隕石の分析や「はやぶさ2」などによる小惑星探査，「ロゼッタ」などによる彗星探査などが重要な情報源となっている．

の素過程に基づいた理論的アプローチによって研究が進められてきた．ただし，この過程の結果として形成される惑星系の多様性については，太陽系外にも多数の惑星（系外惑星）が見つかっており，その質量や軌道長半径，軌道離心率などの分布に関する統計的議論によって，形成理論に強い制約が与えられるようになってきている．系外惑星の特徴とそれを踏まえた比較惑星系形成論については本巻 7 章で述べる．

6.1 太陽系形成論の概観

太陽系の形成過程の概略は第 1 巻 4.4 節で述べた．また，本章の以降の節は，概ね形成過程に沿って記述される．そこで，本節では，太陽系形成の標準シナリオを簡単にまとめ，いくつかの観点でその特徴を概観する．

6.1.1 太陽系形成の標準シナリオ

1970–80 年代にかけて構築された太陽系形成過程の理論的枠組は，その後の隕石研究，太陽系の観測・探査，星形成領域の観測，系外惑星の発見・観測によって修正・拡張されつつ，標準シナリオという形に整理されている．標準シナリオは，既知の物理素過程に準拠した各ステージのモデルを，時系列に沿ってつないだものである．シナリオを構成するモデルの中には，採用された仮定が非現実的であるとか，考慮されていない物理素過程があるとか，観測・分析と矛盾するなど問題点が指摘されているものも多い．しかし，代替提案されたモデルは，当該ステージの記述にはより良くても，全体のシナリオの中にどう整合的に置かれるかは未解決なものが多い．そこで，本章では，全体としての整合性と単純性を重視した標準シナリオをまず示し，個別の問題点を指摘する中で，いくつかのステージについては提案されている別のモデルも紹介する．

まず，太陽系形成の標準シナリオを五つのステージ（a）–（e）に分けてまとめておこう（図 6.1）．各ステージの物理的説明や観測的証拠については，次節以降に記述する．

（a）分子雲コアの収縮による太陽と円盤の形成

希薄で低温の H_2 を主成分とするガス雲の特に濃い部分（分子雲コア）が，自己重力で収縮して，原始太陽が生まれた．より大きな角運動量を持ったガスは直

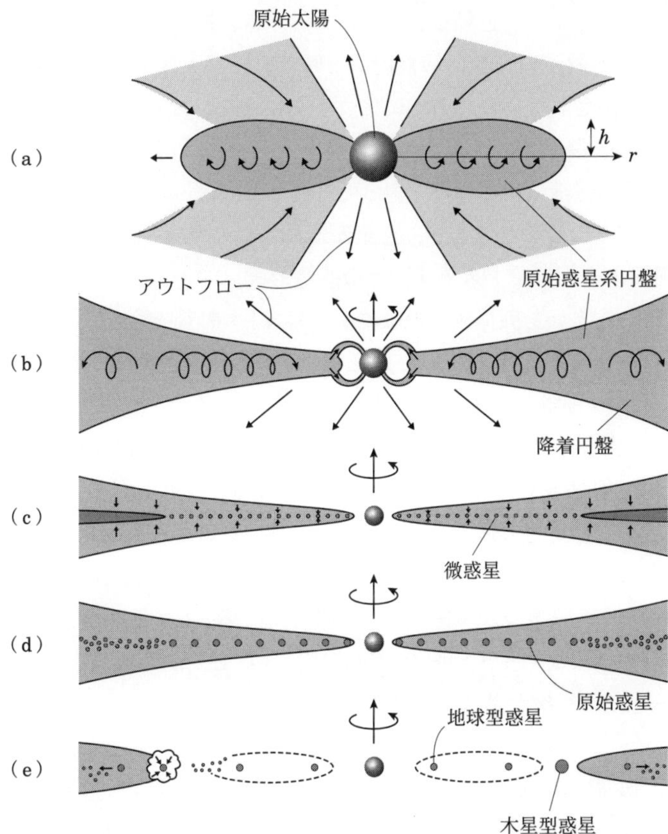

図 6.1　太陽系形成の標準シナリオ：(a) – (e) は本文中の対応するステージの円盤（円盤面に垂直な断面図）である．矢印はガスもしくは惑星の運動方向を示す．

接中心には到達できず，原始太陽を公転するガス円盤を形成した．これを原始惑星系円盤（円盤）という*2．円盤の厚み（正確には中心面から密度が中心の $1/e$ になるところまでの高さ：h）と半径（r）の比（h/r）は小さく，特に太陽に近づくほど小さくなる．

(b) 降着円盤を通じた原始太陽の成長

円盤は，形成初期には，自己重力や磁場により回転運動が不安定化され生じる

*2 慣例的に太陽系のもととなった原始惑星系円盤は（原始）太陽系星雲と呼ばれる．

波動や乱流によって，角運動量を効率よく外向きに運び，質量を原始太陽へと降着させた．この段階の円盤は降着円盤と呼ばれる．太陽および内側の円盤からは，円盤に遮蔽されていない方向にアウトフロー（ジェット状のガスの流れ）が吹き出し，分子雲ガスの降着を停止させた．その後は円盤の質量は次第に減少し，円盤の最外縁部は角運動量を担って外側へと広がった．円盤の質量が太陽の数十分の一程度に減少したとき，惑星が形成可能となった．

(c) 円盤中心面へのダスト沈殿と微惑星形成

円盤に持ち込まれた固体成分の微粒子（ダスト）は衝突合体によって集合体となり，円盤の乱流が弱まると，センチメートルサイズを超えて成長し，円盤の中心面へと沈殿して，ダスト/ガス質量比が高まったダスト層を形成した（6.3節）．ダスト集合体が十分に薄い層まで沈殿できれば，ダスト層の自己重力が強まり，やがて層は多くの塊に分裂する．この塊は半径数 km から数 10 km のサイズを持った自己重力天体であり，微惑星と呼ばれる．一方，ダスト層の沈殿が不十分であると，1 m 前後の半径のダスト集合体は，ガス抵抗の影響を最も受けやすく，らせんを描きながら短時間で太陽方向に落下してしまう．微惑星にいたるには，この危険なサイズの間を一気に成長する必要がある．

(d) 微惑星の衝突合体による原始惑星の形成

微惑星は自己重力によって衝突合体を繰り返し成長していった．このとき微惑星集団は，初期に相対的に重い微惑星が，より早く成長して一層重くなる（暴走成長）．結果として，少数の重い惑星（原始惑星）と多数の軽い惑星という二極分化した質量分布をとる．この少数の原始惑星は，やがて集められる範囲の微惑星を食べ尽くし，各領域ごとに孤立するようになった（寡占的成長）．このときの質量（孤立質量）は地球軌道の領域で $0.1M_\oplus$ 程度（$M_\oplus$ は地球質量），木星領域では $2M_\oplus$ 程度，また成長に要した時間は，約 10^6 年（地球領域）から約 10^7 年*3（木星領域）と理論的に見積もられる（6.3節）．

(e) 円盤ガス降着による木星型惑星の形成とその余波

孤立質量が大きくなる木星領域では，大きな固体惑星が造られ，表面への微惑星集積が少なくなると，周囲のガスは静力学的平衡を保てず，惑星表面へと

*3 これは星形成領域の観測から得られている円盤の平均寿命よりも長く，標準シナリオの問題点とされている．

次々に降着した．ガスは円盤から供給されたが，ガスをまとった惑星の質量が数 $10\,M_\oplus$ を超えると，重力的なはね飛ばし効果で惑星軌道周辺の円盤に溝（ギャップ）をつくる．これによってガス惑星の成長は鈍化して木星型惑星となった（6.4 節）．地球領域では孤立質量が小さいため，ガスは降着せず，岩石が主体の地球型惑星となった．

木星型惑星の形成は，惑星形成の最終段階に大きな影響を与えた．まず，円盤ガスの散逸の誘因となった可能性がある*4．地球型惑星の領域では，更なる集積を誘発し，原始惑星どうしの衝突によって金星と地球が完成した（6.3 節）．一方，より外側の惑星には，微惑星を介して角運動量を渡し，外向きに移動させた．その際に散乱された微惑星が主体となって彗星の巣（オールトの雲，5.3 節）が形成されたらしい．

標準シナリオでは，ステージ（b）の終わりの円盤質量は，現在の惑星（固体コア）がその場で近傍から固体材料を集めて成長したと仮定して復元される（太陽系星雲の最小質量モデル，6.2 節）．ただし，最近の研究ではダストや惑星は円盤ガスとの相互作用で，太陽方向に大きく移動することが指摘されており，太陽系の固体材料が最小質量モデルより数倍程度多かった可能性もある．なお，惑星大気の形成は 6.5 節で述べる．

6.1.2 孤立系としての太陽系

本節の以下では，太陽系の主要な特徴が太陽系形成の標準シナリオとどう関連しているかを考察しよう．まず，太陽系の孤立性を見てみる．

太陽系で最外惑星の海王星の軌道長半径は約 30 au（天文単位）である．一方，太陽に最も近い星（系）であるケンタウルス座 α 星までは 1.3 pc，つまり 2.7×10^5 au である．よって，惑星が存在する領域（惑星領域）の半径は，星間距離の 10^{-4} に過ぎないと言える*5．

どの星も太陽系と同程度の広がりの惑星領域を持つとした場合，太陽系が他の星の惑星系とぶつかるまでの平均（相対）移動距離，すなわち太陽系の平均自由行程 ℓ は

*4 散逸には，他に円盤を貫く磁力線による遠心力風や太陽紫外線による光蒸発の寄与も大きい．

*5 冥王星を含む太陽系外縁天体や彗星の巣は海王星軌道より外側にあるが，その総質量は小さい．

$$\ell \simeq \frac{D^3}{\pi R_{\mathrm{PS}}^2} \tag{6.1}$$

で与えられる．ここで，D は星の平均間隔で太陽近傍ではおよそ 1 pc, R_{PS} は惑星領域の半径でおよそ 30 au とすると，$\ell = 1.5 \times 10^7$ pc となり，太陽が銀河系を約 300 周する距離にあたる．太陽が銀河系を 1 周するのに 2.3 億年かかることと，遭遇する星と星の平均的な相対速度が銀河中心のまわりを回転する速度より小さいことから，宇宙年齢程度では太陽系は他の惑星系と衝突する可能性はほとんどないことがわかる．

つまり太陽系は，形成以降，ほぼ孤立系として進化したと考えられる．ただし，星は分子雲ガスから集団で形成されるため，そのときの星の平均間隔は 0.1 pc 以下になり得る．このため，形成直後の太陽系が同じ星団で生まれた他の星と近接遭遇した可能性はあり，太陽系最外縁部の進化に影響を与えた可能性がある*6．ただし，この場合でも，30 au より内側の惑星領域には，近接遭遇した星の影響はほとんど及ばない．

この太陽系の孤立は，分子雲の分裂による分子雲コアの形成とその収縮に起源を求めることができる．分子雲はさまざまなスケールのものがあるが，密度が高い部分が複雑なフィラメント状に広がり，高密度部分を拡大すると，さらに高密度な部分が点在するというフラクタル的な構造が見られる．若い星の天球上の分布を調べると，0.04 pc までは，分子雲のフラクタル性を反映した分布がみられるが，それより小さいスケールでは平均一つの伴星を持つ連星系を成すことが知られている．一方，ハーシェル宇宙天文台による遠赤外線・サブミリ波の観測で，H_2 数密度が $> 10^4$ 個 cm^{-3} 程度の「星を内部に持たない分子雲コア」（スターレスコア）が多数見つかり，そのサイズはやはり $< 0.1\,\mathrm{pc} = 2 \times 10^4$ au 程度で，力学的平衡状態に近いことがわかった．

これらから，分子雲のフィラメントが分裂して，濃淡のコントラストが磁場に抗して準静的に増幅していき，8×10^3 au 程度になった分子雲コアが動的な収縮に転ずるものと推定される．分子雲コアのガスの総質量は概ね太陽質量程度であ

*6 実際，太陽系外縁天体の分布を調べると，軌道長半径が 50 au を超えるものがほとんど存在しないことや，軌道傾斜角が大きいことから（5.5 節），最接近距離が 100 au 程度の近接遭遇にこれらの分布の特徴の起源を求める研究がある．

るが，その広がりは太陽の直径の 10^6 倍を超える．動的な収縮によって，中心部に最初に形成される星（ファーストコア）の半径は太陽半径よりはずっと大きいが，たかだか 1 au 程度である．よって，分子雲コアが星になる過程で 4 桁近いスケールの収縮が起こることがわかる．実際には次に述べる角運動量の効果によって 100 au スケールの原始惑星系円盤が形成されるが，いずれにせよこの動的収縮によって太陽系は孤立した存在として誕生した．そして，固有運動によって分子雲を離れ，銀河の孤独な旅を続けてきた．

6.1.3 角運動量問題

太陽系を形成するには角運動量の問題が生ずる．系の全角運動量 $\boldsymbol{J}$ は，質量素片 dm の位置 $\boldsymbol{r}$ と速度 $\boldsymbol{v}$ のベクトル積をとり，系全体にわたって積分した $\boldsymbol{J} = \int \boldsymbol{r} \times \boldsymbol{v}\, dm$ で定義される．重力収縮はほぼ自由落下で進行するので，その間に角運動量はほぼ保存されるはずである．しかし，太陽系の全角運動量*7は，分子雲コアが持っていたと推定される角運動量よりはるかに小さい．さらに，太陽系の質量の 99.8% 以上は太陽に集中するが，角運動量の 98% は惑星が担っていることも問題もある．もし，太陽がケプラー速度で自転していれば，あるいは，ほぼ等質量の近接連星であったなら，大部分の角運動量は太陽が担うことになる．しかし，その場合の角運動量も分子雲コアの角運動量と比べればはるかに小さい．よって，形成理論が説明すべきことは，

(1) 分子雲コアの収縮期および円盤の降着期において，角運動量を効率よく外側に運んで中心星に質量を集中させる機構

と，

(2) 降着期間中，原始太陽をケプラー回転より低速の自転状態に保ち，その後さらにスピンダウンさせる機構

である．

角運動量の輸送より収縮が速やかであれば，分子雲コアの角運動量が保存され，遠心力と重力が拮抗する回転平衡状態にあるガス円盤が形成されるはずであ

*7 角運動量 $\boldsymbol{J}$ はベクトル量だが，便宜上その大きさ $|\boldsymbol{J}|$ のことも角運動量と呼ぶ．

り，実際に原始惑星系円盤として観測されている．

ただし，円盤の中心星に対する質量比が約2割を超えると，円盤は自己重力で外側領域において不安定化する．角運動量を効率的に取り除くことができないと，系は分裂して多重連星系となる．太陽は単独星であるので，多重連星系が壊れて単独星となったのでない限り，角運動量が小さな分子雲コアから生まれ，かつ効率よく角運動量が系外に捨てられたはずである．円盤形成期からの効率のよい角運動量輸送メカニズムとして，磁場を介した差動回転に対するブレーキ（磁気制動），磁場を介した円盤からのアウトフロー（円盤風），あるいは自己重力不安定により円盤に生じる密度波などが提案されている．

降着円盤の全域において内から外へ効率よく角運動量を輸送することは，中心星の成長には不可欠である．円盤の単位質量当たりの角運動量（比角運動量：$j = rv_\phi$, r は回転軸からの距離，v_ϕ は回転方向速度）は外側ほど大きいため，たとえば熱対流など純流体力学的機構では角運動量は内向きに輸送される傾向にある．外向きに角運動量が輸送される機構としては，重い円盤では自己重力トルクが，軽い円盤では磁気回転不安定による乱流混合[*8]が有力視されている．ただし，熱電離が少なく（温度が1000 K以下），宇宙線による電離も効かない（単位面積あたりの密度が $10^3\,\mathrm{kg\,m^{-2}}$ 以上）領域（おおよそ，0.1–10 au の円盤のうち，その表層を除いた部分）では乱流は一般に弱いと考えられ，そのような領域での角運動量輸送の機構については諸説があり定かではない．

太陽の形成には，降着円盤を通して質量を供給するだけでは不十分で，さらに角運動量を外に捨てる必要がある．太陽表面に接した降着円盤を経由して質量が供給されると，太陽の自転はケプラー回転に達してしまうが，実際には，そのような高速回転では，自己重力天体は回転楕円体の形状を保てないことが知られているからである．

太陽のスピンダウンには磁場の役割が大きい．一つには太陽磁場が円盤表面とつながることでトルクがやりとりされ，降着の間も太陽の自転速度が小さく抑えられていた可能性がある．円盤中で太陽と回転角速度が等しくなる半径を共回転半径という．共回転半径より内側でつながった磁力線は円盤側で速く回転して太

*8 弱電離した円盤を磁場が貫いていると，通常の円盤がそうであるように回転角速度が外側ほど小さいなら，その回転流は不安定であり，乱れが成長して乱流状態となる．

陽をスピンアップさせ[*9]，外側でつながった磁力線は，逆に太陽をスピンダウンさせる．両者のつりあいにより，自転速度を小さく保ったまま降着が可能になる．さらに開いた磁力線を通して吹き出す太陽風が，降着があると強化され，それも太陽の角運動量を外に捨てることに寄与した．

6.1.4 ガス成分と固体成分

太陽系の惑星の全質量のほとんどは，H, He からなる木星・土星の外層（エンベロープ）が占めている．しかし，他の惑星では，地球型惑星はもちろん，天王星・海王星においても，固体が質量の大部分を占める．さらに，木星・土星でも，重元素（H・He 以外の元素）の割合は太陽大気に比べればずっと高く，中心に固体のコアが存在すると予想されている[*10]．つまり，惑星形成領域では，分子雲から持ち込まれたガス成分は失われ，固体成分が濃縮されたことがわかる．

これらの特徴は，原始惑星が固体集積で形成され，一部が後から周囲の円盤ガスをまとったとする，惑星形成の標準シナリオのコア集積モデルでうまく説明される（6.4 節）．ただし，円盤の重力不安定で，まずガスの塊ができ，その後合体やガスの一部喪失によって木星や土星となったという考え方（円盤不安定モデル）もある．しかし，系外惑星の観測結果は，コア集積モデルを強く支持する．それは重元素に富む星ほど，系外惑星（ガス惑星）を伴っている確率が高くなるという顕著な相関である[*11]．この相関は，ダスト/ガス比が高いほどガス惑星が形成されやすいことを示すため，コア集積モデルでは明白だが，円盤不安定モデルでは説明が難しい．

分子雲ガスには質量比で数% の固体成分が，典型的なサイズが $0.1\,\mu$m 程度のダストとして含まれている．その主成分は，低温では H_2O の氷だが，それが昇華する約 150 K 以上の温度では，ケイ酸塩鉱物および有機物となる．ダストが

[*9] この内側の磁力線に沿ってガスは太陽へと降着する．

[*10] ただし，木星のコアは低密度で，その半径は木星半径の半分程度まで広がっていることが，米国の探査機ジュノーの観測から示唆されている．これは，ガスをまとった原始木星に地球質量の 10 倍程度の原始惑星が正面衝突して，双方の固体コアが破壊され周囲のエンベロープと混合された結果であるとの説が提唱されている．

[*11] 星の大気に惑星が落下することで汚染されたために後から相関が生じたという可能性は，星の対流層の厚さと重元素比が無相関なことからほぼ否定されている．

円盤に持ち込まれて惑星の材料となる．ガスとダストもしくは惑星が共存するとき，両者の間で角運動量の交換が行われ，多くの場合，ダストや惑星は角運動量をガスに与えて太陽に落下してしまう．標準シナリオでは固体成分を太陽に落下させずに惑星系を作れるかが，一つの鍵となる．また，円盤ガスが散逸する前に固体惑星が十分に成長して，エンベロープを獲得できるかがもう一つの鍵となる．

ダストは互いに衝突すると合体して大きくなる．球形ダストの衝突断面積 σ_{d} は半径 R の 2 乗に比例し，空間数密度 n_{d} は R^{-3} に比例するので，(6.1) 式と同様に，衝突から衝突までの平均自由行程 ℓ_{d} を求めることができる：

$$\ell_{\mathrm{d}} = \frac{1}{n_{\mathrm{d}}\sigma_{\mathrm{d}}} = \frac{4\rho_{\mathrm{mat}}R}{3\xi\rho_{\mathrm{g}}}. \tag{6.2}$$

ここで ρ_{mat} はダストの物質密度，ρ_{g} はガス密度，ξ は単位空間体積中のダスト/ガス質量比である．半径 $1\,\mu\mathrm{m}$ のダストの場合，ℓ_{d} は，分子雲コアの典型的な密度では 10^4 au とコア自体のスケールだが，円盤の密度では数百 km となる．つまり，分子雲コアの収縮でダスト密度が上昇し，平均自由行程あるいは平均衝突時間が短くなって，ダストの合体成長が可能になったのである．ダストから惑星への成長過程は，固体成分とガス成分の分離過程とみなせる．

ダストが成長するのは分子間力などによる付着力によるが，それが効くのは，ダスト集合体の半径が 1 mm 程度までである．一方，1 km を超えるサイズの天体は自己重力が結合に寄与する．中間の 1 m 前後のサイズの物体は結合力が最も小さいことになる．

一方，ガス円盤中では，ダスト集合体はガスからの抵抗を受け，中心星へらせんを描いて落下する．これはガスは外向きの圧力勾配を受け，ケプラー回転よりゆっくりと公転するため，ケプラー回転しようとするダスト集合体との間に公転速度差が生じるためである．ダストが小さいと動径方向（太陽方向）の落下にもガス抵抗が働き，落下速度は小さく抑えられるが，メートルサイズでは回転方向の抵抗のみが効いて，動径方向の落下速度が最大となる．さらにサイズが大きくなると回転方向の抵抗も小さくなり，動径方向の落下速度は再び小さくなる．よって，ダストから合体成長によって惑星になるためには，最も成長しにくく，太陽方向に落下しやすい，このメートルサイズを乗りきらなくてはならない．このダスト落下問題については 6.3 節で扱う．

ダストが成長し，自己重力により形状を保つようになった天体が微惑星である．半径が数 km 以上の微惑星に働くガス抵抗は相対的に小さいため，太陽に落下する心配はなくなる．微惑星になると自己重力により周囲の天体を引きつけ合体成長する．ガス抵抗は微惑星の軌道離心率の増大を抑え，成長を加速させるとともに惑星軌道を円に近く保つ．地球型惑星の領域では，おおよそ火星サイズ（$0.1M_{\oplus}$）の原始惑星が十数個できる（6.3 節）．火星質量程度以上になると，惑星は重力によって周囲の円盤中に密度波を生じさせる．これによって原始惑星は軌道角運動量を失うと予想され，再び太陽への落下の危険にさらされる．

惑星質量が $0.01M_{\oplus}$（月質量程度）を超えると，周囲の円盤ガスを重力で引きつけて大気をまとう．木星以遠の領域では，惑星が微惑星を集められる範囲が広がり，氷も材料物質に加わるため，原始惑星（固体コア）の質量が地球質量を超えるようになる．すると周囲の円盤ガスの降り積もりで大気（エンベロープ）の質量が急増して巨大ガス惑星が生じる（6.4 節）．巨大ガス惑星は，周囲のガスを捕獲もしくは重力散乱することで，軌道の周辺に溝をつくる．このような状態になると惑星と円盤の角運動量交換は弱まり，惑星の落下時間は円盤が乱流による角運動量輸送によって降着する時間スケールとなる．木星型惑星の形成に要する時間は理論的には 10^7 年以上となり，特に外側ほど時間がかかる．一方，観測的には 10^7 年以内で円盤ガスは散逸すると推定されており，この時間内に標準シナリオで木星型惑星を作れるかは微妙である（6.3 節）．

太陽への降着や円盤風によって，円盤ガスの量は減少していく．木星の形成がそれより内側の円盤ガス散逸のきっかけとなった可能性がある．ある程度希薄になった円盤ガスの散逸には太陽紫外線による光蒸発が重要とされる．地球型惑星の大気は，円盤ガスを捕獲したものではなく，固体材料物質中に含有されていた H_2O や CO_2 といった揮発成分が，集積後に脱ガスして形成されたと考えられている（6.5 節）．

6.2 原始惑星系円盤

6.2.1 太陽系形成論が予言する最小質量の円盤モデル

古典的な太陽系形成論では，惑星形成過程の初期条件として，軸対称で円盤状の太陽系星雲の存在を仮定する．その代表である最小質量の円盤モデル（林モデル）は，現在の太陽系の姿から復元する形で，次のように構築された．まず，現存する惑星に含まれる固体成分を砕き，その質量を動径方向に滑らかに分布させる．その際，氷雪限界線（snow line）より外側では，氷としての水（H_2O）を固体成分に加える．一方ガス成分は，ガス・ダスト質量比（g/d）が太陽系元素存在度*12から期待される値（g/d≈ 100）と一致するように加える．このように林モデルでは，惑星は動径方向に移動することなく周辺の円盤材料物質をすべて取り込むことで形成されるという枠組みが，暗黙のうちに想定されている．

林モデルの諸量を，太陽を原点とする円筒座標系の r 成分の関数として具体的に示す．まず温度の動径分布を，太陽光度 $1L_\odot$ の光源周囲にある黒体の放射平衡温度を参考に，

$$T^{\mathrm{H}}(r) = 280\left(\frac{r}{1\ \mathrm{au}}\right)^{-1/2}\ \mathrm{K} \tag{6.3}$$

とおく．すると水の昇華温度の標準値 170 K から，氷雪限界線の位置が $r_{\mathrm{snow}} = 2.7\,\mathrm{au}$ と決まる．次に，円盤の内径（r_{in}）と外径（r_{out}）の間の物質動径分布を，円盤赤道面と垂直方向に積分した面密度として与える．固体成分とガス成分，どちらの面密度も，基本的には $r^{-3/2}$ に比例させるが，固体成分には水氷の有無を反映させた段差を r_{snow} でつけ，

$$\Sigma_{\mathrm{d}}^{\mathrm{H}}(r) = \begin{cases} 71\left(\dfrac{r}{1\ \mathrm{au}}\right)^{-3/2}\quad \mathrm{kg\,m^{-2}} & (r_{\mathrm{in}} \leqq r \leqq r_{\mathrm{snow}}) \\ 300\left(\dfrac{r}{1\ \mathrm{au}}\right)^{-3/2}\quad \mathrm{kg\,m^{-2}} & (r_{\mathrm{snow}} \leqq r \leqq r_{\mathrm{out}}) \end{cases} \tag{6.4}$$

$$\Sigma_{\mathrm{g}}^{\mathrm{H}}(r) = 1.7 \times 10^4\left(\frac{r}{1\ \mathrm{au}}\right)^{-3/2} \mathrm{kg\,m^{-2}} \quad (r_{\mathrm{in}} \leqq r \leqq r_{\mathrm{out}}) \tag{6.5}$$

とする．林モデルでは，現在の惑星の存在範囲と概ね一致するように $r_{\mathrm{in}} = 0.35\,\mathrm{au}$，$r_{\mathrm{out}} = 36\,\mathrm{au}$ としていた．この範囲での円盤総質量 M_{disk} は，次のように計算される．

$$M_{\mathrm{disk}} = \int_{r_{\mathrm{in}}}^{r_{\mathrm{out}}} (\Sigma_{\mathrm{d}}^{\mathrm{H}} + \Sigma_{\mathrm{g}}^{\mathrm{H}}) 2\pi r dr = 0.013\ M_\odot. \tag{6.6}$$

さらにガス円盤の鉛直方向の構造も，力学平衡の式を解くことにより与えられる．ガスの温度が鉛直方向に一定で式（6.3）であるとし，かつ太陽重力の鉛直

*12 太陽大気や隕石の分析等から求められている太陽系での平均元素組成．

成分とつりあう静水圧平衡にあったと仮定すると，ガス密度が中心面の $1/e$ 倍となる高さ h は

$$h(r) = 0.047 \left(\frac{r}{1\ \mathrm{au}}\right)^{5/4}\ \mathrm{au} \tag{6.7}$$

となる．円盤は幾何学的に薄い（$h \ll r$）とわかるが，これはガスの（乱流成分を含む）実効的音速が公転の回転速度に比べて十分小さい場合に実現する．また，円盤のアスペクト比 h/r は温度分布に依存し，式（6.3）の場合は $h/r \propto r^{1/4}$ と，r に関する増加関数となる．このような形状は「フレア形状」とも呼ばれる．

以上のモデルが，惑星形成過程の大枠を把握しやすいように単純化されたものである点には，注意が必要である．実際，惑星が移動なしに円盤質量を全て取り込み形成されるという想定は，必ずしも現実的とは言えない．また，この円盤モデルは現在の太陽系からの復元物であるため，そのままでは一般的な惑星系形成に適用できないことも明らかである．円盤は中心星とともに形成されるため，より一般的な惑星形成に対する初期条件は，星形成過程の枠組みの中で統合的に決定される必要がある．つまり，これらの課題の克服には，実際に観測できる若い星に付随する円盤の性質を調べることが不可欠なのである．

6.2.2 星形成過程の中で観測される原始惑星系円盤

星間分子雲中の若い星（YSO）

主系列星より前の進化段階にある若い星々を総称して，Young stellar objects（YSOs）と呼ぶ．この YSO に付随する星周円盤が，原始惑星系円盤である．天文観測によって原始惑星系円盤の存在が初めて確認されたのは 1980 年代である．6.2.1 節で紹介した太陽系星雲を想わせる構造を示す上に，系外惑星が 1995 年の初検出を皮切りに多数発見されていることから，現在ではこれらの円盤が惑星の母胎に違いないと信じられている．

惑星形成は普遍的な物理・化学の法則によって駆動されているはずであるから，「若い太陽」に相当する近傍宇宙の YSO を系統的に調べることにより，惑星形成過程の本質的理解が得られるはずであるとの期待を抱くのは自然であろう．これまでの電波・赤外線望遠鏡の活躍により，太陽のような恒星は，その原材料物質である（分子）ガスやダストが豊富に存在する星間分子雲で形成される

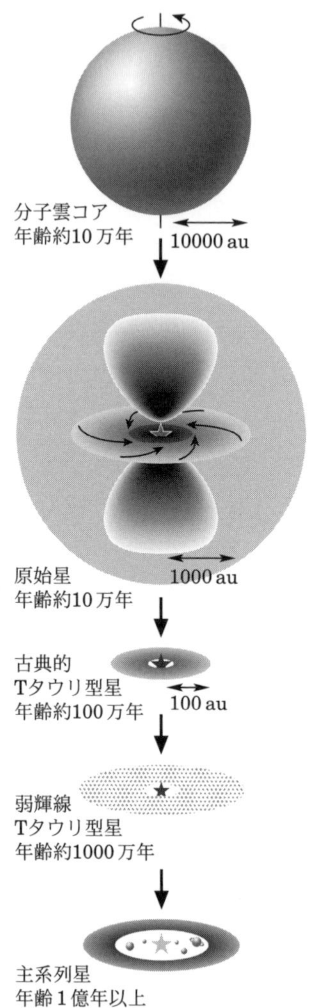

図 6.2 太陽と同程度の質量を持つ単独星の場合の形成シナリオ．分子雲コア，原始星，古典的 T タウリ型星以降でそれぞれスケールが異なることに注意.

ことが明らかになった（第6巻II部を参照）．太陽と同程度かそれ以下の質量をもつ恒星（主系列星）は，分子雲コア ⇒ 原始星 ⇒ 古典的Tタウリ型星 ⇒ 弱輝線Tタウリ型星，という段階を経て形成される（図6.2）．これらYSO各進化段階における原始惑星系円盤の平均的性質やそこからのばらつきを明らかにすることが，太陽系を初めとする惑星系の起源の理解へと繋がる．

原始惑星系円盤の観測手段

原始惑星系円盤は，中心星のごく近傍にある内縁部から星間空間へと繋がる外縁部に至るまで，幅広い温度領域を持つ．これを反映して，円盤中のダスト及びガスの熱放射が，紫外線から電波の幅広い波長帯で観測される．ダスト熱放射は，温度 T K で決まる波長 $\lambda_{\rm peak} = (2900/T)\,\mu$m 付近をピークとする連続スペクトルを持つ．また可視光や近赤外線では，円盤表面付近に存在するダストによって中心星放射が散乱された光（散乱光）も観測される（図6.3）．一方ガスは，原子や分子の内部エネルギー状態遷移による熱放射を輝線スペクトルで出す．ガスの空間構造を反映した分布を示すことに加え，ドップラー効果によって作られるスペクトル幅によってガスの運動情報も提供する．

原始惑星系円盤を天文観測の研究対象とする契機を与えたのが，1983年に打ち上げられた赤外線天文衛星IRASである．IRASは波長12–100 μm で初めて全天観測を行い，数10 K から数100 K の円盤ダストからの放射を効率的に捉えた．さらにその後，地上大型望遠鏡による高解像度撮像が可能な電波や可視・近赤外線において，空間分解された円盤画像が得られた．2010年代には大型赤外線望遠鏡に搭載されたコロナグラフ付きカメラや大型電波望遠鏡ALMAが稼働し始め，多くの円盤で詳細な内部構造を捉えている．

ダスト熱放射から得られる情報

様々な円盤放射の中でも，赤外線から電波におけるダスト熱放射はとりわけ重要な手段である．これは，限られた周波数成分しか持たないガス輝線と異なり，連続スペクトルを持つダスト熱放射は広い周波数範囲で積分した検出が可能であり，より高い質量感度や解像度が得られるためである．また，波長が長いほど円盤やYSOを取り巻く星周物質の減光量が低下し，中心を見通すことができるようになる点も重要である．そこで，赤外線より長波長側でのダスト熱放射から，

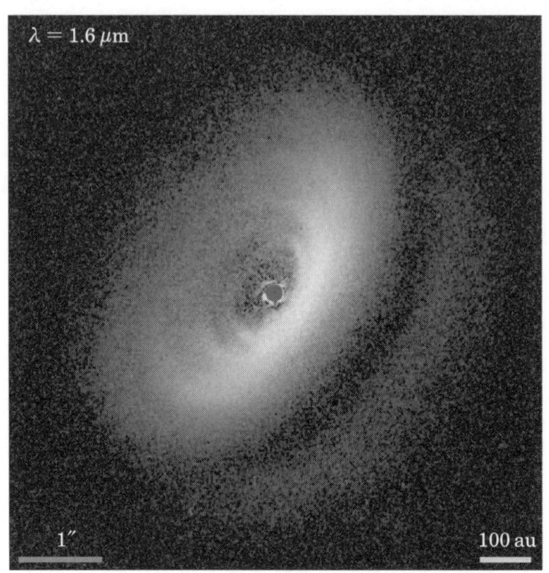

図 6.3　おおかみ座 IM 星（IM Lup）の円盤画像の同一スケールでの比較．VLT によって得られた波長 1.6 μm の近赤外線散乱光画像（左）と，ALMA によって得られた波長 1.25 mm のミリ波ダスト熱放射画像（右）．左図の散乱光は，ガス抵抗の影響を強く受けガスとよく結合した小サイズダストの分布を反映し，フレアした厚みのある形状が認識できる．中心星の光が届かない赤道面付近は暗い帯状である．一方，右図のミリ波連続波は，ダスト面密度や温度が高い領域ほど明るい．ダスト質量の大部分が赤道面に集中しているため，幾何学的に薄く，その中にある渦状腕状の微細構造も認識できる．また散乱光と比べて半径が小さく，多くのダスト粒子が動径移動していることも示唆される（Avenhaus *et al.* 2020, *ApJ*, 863, 44; Andrews *et al.* 2018, *ApJ*, 869, L41）．

円盤情報がどう導出されるかの概略を説明しよう．

簡単のため，一様温度 T，面密度 $\Sigma_{\rm d}$ のダスト層を正面から観測したときに捉えられる熱放射を考える．周波数 ν における空間分解した観測では，ダストの放射強度[*13]

$$I_\nu = [1 - \exp(-\tau_\nu)]\, B_\nu(T) \tag{6.8}$$

が得られる．ただし $B_\nu(T)$ は放射強度で表したプランク関数である．また，τ_ν は光学的厚みと呼ばれる不透明度を表す量で，ν におけるダスト単位質量あたりの吸収断面積 κ_ν を用いて，$\tau_\nu = \kappa_\nu \Sigma_{\rm d}$ とかける．$\tau_\nu \gg 1$，すなわちダスト層が不透明な場合は，式（6.8）は $I_\nu \approx B_\nu(T)$ となり，放射強度は温度のみで決まる．一方 $\tau_\nu \ll 1$ の場合，式（6.8）は

$$I_\nu \approx \tau_\nu B_\nu(T) = \kappa_\nu \Sigma_{\rm d} B_\nu(T) \tag{6.9}$$

となり，ダスト層全体の放射効率（$\kappa_\nu \Sigma_{\rm d}$）にも依存する．

星間空間や円盤中での κ_ν はダストのサイズ分布に依存するが，κ_ν は典型的なダストサイズと同程度の波長で最大となる．ミリ波・サブミリ波帯では，大部分のダストのサイズはこの波長より小さいと予想されるため，波長が長くなるほど κ_ν が小さくなる経験式

$$\kappa_\nu = 1\left(\frac{\nu}{10^{12}\,\mathrm{GHz}}\right)^{\beta}\ \mathrm{m^2\,kg^{-1}};\ \beta = 0\text{–}2 \tag{6.10}$$

も良く採用される[*14]．この式を複数周波数での観測結果に対して適用することにより，T，$\Sigma_{\rm d}$，及び κ_ν の周波数依存性 β が求められる．

観測で得られる空間分解能が不十分な場合でも，円盤モデルを用いることで，円盤の大局的情報を推定できる．例えば，円盤を空間分解しない測光観測では，放射強度を円盤全体を含む立体角で積分したエネルギーフラックス

$$F_\nu^{(\mathrm{disk})} = \frac{2\pi\cos\theta}{d^2}\int_{r_{\rm in}}^{r_{\rm out}} B_\nu(T(r))\,(1 - \exp[-\tau_\nu(r)])\, r dr, \tag{6.11}$$

[*13] 表面輝度と呼ぶ場合もある．

[*14] 式（6.10）はダスト 1 kg 当たりの表現である．近傍の星間空間では g/d が比較的一定であるため，g/d= 100 を前提にガスも含めた物質 1 kg あたりの表現も良く使われている．

$$\tau_\nu(r) = \frac{\kappa_\nu \Sigma_{\rm d}(r)}{\cos\theta} \tag{6.12}$$

が得られる．ただし，d は円盤までの距離，θ は視線と円盤の対称軸がなす角度である．円盤モデルには，林モデルに類似した境界付きべき乗モデルが良く用いられ，具体的には適当な $r_{\rm in} \leqq r \leqq r_{\rm out}$ の範囲で

$$T(r) = T_0 \left(\frac{r}{r_0}\right)^{-q}, \tag{6.13}$$

$$\Sigma_{\rm d}(r) = \Sigma_0 \left(\frac{r}{r_0}\right)^{-p} \tag{6.14}$$

とおく．すぐ後で紹介する古典的 T タウリ型星に付随する典型的質量の円盤の場合，赤外線に対して円盤は光学的に厚い（$\tau_\nu \gg 1$）．このときは式（6.11），（6.13）から，

$$F_\nu^{(\rm disk)} \propto \nu^{3-2/q} \tag{6.15}$$

なる関係が導かれ，複数周波数の測光データが与えるエネルギースペクトル分布（SED）から円盤の温度分布を推定できる．これに加えて，円盤が光学的に薄くなる周波数帯での F_ν を得れば，式（6.14）中の p を適当に仮定することにより円盤質量を推定できる．特に，光学的に薄い放射の大半が $r_{\rm out}$ 付近の狭い温度領域から出ている場合，式（6.11）は

$$\begin{aligned} F_\nu^{(\rm disk)} &\approx \frac{\kappa_\nu B_\nu(T(r_{\rm out}))}{d^2} \int_{r_{\rm in}}^{r_{\rm out}} \Sigma_{\rm d}(r)\ 2\pi r\ dr \\ &= \frac{\kappa_\nu B_\nu(T(r_{\rm out}))M_{\rm d}}{d^2} \end{aligned} \tag{6.16}$$

となり，F_ν が円盤の全ダスト質量に比例するという平易な形に帰着する．

以上を踏まえ，次項以降では，太陽程度の質量をもつ YSO の進化段階に沿って，原始惑星系円盤の形成と構造に関してなされている観測研究を概観しよう．

原始星期での円盤形成

原始星は，分子雲中に存在する高密度ガス塊（分子雲コア）の重力収縮によって形成される．原始星が放射するエネルギーの供給源は，落下物質が解放する重力エネルギーである．また原始星の継続時間は，分子雲コアの初期密度で決まる自由落下時間に相当し，10^5 年のオーダーである．ただし落下物質は回転運動に

伴う角運動量をもともと持つため，原始星には直接落下せず，一旦その周囲に円盤を形成する．これが原始惑星系円盤となる．

この一連の流れを定量的に記述しよう．簡単のため，原始星質量 M_* の重力による自由落下を考える．分子雲コアの最内域で原始星は誕生し，その周囲には半径約 1000 au の回転しながら落下している円盤状構造——エンベロープが取り巻いている．原始星から距離 r にある単位質量を持つエンベロープ物質に注目すると，この物質はエネルギー保存則

$$\frac{v^2}{2} - \frac{GM_*}{r} = 0 \tag{6.17}$$

を満たしながら落下する．ただし，v^2 は物質の速度の 2 乗，G は重力定数である．一方，自由落下の際にはこの物質が持つ角運動量も保存され，それは速度の回転成分を $v_{\rm rot}$ として $j_{\rm env} = rv_{\rm rot}$ である．アンモニア分子輝線がコア内で示す速度勾配を調べた 1990 年代の電波観測により，分子雲コアが 10^4 au($\approx$ 0.05 pc) スケールで持つ単位質量あたりの角運動量 $j_{\rm env}$ は $\sim 10^{-3}\ {\rm km\,s^{-1}\,pc}$ と見積もられた．物質の落下が止まる場所は，式 (6.17) で $v = v_{\rm rot}$，つまり速度の落下成分が 0 となる半径 $R_{\rm cb}$ であり，それは

$$R_{\rm cb} \equiv \frac{j_{\rm env}^2}{2GM_*} \approx 120\,{\rm au} \left(\frac{j_{\rm env}}{10^{-3}\ {\rm km\,s^{-1}\,pc}}\right)^2 \left(\frac{M_*}{0.2M_\odot}\right)^{-1} \tag{6.18}$$

である．この $R_{\rm cb}$ は遠心力バリアと呼ばれ，成長途上の円盤の外径に相当する[*15]．

2011 年から稼働し始めた ALMA は，原始星エンベロープ内の回転速度の半径依存性，及び $R_{\rm cb}$ の直接測定を可能にした．さらに $R_{\rm cb}$ 付近では，星間空間の衝撃波領域にしか見つからないガス分子が検出され，落下運動からケプラー回転への遷移と運動エネルギーの散逸が同時に起こっていることが，ガス化学からも示唆された（図 6.4）．つまり，遠心力バリアは原始惑星系円盤の成長フロントである．6.1 節でも触れたように，原始星期の原始惑星系円盤内では角運動量の輸送が起こり，物質の中心星への降着を促すと考えられる．今後，原始星段階

*15 遠心力バリアと類似の概念として，遠心力半径 $R_{\rm cen}$ もよく使われる．これは遠心力と中心星重力がつりあう半径として定義され，$R_{\rm cen} \equiv \dfrac{j_{\rm env}^2}{GM_*} = 2R_{\rm cb}$ である．

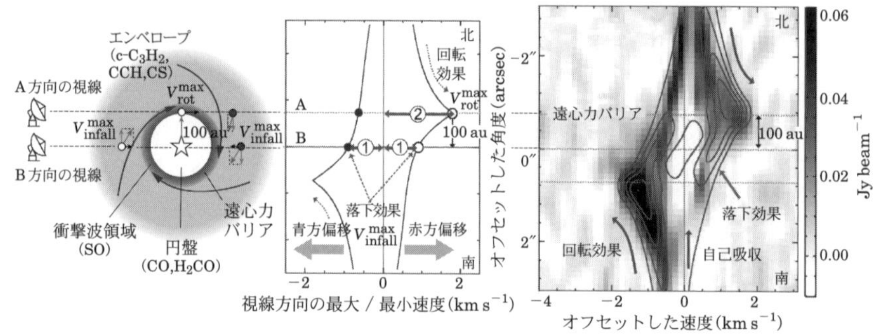

図 6.4 おうし座分子雲中に存在する原始星 L1527 IRS に対する ALMA 観測の結果．円盤状のエンベロープを真横から見る配置で得られた c-C_3H_2 分子輝線に対する位置速度図（右）と，それを説明する概念図（左）．エンベロープ中では，回転速度が内側ほど増加する様子が確認されるだけでなく，中心星方向では落下速度成分が測定できる（図中①）．また，回転速度の最大値（図中②）を取る，中心星からの距離 100 au の地点が，遠心力バリアに相当する．c-C_3H_2 はエンベロープのみで検出され，遠心力バリアより内側の回転円盤からの放射は CO や H_2CO など，別分子を選ぶ必要がある．遠心力バリア付近では，衝撃波領域に存在する SO 分子が検出される（坂井南美氏提供）．

における円盤内部構造の詳しい観測により，角運動量輸送メカニズムや惑星形成の初期条件の理解に繋がる情報が得られるだろう．

原始星期から弱輝線 T タウリ型星に至る円盤の大局的進化

原始星を取り巻くエンベロープが消失すると，中心の星・原始惑星系円盤系への質量供給は止み，中心星が可視光や近赤外線でも直接観測可能になる．中心星は，自身の準静的収縮により解放された自己重力エネルギーで輝き，内部温度を高める段階に移行する．この前主系列星段階にある YSO のことを，T タウリ型星と呼ぶ．このうち原始星から進化して間もないものは顕著な Hα 輝線を示し，古典的 T タウリ型星と呼ばれる．この Hα 輝線は，円盤内縁から中心星へと物質が降着する際に生じる衝撃波，もしくは星風から放射されていると考えられている．古典的 T タウリ型星は短時間で変動する X 線放射も示すが，これは星内部の厚い対流層が駆動する巨大なフレア活動によると考えられている．

1990 年代に活躍した X 線天文衛星 ROSAT は，顕著な Hα 輝線を示さないにも関わらず，古典的 T タウリ型星と同様の強い X 線放射を伴う前主系列星を大量に発見した．これらは，弱輝線 T タウリ型星と呼ばれる．弱輝線 T タウリ型星は，古典的 T タウリ型星と類似した星の内部構造が作る X 線フレアを示す一方，円盤からの質量降着が衰えて Hα 輝線は弱くなった段階にあると考えられる．実際，弱輝線 T タウリ型星では，円盤内域に存在する 300 K 以上のダストが放つ波長 10 μm 以下での赤外超過放射が，古典的 T タウリ型星に比べて有意に弱い．また，古典的 T タウリ型星は年齢が 3×10^6 年より若いものが多いのに対し，弱輝線 T タウリ型星は 10^7 年を超えるものも存在することから，弱輝線 T タウリ型星は古典的 T タウリ型星より後の進化段階に当たる天体だと考えられる．

ただし，円盤降着のタイムスケールには天体間でばらつきがあるため，両者を区別する中心星年齢が観測的に明確に決まっているわけではない．そこで，天体間のばらつきを把握しつつ平均的な円盤進化の情報を得るために，特定の星形成領域を選び，そこにある円盤を網羅的に観測する統計的手法が用いられる．多くの星は，主系列星に到達するタイムスケールより短い時間内に集団で誕生するため，領域を限ることにより年齢・環境が揃った円盤サンプルを自然に構築できる．具体的な観測対象としては，おうし座分子雲やへびつかい座分子雲といった近傍の星形成領域や，オリオン座巨大分子雲中に含まれる若い星団などが挙げられる．図 6.5 は，ALMA，及びハワイ・マウナケア山頂にあるサブミリ波干渉計 SMA により，異なる星形成領域，及び年齢ごとに，多数の円盤質量をダスト熱放射のエネルギーフラックスから推定したものである．短い時間内に多数の天体を調べるため，空間分解能は 30–120 au に抑えることで円盤全体からのエネルギーフラックスを測定し，適当な温度を仮定した上で式（6.16）を用いてダスト円盤質量を推定している．

図 6.5 からは次の 2 点が読み取れる．第一に，同じ領域・進化段階を集めたサンプル内ですら，円盤質量に約 2 桁の幅がある．このような円盤性質の多様性は，系外惑星にみられる多様性の源流なのかもしれない．第二に，YSO の進化につれて円盤質量が減少する明確な傾向がある．年齢が $(5–10) \times 10^6$ 年の YSO を含む上部さそり座（Upper Sco）領域では，ダスト質量が 3 地球質量（g/d=

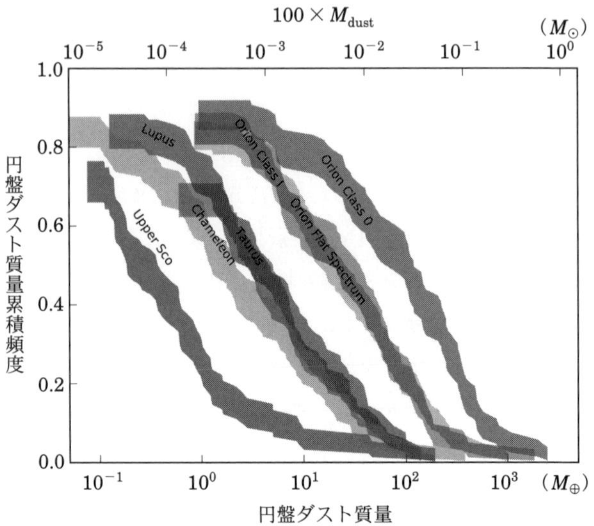

図 6.5 ミリ波・サブミリ波のダスト熱放射から求められた領域ごとの円盤ダスト質量累積頻度分布．$T = 20\,\mathrm{K}$，κ_ν は式 (6.10) で $\beta = 1$ としたときの値をそれぞれ仮定し，式 (6.16) を用いて求めたもの．Orion Class 0/Class I はオリオン座領域の原始星，Orion Flat Spectrum はオリオン座領域にある古典的 T タウリ型星の中でも著しい赤外超過量を示す原始星から進化して間もない YSO であり，概ね年齢が 5×10^5 年以下のもの．Taurus, Lupus, Chameleon はおうし座領域，おおかみ座領域，カメレオン座領域の古典的 T タウリ型星が中心で，それぞれの年齢範囲は，$(1\text{–}2) \times 10^6$ 年，$(1\text{–}3) \times 10^6$ 年，$(2\text{–}3) \times 10^6$ 年．Upper Sco は上部さそり座領域中にある年齢 $(5\text{–}10) \times 10^6$ 年の弱輝線 T タウリ型星が中心（Tobin *et al.* 2020, *ApJ*, 890, 130）．

100 として 1 木星質量のガス量に相当）以上のものは約 15%しかない．これより若い，年齢が $(1\text{–}3) \times 10^6$ 年の古典的 T タウリ型星に対して見積もられた典型的な円盤総質量ですら，林モデルの $0.013\,M_\odot$（式 (6.4)）に比べてかなり小さい[*16]．つまり T タウリ型星に付随する円盤の大部分は，木星クラスの惑星を作

[*16] 図 6.5 を得た観測が林モデルの外径 36 au より広い範囲の放射を捉えている点を加味すると，これらの円盤の面密度は式 (6.5)，(6.6) よりも一層低い可能性がある．

るには不十分な質量しか含まないようにみえる．しかし，このダスト質量の見積もりには大きな不定性があることに注意が必要である．なぜなら，大部分の固体がすでに大きなサイズの粒子に取り込まれて式（6.16）にある κ_ν が式（6.10）で示した想定値より著しく低下した状況でも，この結果は説明できるためである．実際，原始星の円盤で見積もられた典型的ダスト質量が古典的 T タウリ型星に比べて 1 桁以上大きい点からも，この可能性は否定できない．太陽系起源論での想定よりも早い進化段階からダスト成長や惑星形成が進んでいる可能性については，後ほど，円盤の詳細観測とも関連させながら再考する．

ダスト円盤が光学的に薄くなる複数の周波数で得られた放射強度 I_ν，もしくはエネルギーフラックス F_ν からは，星間空間に比べて円盤内のダスト粒子が成長している間接的証拠も得られている．具体的には，これらのデータから式（6.10）の β を推定する（式（6.9）や（6.16）も参照のこと）．典型的な星間ダストはミリ波帯で $\beta \approx 1.7$ であり，約 $0.1\,\mu$m のサイズで良く説明できるのに対し，円盤内ダストに対する観測からは，原始星と T タウリ型星いずれにおいても，$\beta \lesssim 1$ が得られている．波長と同等以上のサイズを持つダストが多くなるほど β は小さくなるため，この結果は，mm スケール以上のダスト粒子の存在を示唆する．つまりダスト粒子の成長は，円盤内で直ちに進み始めるのである．

T タウリ型星における原始惑星系円盤の詳細構造

ここまでは，円盤の面密度分布が動径方向に滑らかな分布を持つはずであるという前提で議論を進めてきた．ところが 2010 年代以降に行われた電波や赤外線における高解像度撮像では，物質分布の濃淡に対応するとみられる 10 au スケールの微細構造が多くの円盤で捉えられてきている．その典型が同心円状リング構造である．図 6.6（左）は，ALMA が得た HL Tau に付随する円盤のダスト熱放射画像である．HL Tau の距離において約 3 au に相当する極めて高い空間分解能で撮像が行われた結果，円盤内に複数のリング構造が検出された．特に，半径 12 au, 30 au, 80 au に見られる 3 本の暗い溝状構造（ギャップ）が顕著である．式（6.9）で議論したように，円盤が光学的に薄くなるミリ波帯での放射強度分布は，円盤内でのダスト面密度の濃淡を反映している可能性が高い．

このようなギャップの形成メカニズムで有力なのが，円盤中で形成されたガス惑星による重力的な散乱である（6.4.4 節参照）．実際，観測されたギャップの深

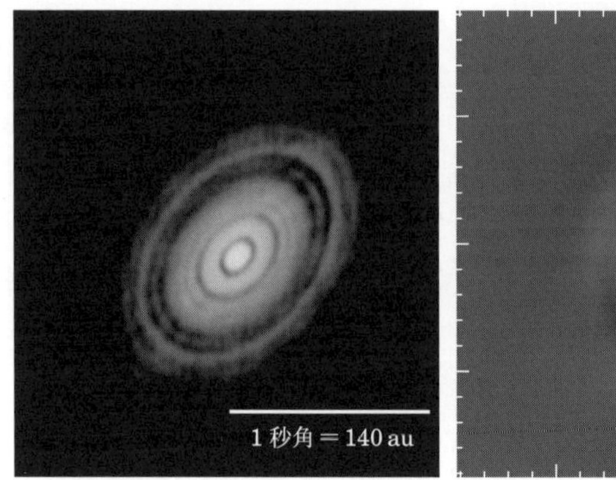

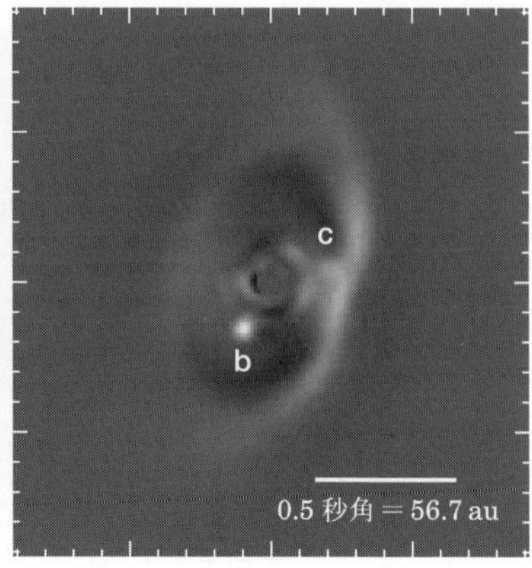

図 6.6　（左）HL Tau の波長 1mm でのダスト連続波放射（ALMA Partnership *et al.* 2015, *ApJ*, 808, L3）．リングギャップ構造が顕著に見える．（右）PDS 70 の波長 2.2 μm での連続波放射（Müller *et al.* 2018, *A&A*, 617, L2）．円盤に大きくあいた穴の内壁がリング状に見え，穴の内部には二つの周惑星円盤候補 b, c が確認できる．

さや幅は，ガス惑星のギャップ形成シミュレーションの結果と矛盾しない．ただし HL Tau は，1000 au スケールのエンベロープを伴い，かつ非常に激しい中心星への質量降着を示すことから，年齢が原始星に近い 10^6 年以下の YSO に違いないと考えられている．仮にこれらのギャップが本当に惑星起源なのであれば，中心星から 5 au 以遠におけるガス惑星形成のタイムスケールを約 10^7 年と見積もる太陽系形成論の予想（6.1 節参照）とは相容れない．

そこで，惑星の存在なしに多重リングを作る機構もいろいろ提案されている．例えば，ダストのサイズ分布の不連続によって生じるダスト滞留である．6.1 節でも触れたように，ダスト粒子はガス抵抗を受けて動径方向に落下するが，このガス抵抗の影響の強さはダストのサイズに依存する．各所でのダストサイズ分布に動径不連続があると，その近傍でガス抵抗の影響が不連続に変化することによって渋滞が発生し，ダスト面密度が高まる結果，明るいリングとしてみえる可能性がある．不連続なサイズ分布の要因としては，様々な揮発性分子（CO, CO_2, CH_4 等）の昇華線（H_2O に対する氷雪限界線に相当）付近で起こりうるダスト粒子強度の変化などが提案されている．また別の可能性としては流体不安定も挙げられる．円盤は，磁場に貫かれたガス・ダストからなる二相回転流体であり，磁場・ガス・ダスト間の相互作用によって様々な不安定が生じうると理論的には予想されている．そのいずれかが，リング状構造の起源と関係していたとしても不思議はない．

このようなリング状構造は，原始星段階から年齢 10^7 年の T タウリ型星に至るあらゆる進化段階の円盤で，広範に確認されつつある．その本性の理解のためには，ガスの面密度分布も合わせて知りたいところだが，ガス輝線はダスト熱放射ほど高い質量感度・解像度が得られないという観測上の制約がある．ただし，惑星が作ったギャップであれば，そこには惑星自身の兆候も検出されるはずである．このような例として最も有望なのが，図 6.6（右）で示した PDS 70 である．この円盤は中心星周囲に半径 74 au の巨大な穴を持つ[*17]が，この穴の中に，近赤外線，サブミリ波連続波，及び質量降着現象の良いトレーサーである Hα 輝線の全てで検出される点源の存在が確認された．これらは質量降着している高温のガス惑星，及びそれを取り囲む周惑星円盤からの放射であると考えるのが，最も自然な解釈である．今後，同様の点源が検出され，かつそれが公転運動と整合的な位置変化を示せば，惑星ギャップであるという紛れない証拠となるだろう．

太陽系形成論に対する示唆

ここまでで紹介した原始惑星系円盤の詳細な観測研究は，太陽系形成論に向けても多くの問題を提起している．6.1 節でも触れたように，標準的な太陽系形成論はガス惑星の完成にかかるタイムスケールが約 10^7 年であり，年齢数百万年の T タウリ型星期はその前段階であるダスト成長が進行中であると予想していた．一方で図 6.5 が示すように，古典的 T タウリ型星に付随する円盤の大部分は，林モデルの外径よりさらに外側の範囲まで含めた場合ですら，林モデルの総質量である $0.013M_{\odot}$ よりも小さい質量しか検出されない．標準的な太陽系形成論の立場から図 6.5 を額面通りに受け取ると，木星を持つ太陽系は平均よりも大きな質量を持つ円盤から作られた，という結論が導かれる．

しかし別の可能性として，ダスト成長や惑星形成は T タウリ型星より前から

---

*17 このように円盤内域でダストが欠乏しており近赤外線で放射超過を示さない円盤のことを，遷移円盤と呼ぶ．一部の遷移円盤はかなり大きな質量を持つため，弱輝線 T タウリ型星に付随するような進化後期段階にある円盤とは異なる種族であると考えられている．

進んでいるというシナリオもありうる．もしTタウリ型星の円盤が，固体の大部分が大サイズの粒子に成長した後の段階に相当するのであるとすれば，図 6.5 のダスト質量は過小評価である．また，原始星期でも検出されるリング構造の解釈として惑星ギャップは有力であり，それが正しければ惑星形成が原始星期に完了している直接的な証拠となる．その場合，従来の想定より効率的なダスト成長機構，例えば，ダスト濃集領域における短時間での微惑星形成や，小石程度に成長した固体粒子（ペブル）の降着による岩石コアの急速成長を考慮する必要が生じる．リング構造の中には惑星ギャップでないものもあるだろうが，それらは動径方向に滑らかな構造を持つ林モデルとは質的に異なるという別の角度から，惑星形成の初期条件の見直しを迫る．

このように円盤の観測は，太陽系形成論に対しても多くの疑問を投げかけている．以下では再び林モデルの枠組みに戻り，惑星形成過程の理論的側面を議論するが，広い視点から太陽系の位置付けを理解するためには，それらの知見を現実的な円盤構造に適用したときにどのような結末が生じるのか，という観点からの検討も必要となるであろう．

6.3 地球型惑星の形成

惑星形成の前半は，地球型惑星も木星型惑星も大差がない．半径が $1\,\mu$m にも満たないダストから数千 km の固体惑星（もしくは木星型惑星の固体コア）が形成された．

ここで，天体力学に関する必要最小限の解説をしておく．他の惑星の影響がない限り，惑星は不変な平面内を，太陽を焦点とする楕円軌道に沿って，角運動量を一定に保ち運動する（ケプラー回転）．この運動を一意に規定するのが軌道要素で，軌道長半径（楕円長径の半分の長さ）a, 軌道離心率（長半径に対する中心焦点間距離の比）e, 軌道傾斜角（円盤中心面と軌道面のなす角，ラディアン単位）i, 軌道面の向きを決めるもう一つの角変数（昇交点経度）, 軌道平面内の楕円の向き（太陽に最も近づく近日点の方向）を決める角変数，およびある時刻での軌道上の惑星の位置の六つからなる．特に惑星が円運動（$e = 0$）するとき，公転速度 $v_{\rm K}$ （ケプラー速度）もしくは公転角速度 $\Omega_{\rm K}$ （ケプラー角速度）は，惑星の質量が太陽より十分軽いため，

$$v_K = a\Omega_K = \sqrt{GM_\odot/a} \tag{6.19}$$

で与えられる．ここで，G は万有引力定数，$M_\odot$ は太陽質量である．

6.3.1 ダストの成長と微惑星形成

ダストは円盤面に垂直な方向に太陽重力と遠心力の合力を受けて沈降（沈殿）していく．地球では，重力と自転による遠心力の合力方向を鉛直方向と呼ぶが，そのアナロジーで円盤に垂直な方向を鉛直方向と呼ぶ．以下では，太陽を原点とした円柱座標系を採用し，円盤の中心面内の動径方向に r 軸，回転角方向に ϕ，鉛直方向に z 軸をとる．

まず，層流状態にある円盤中で，ダストが沈殿しながら，互いに合体して成長すると，ダスト集合体がどの程度のサイズになるか調べてみる．単位時間にダスト集合体が掃いた部分に含まれている微小ダスト（ガスに対して静止していると仮定）の一部が合体して質量につけ加わったと考えれば，ダストの成長方程式は

$$\frac{dM}{dt} = f_s \rho_d \pi R^2 \left|\frac{dZ}{dt}\right| \tag{6.20}$$

と書ける．ここで M, R, Z は，それぞれ注目するダスト集合体の質量と半径，および円盤中心面から測ったダスト集合体の高さ，ρ_d は微小ダストの空間密度（単位空間体積に含まれるダスト質量），そして f_s は微小ダストの合体確率（衝突したダストのうち合体するものの質量割合）である．

ここで，$M = (4\pi/3)\rho_{mat} R^3$ （ρ_{mat} は 1 つのダスト集合体の質量を体積で割った密度*18）であることに注意すると，$Z > 0$ では，

$$\frac{dR}{dZ} = -\frac{f_s \rho_d}{4\rho_{mat}} \tag{6.21}$$

で，これを Z で積分すると，初期に十分円盤上空にあったダストが円盤中心面に達したときのダスト集合体の半径 R は

*18 (6.22) 式での見積もりでは，地球型惑星領域では岩石が主体で $3 \times 10^3\ \mathrm{kg\,m^{-3}}$，木星型惑星領域では氷が主体で $1 \times 10^3\ \mathrm{kg\,m^{-3}}$ とした．実際には，ダスト集合体は構成粒子間に空隙があるため，ρ_{mat} はこれらより小さくなる．

$$R = \frac{f_{\rm s}\Sigma_{\rm d}}{8\rho_{\rm mat}} \simeq \begin{cases} 3f_{\rm s}\left(\dfrac{\Sigma_{\rm d}}{\Sigma_{\rm d}^{\rm H}}\right)\left(\dfrac{r}{1\,{\rm au}}\right)^{-3/2} {\rm mm} \quad [{\rm E}] \\ 40f_{\rm s}\left(\dfrac{\Sigma_{\rm d}}{\Sigma_{\rm d}^{\rm H}}\right)\left(\dfrac{r}{5\,{\rm au}}\right)^{-3/2} {\rm mm} \ \ [{\rm J}] \end{cases} \tag{6.22}$$

となる．ここで $\Sigma_{\rm d}(r)$ は z 方向に伸びる単位面積円柱内のダストの総質量（ダスト面密度）で，$\Sigma_{\rm d}^{\rm H}(r)$ は，最小質量モデル（林モデル，6.2 節）のダスト面密度である．また，[E] は $0.35\,{\rm au} < r < 2.7\,{\rm au}$ の領域，[J] は $2.7\,{\rm au} < r < 36\,{\rm au}$ の領域を指す．（6.22）式から，沈殿成長による最終ダストサイズは，全ダストを円盤中心面にすき間なく敷き詰めたときの平均厚さ程度とわかる．

実際には，ダストは乱流に動かされ，動径方向にも移動するので，さらに成長する余地がある．しかし，衝突合体のみを繰り返して惑星まで成長するには二つの困難がある．

(1) ダスト集合体のサイズが大きくなると，分子間力が効きにくくなり，合体確率 $f_{\rm s}$ が小さくなると考えられること

と，

(2) ダスト集合体のサイズが 1 m 前後になると，ガス抵抗時間[*19]と公転時間が同程度となり，ダストはガスに角運動量を渡して速やかに太陽方向に落下してしまうこと（6.1 節）

である．

後者のダスト落下問題について，落下時間と成長時間を定量的に比較してみよう．ガス円盤の面密度を $\Sigma_{\rm g}$ とする．半径 R の球形ダストでは，その場のケプラー回転角速度の逆数 $\Omega_{\rm K}^{-1}$ で規格化されたガス抵抗による停止時間（ストークス数）$\tau_{\rm s}$ は

$$\tau_{\rm s} = \frac{\pi\rho_{\rm mat}R}{2\Sigma_{\rm g}}\max\left(1, \frac{4R}{9\ell_{\rm g}}\right) \tag{6.23}$$

となる．ただし，この表式では R がガス分子の平均自由行程 $\ell_{\rm g}$ より小さい場合の抵抗則であるエプスタイン則と，より大きい場合のストークス則を単純に接続

[*19] 粒子がガス抵抗のみを受けて運動する際，ガスとの相対速度が初期の $1/e$ になるのに要する時間．

している．周囲の円盤ガスからの抵抗を受けたダストの動径方向の移動速度 v_r は

$$v_r = -\frac{2\tau_s}{1+\tau_s^2}\eta v_K \tag{6.24}$$

となる．ここで，η は円盤ガスの動径方向圧力勾配の太陽重力に対する比で

$$\eta = -\frac{1}{2}\left(\frac{c_s}{v_K}\right)^2 \frac{\partial \ln(\rho_g c_s^2)}{\partial \ln r} \simeq 4.0\times 10^{-3}\left(\frac{r}{5\,\mathrm{au}}\right)^{1/2} \tag{6.25}$$

と書ける．ただし，c_s と $\rho_g = \Sigma_g/\sqrt{\pi}h$ は，それぞれ円盤中心面でのガスの音速と質量密度である．(6.24) 式より，$\tau_s = 1$ のときダストは最も速く落下し，その速さは r に依らず $50\,\mathrm{m\,s^{-1}}$ 程度で，$10^2(r/1\,\mathrm{au})$ 年で太陽に落ちてしまう．以下ではダスト落下時間を $t_{\mathrm{drift}} = r/|v_r|$ と定義する．

質量 m のダストの成長時間 t_{grow} は合体確率を f_s とすると

$$t_{\mathrm{grow}} = \left(\frac{1}{m}\frac{dm}{dt}\right)^{-1} = \frac{4\sqrt{2\pi}}{3}\frac{H}{\bar{u}}\frac{\rho_{\mathrm{mat}}R}{f_s\Sigma_d} \tag{6.26}$$

で与えられる．ここで，$\bar{u}$ はダストの相対速度の平均値，H は乱流で巻き上げ維持されるダスト層の円盤中心面からの高さで

$$H = h\left(1+\frac{\tau_s}{\alpha_t}\frac{1+2\tau_s}{1+\tau_s}\right)^{-1/2} \tag{6.27}$$

と与えられる．ただし，α_t は無次元乱流粘性と呼ばれるパラメータで，典型的なガスの乱流速度は $\alpha_t^{1/2}c_s$ で与えられる．

以上より，太陽への落下速度が最も速くなる $\tau_s = 1$ となるサイズ（半径を R_1 とする）のダストに着目して成長時間と落下時間の比を計算すると

$$\frac{t_{\mathrm{grow}}}{t_{\mathrm{drift}}} = \frac{16\sqrt{2}}{3\sqrt{3\pi}}\left(\frac{f_s\Sigma_d}{\Sigma_g}\right)^{-1}\min\left(\eta, \frac{\alpha_t^{1/2}c_s}{qv_K}\right)\min\left(1, \frac{9\ell_g}{4R_1}\right) \tag{6.28}$$

となる．ここで，$q\,(<1)$ は $\tau_s = 1$ となる着目ダストの成長に最も寄与する衝突相手の粒子のサイズで決まるパラメータである．

数値計算に依れば，おおよそ $t_{\mathrm{grow}}/t_{\mathrm{drift}} < 1/30$ となると，ダストは落下を免れて，より大きな天体に成長できることがわかっている．このためには，(6.28) 式より，$f_s = 1$ としても，(1) ダスト/ガス面密度比が大きい（$\Sigma_d/\Sigma_g > 0.1$），(2) 乱流が弱く（$\alpha_t^{1/2}c_s \ll \eta v_K$）かつ破片粒子（$\tau_s \ll 1$ である粒子）を集めて

成長するモード（$q \sim 1$），(3) ダストの空隙率が高い（$R_1/\ell_g > 50$，書き換えると $\rho_{mat} < 10^{-3}\Sigma_g/\ell_g$）のいずれかでなくてはならない．ただし，太陽系においては，これらはいずれも問題があって，合体確率 f_s も 1 を下回ることを考え合わせると，ダストの直接合体だけで微惑星ができるとは言い切れない研究状況にある．

ダスト落下問題を救うとされたのが，ダスト層の不安定による微惑星の形成モデルである．円盤中心面付近にダスト層（面密度 Σ_d, 厚さ $2H$）ができると，自己重力（$\sim \pi G\Sigma_d$）によって厚さ程度の水平波長で分裂しようとするが，太陽潮汐力[*20]，$\sim \Omega_K^2 H$）が分裂を抑制する．よって，$\pi G\Sigma_d > \Omega_K^2 H$ となると分裂し収縮する．このダスト層の自己重力不安定をより厳密な線形解析で求めると，分裂するときの H_{crit} が次のように与えられる（分裂波長は $\lambda \simeq 2.9\pi H_{crit}$ である）：

$$H_{crit} \simeq \frac{0.63\pi G\Sigma_d}{\Omega_K^2} \simeq \begin{cases} 2.3 \times 10^2 \left(\dfrac{\Sigma_d}{\Sigma_d^H}\right)\left(\dfrac{r}{1\,\mathrm{au}}\right)^{3/2} \mathrm{km} \quad [\mathrm{E}] \\ 1.1 \times 10^4 \left(\dfrac{\Sigma_d}{\Sigma_d^H}\right)\left(\dfrac{r}{5\,\mathrm{au}}\right)^{3/2} \mathrm{km} \quad [\mathrm{J}]. \end{cases} \tag{6.29}$$

この結果できる塊の質量は，以下のとおりである：

$$M = \pi\lambda^2\Sigma_d \simeq \begin{cases} 1.0 \times 10^{15} \left(\dfrac{\Sigma_d}{\Sigma_d^H}\right)^3 \left(\dfrac{r}{1\,\mathrm{au}}\right)^{3/2} \mathrm{kg} \quad [\mathrm{E}] \\ 8.6 \times 10^{17} \left(\dfrac{\Sigma_d}{\Sigma_d^H}\right)^3 \left(\dfrac{r}{5\,\mathrm{au}}\right)^{3/2} \mathrm{kg} \quad [\mathrm{J}]. \end{cases} \tag{6.30}$$

こうして，直径が km サイズの自己重力天体（微惑星）が公転周期程度の短時間で形成され，ダストの落下問題は回避できるとされた．

しかし，この微惑星形成モデルには，強い反論がある．(6.29) 式から．ダスト層の厚みが太陽系のスケールに比べてきわめて薄くならなければ分裂は起こらないことがわかる．一方，ダストを沈殿させる太陽重力の z 成分は z に比例し，円盤中心面付近ではほぼ 0 となる．このことは，薄いダスト層はわずかな乱流によって容易にかき乱され，上空に巻き上げられてしまうことを示唆する．実

[*20] ダスト層中の注目する塊において，その中心と各部分に働く太陽重力の差によって生じる，塊を r 方向に引っ張ろうとする力．

際，(6.27) 式によれば，たとえ弱くても ($\alpha_t \ll 1$) 乱流があれば，ダスト層の厚み $2H$ が (6.29) 式が要求する臨界値 $2H_{\rm crit}$ を下回るのは困難である．ところがダスト層の形成は，それ自体で乱流を引き起こしてしまう．ダストはケプラー回転をしようとするが，ガスは動径方向外向きに圧力勾配を受け，よりゆっくり回る．このため円盤の中心面付近のダスト濃集層と上空のダスト欠乏層では回転速度差（シア）が生じる．安定な密度成層（中心面に近いほど密度が高い状態）も強いシアに曝されると不安定化する（ケルビン–ヘルムホルツ不安定）．上述のように中心面付近は重力が弱いため，濃集層と欠乏層の速度シアによって容易に不安定化してしまい，せっかく沈殿したダストは巻き上げられてしまう．これでは，自己重力不安定が起こらず，微惑星は形成されない．

この反論に対する明確な答えは得られていない．円盤を貫く円柱に含まれるダスト/ガス比が高くなれば，ケルビン–ヘルムホルツ不安定が生じる前に自己重力不安定に至ることが可能となる．このため，円盤にリング状の高圧部分があるとダストがそこに集まり，ダスト/ガス比が高まり，微惑星ができるというモデルが提案されている．この場合，微惑星は円盤の特定の領域でのみ形成されることになる．

また，成長したダストとガスの二流体系に内在する動径方向移動の不安定（ストリーミング不安定）により微惑星が形成されるという提案も注目されている．動径方向に落下するダスト層において，内外よりダスト比が高い部分ができると，反作用でガスは外向きに加速される分，ダストの動径方向落下は減速され，ダストが一層濃集する．これによって自己重力不安定にいたるという考えである．この場合も，もともとのダスト/ガス面密度比が最小質量モデルより高く，またセンチメートルサイズまでダスト集合体が成長している必要がある．さらにガス円盤に比較的安定に存在する高気圧性の渦の中心では動径方向の圧力勾配がないため，ダストが濃集し沈殿してもケルビン–ヘルムホルツ不安定が生じないという考えも提案されている．いずれにせよ，標準シナリオの根幹部分の一つである微惑星形成が未だ明確になっていないことに注意が必要である．

6.3.2 惑星の暴走成長

標準シナリオに従って，微惑星に始まる惑星集積過程を考察する．

二つの微惑星（質量: M_1, M_2）が接近すると，相互重力によりケプラー運動からずれが生じる（重力散乱）．相互重力が太陽重力を上回る領域の大きさ（ヒル半径または重力半径）

$$r_{\mathrm{H}} = \left(\frac{M_1 + M_2}{3M_\odot}\right)^{1/3} a \tag{6.31}$$

は微惑星の平均間隔に比べて小さいため，二体の重力散乱の積み重ねによって，微惑星の軌道要素が変化する．

微惑星は，形成直後は円盤の中心面近傍をほぼ円軌道している．初期に完全な円運動をしていたとしても，a の違いによる角速度差によって，すぐに微惑星間の接近が起こり，重力散乱によって，e と i が生じる[*21]．

中心面内で同じ a を持つケプラー円運動する系からみた相対速度

$$u = (e^2 + i^2)^{1/2} v_{\mathrm{K}} \tag{6.32}$$

を微惑星のランダム速度と定義しよう．太陽重力場のもとで微惑星集団が相互重力散乱を繰り返すと，e と i の平均値[*22]は，$\bar{e} \sim 2.2\bar{i}$ という関係で平衡に達するので，以下では，この平衡値を（6.32）式に代入した $\bar{u}$ を使う．さらに，微惑星が太陽を公転していることを忘れて，箱の中を微惑星が速度 u で飛び交っているとして，衝突合体による惑星の成長を考察しよう．これは大胆な仮定だが，太陽重力場での N 体シミュレーションと比較して，そこそこ妥当な結果を与えることが確認されている．

質量の異なる微惑星間では，u は力学的エネルギー等分配則に従って $M_1 u_1^2 = M_2 u_2^2$ が成り立つように進化し[*23]，重い惑星ほど u は小さく抑えられる．よって，惑星と微惑星の衝突の相対速度[*24]は，微惑星のランダム速度で決まると考えてよい．

衝突の相対速度を微惑星集団が支配することは，惑星が暴走成長する原因とな

---

*21 微惑星集団では，軌道要素の残り二つの角変数はほぼ一様分布と考えて良い．

*22 以下，$\bar{x}$ は，x^2 の平均値の平方根を表す．

*23 箱の中の粒子集団の $\bar{u}^2$ は一定に保たれるが，実際のケプラー回転系では重力散乱を通じて太陽重力エネルギーを汲み出して，ガス抵抗や非弾性衝突によるエネルギー散逸とつりあうまで微惑星集団の $\bar{u}^2$ は増大していく．

*24 衝突直前の軌道を，太陽重力を忘れて遡った無限遠での相対速度のこと．

る．このことを以下で考察しよう．

初期に微惑星集団（平均質量：m）の中に質量の異なる複数の惑星（質量 M, 半径 R）があったとしよう．どの惑星についても $M \gg m$ が成り立ち，共通の微惑星集団との衝突合体を繰り返しながら成長していくとするとき，惑星間の質量比は成長とともにどうなるかを考えよう．

惑星の成長方程式は次式で与えられる：

$$\frac{dM}{dt} = \pi R^2 \left(1 + \frac{2GM}{R\bar{u}^2}\right) \rho_{\rm p} \bar{u}. \tag{6.33}$$

ここで $\bar{u}$ は本来は相対速度の平均値とすべきだが，$M \gg m$ であるから，上述の議論より，微惑星集団のランダム速度の平均値と近似する．さらに $\rho_{\rm p}$ は微惑星の空間密度で，惑星材料物質の面密度 $\Sigma_{\rm d}$ と微惑星分布の z 方向の厚み $2ai \sim \bar{u}/\Omega_{\rm K}$ から，

$$\rho_{\rm p} \simeq \Sigma_{\rm d} \Omega_{\rm K} / \bar{u} \tag{6.34}$$

と与えられる．これより

$$\frac{dM}{dt} \simeq \Sigma_{\rm d} \pi R^2 \left(1 + \frac{2GM}{R\bar{u}^2}\right) \Omega_{\rm K} \tag{6.35}$$

を得る．

(6.35) 式の右辺の括弧の中は，惑星重力による有効衝突断面積の幾何断面積 (πR^2) に対する比を表す．$\sqrt{2GM/R}$ は相対速度 0 で入射した微惑星が惑星表面に達したときの速度である．これは逆に考えれば，惑星表面から打ち上げた物体が無限遠に達するための初速度に等しく，惑星の脱出速度 ($v_{\rm esc}$) と呼ばれる．(6.35) 式の右辺の括弧内は $1 + (v_{\rm esc}/\bar{u})^2$ と書けるから，$\bar{u}$ と $v_{\rm esc}$ の大小関係で惑星の成長率は大きく変化する．

まず，$\bar{u} \gg v_{\rm esc}$ なら，$dM/dt \propto M^{2/3}$ となる．この場合は，惑星の成長時間 $t_{\rm grow} = M(dM/dt)^{-1}$ は，$t_{\rm grow} \propto M^{1/3}$ となる．つまり，初期に軽い惑星の方が成長時間が短く，惑星間の質量比も減少することがわかる．このような惑星の成長様式は秩序的成長と呼ばれる

逆に，$\bar{u} \ll v_{\rm esc}$ なら，$dM/dt \propto M^{4/3}$ より，$t_{\rm grow} \propto M^{-1/3}$ となって，初期に重い惑星の方が成長時間が短く，惑星間の質量比は拡大することがわかる．こちらの成長様式が暴走成長である．これは，より大きな資産を持つ人が，より高

利回りで資金運用ができるシステムのもとでは，資産家がますますお金持ちになることと，数学的には等価である．

実際の惑星成長がどちらの様式で進むかは，惑星の「餌」となる微惑星のランダム速度 u がどう決まるかによる．微惑星形成直後は円盤の乱流が微惑星のランダム速度を決めていた可能性があり，この場合は秩序的成長となり，サイズ分布は均質化する[*25]．やがて微惑星同士の重力散乱がランダム速度を決めるようになる．惑星成長過程の前半，系の圧倒的な質量を微惑星集団が占めている間は，各微惑星の u は，惑星による重力散乱でいったん増加しても，その後に多くの微惑星と重力散乱を通じて運動エネルギーを交換するため，次の惑星と遭遇するまでには小さくなっている．惑星による1回の重力散乱で微惑星が得る u は惑星の脱出速度 $v_{\rm esc}$ 程度以下であるから，上記の事情を考えれば $\bar{u} \ll v_{\rm esc}$ が成り立つ[*26]．こうして，微惑星のランダム速度が微惑星集団によって規定されている間は，惑星集積の様式は暴走成長となり，惑星は急速に成長する．

図6.7に重力多体シミュレーション（第14巻6.2節）による計算例を示す．初期にほぼ等質量であった集団から，ごく一部の惑星のみが暴走成長して大きくなる様子がわかる．計算の終了時まで，系の質量の大部分は軽い微惑星が占め，その軌道離心率 e は比較的小さい値に抑えられている．暴走成長によって他から抜きん出て大きくなった惑星が原始惑星である．

6.3.3 原始惑星の寡占的成長

暴走成長が進行すると，まだ総質量の大半を微惑星集団が担っているうちに，原始惑星の重力散乱が微惑星のランダム速度を支配するようになる．

これは次の考察でわかる．重力散乱による微惑星のランダム運動エネルギー増加率は，箱の中の粒子系では，散乱前後に速度ベクトルが 90° 以上曲げられる断面積 $\sigma_{\rm G}$ に単位時間に飛び込む微惑星数から[*27]，

---

*25 ダストの直接合体で微惑星まで成長する場合，力学的にはこの暴走成長にいたる直前のサイズの天体を微惑星と呼ぶべきである

*26 $\bar{u}$ は，微惑星の脱出速度程度となる．

*27 実際には遠方での散乱の効果があるので，補正が必要だが，ここでの議論には影響しないので無視する．また，原始惑星の質量はすべて単一（M）とする．

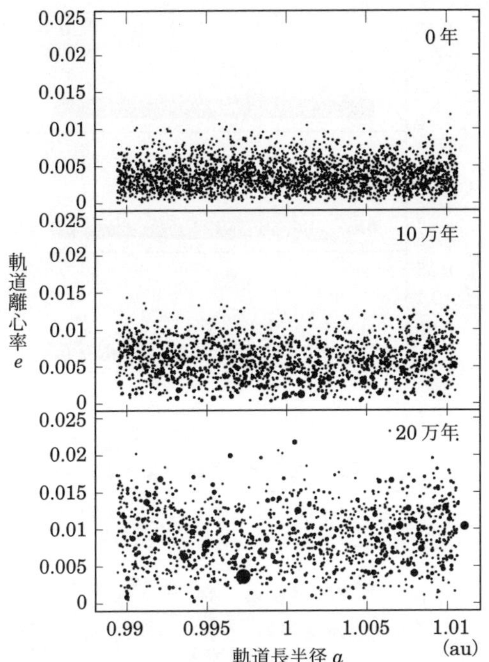

図 6.7 重力多体シミュレーションによる暴走成長の様子．横軸は軌道長半径 a, 縦軸は軌道離心率 e である．円の大きさが惑星の半径に比例している．初期質量 10^{20} kg の微惑星 3000 体の計算，ガス抵抗を考慮している．小久保英一郎氏による．

$$\frac{1}{u^2}\frac{du^2}{dt} \sim n\sigma_{\mathrm{G}}\bar{u} \sim \Sigma_n \left(\frac{GM}{\bar{u}^2}\right)^2 \Omega_{\mathrm{K}} \tag{6.36}$$

と見積もられる．ここで n と Σ_n は，微惑星の数密度と面数密度である．重要な点は運動エネルギーの増加率が惑星質量 M の 2 乗に比例することである．このことから，原始惑星による重力散乱が卓越する条件は

$$M^2N > m^2n \tag{6.37}$$

となることがわかる．ただし，N は原始惑星の数密度である．よって，原始惑星の総質量（MN）が系全体の質量（$mn + MN$）に比べて小さいうちに暴走成長を導く仮定が成り立たなくなることがわかる．

こうなると，寡占的成長とよばれる次のような成長様式に移行する．円盤ガス

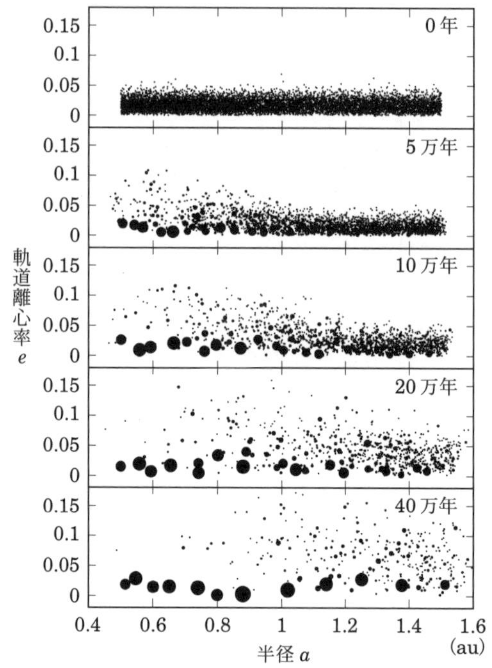

図 6.8　重力多体シミュレーションによる寡占的成長の様子．初期質量 1.5×10^{21} kg の微惑星 10^4 体の計算．ただし計算時間短縮のため惑星半径は 6 倍にし，ガス抵抗は考慮していない．小久保英一郎氏による．

の抵抗によって，微惑星のランダム速度は原始惑星の脱出速度の 1/3 程度に抑えられるため，各原始惑星はその勢力圏においては成長のペースは鈍るが暴走成長を続ける．ところが離れた領域にある原始惑星どうしの質量比は減少する，つまり原始惑星間では秩序的成長の様相を示す．結果として，同じような質量の原始惑星がずらっと並び，その間には軽い微惑星が分布するという状況が実現される．

重力多体シミュレーションによる結果を図 6.8 に示す．成長時間の短い内側から原始惑星が形成され，重力半径の 10 倍程度の間隔で並んでいく様子がわかる．集積が進むと微惑星はほとんど食べ尽くされ，原始惑星だけが各領域ごとに孤立して存在するようになる．

この孤立した原始惑星の質量（孤立質量）は簡単に計算できる．原始惑星が微惑星を集められる範囲（集積領域）の幅は原始惑星のヒル半径（128 ページ参照）の f 倍としよう．重力多体計算によれば f は 10 程度で M に依存しない．集積領域の総質量（集積可能質量）M_{feed} は

$$M_{\mathrm{feed}} = 2\pi a f r_{\mathrm{H}} \Sigma_{\mathrm{d}} \tag{6.38}$$

で，集積領域の幅に比例する．一方，(6.31) 式より（ここでは $M_1 + M_2 = M$ とする）集積領域の幅は $M^{1/3}$ に比例する．惑星が成長すると，それに応じて集積領域の幅も広がるが，それは $M^{1/3}$ でしか広がらないため，やがて M は集積可能質量に達してしまう．つまり，$M = M_{\mathrm{feed}}$ が孤立質量だと解釈できる．この考え方で孤立質量を計算すると次のようになる：

$$M \simeq \begin{cases} 0.09 \left(\dfrac{\Sigma_{\mathrm{d}}}{\Sigma_{\mathrm{d}}^{\mathrm{H}}}\right)^{3/2} \left(\dfrac{a}{1\,\mathrm{au}}\right)^{3/4} \left(\dfrac{f}{10}\right)^{3/2} M_{\oplus} \;\; [\mathrm{E}] \\ 1.7 \left(\dfrac{\Sigma_{\mathrm{d}}}{\Sigma_{\mathrm{d}}^{\mathrm{H}}}\right)^{3/2} \left(\dfrac{a}{5\,\mathrm{au}}\right)^{3/4} \left(\dfrac{f}{10}\right)^{3/2} M_{\oplus} \;\; [\mathrm{J}]. \end{cases} \tag{6.39}$$

ここで，$M_{\oplus}$ は地球質量である．ここまでの成長に要する時間 t_{grow} は，(6.35) 式より，$\Theta = 1 + (v_{\mathrm{esc}}/\bar{u})^2$ という記号を導入すると[*28]，次のように書ける：

$$t_{\mathrm{grow}} \simeq \begin{cases} 4 \times 10^6 \left(\dfrac{\Sigma_{\mathrm{d}}}{\Sigma_{\mathrm{d}}^{\mathrm{H}}}\right)^{-1/2} \left(\dfrac{a}{1\,\mathrm{au}}\right)^{13/4} \left(\dfrac{f}{10}\right)^{1/2} \left(\dfrac{\Theta}{10}\right)^{-1} \mathrm{yr} \;\; [\mathrm{E}] \\ 6 \times 10^7 \left(\dfrac{\Sigma_{\mathrm{d}}}{\Sigma_{\mathrm{d}}^{\mathrm{H}}}\right)^{-1/2} \left(\dfrac{a}{5\,\mathrm{au}}\right)^{13/4} \left(\dfrac{f}{10}\right)^{1/2} \left(\dfrac{\Theta}{20}\right)^{-1} \mathrm{yr} \;\; [\mathrm{J}]. \end{cases} \tag{6.40}$$

惑星の成長時間は，木星型惑星の領域でかなり長くなり，円盤ガス散逸前に木星型惑星のコアを形成するのはぎりぎりであることがわかる．最小質量モデルよりも Σ_{d} を増やせば成長時間が短縮できることがわかるが，余分な質量を太陽に落とすなど，最終的には除去する過程が必要となる．

以上の惑星形成の標準シナリオに対しては，いくつかの異論が出されている．

一つは惑星が数 cm から数 m のダスト集合体（ペブル）を集めて成長したとする仮説である．半径が数 km 以上の微惑星同士の合体成長によって原始惑星が形成されたとする標準シナリオに対し，少数の惑星エンブリオ（半径数百 km 程度の大型微惑星）が太陽方向に落下して来るペブルを集積して原始惑星に成長す

---

*28 Θ は，成長時間の過半を占める寡占的成長期には，10–20 程度である．

るという，ペブル集積モデルが提案されている．エンブリオの重力圏に入ったペブルは，ガス抵抗の効果によって，微惑星よりも効率よくエンブリオに集積できるため，惑星の成長時間がかなり短縮される．また，円盤外側の広い領域から落下するペブルを集められるため，原始惑星はより大きく成長できる．このため，円盤ガスの散逸前にガス惑星の形成が可能となる．ただし，種となる惑星エンブリオがまず何らかの過程で造られていることが，このモデルの前提となる．

もう一つは惑星の動径方向の大きな移動があったとする仮説である．惑星が孤立質量程度まで成長すると，周囲のガス円盤に密度波を励起して，それを介した角運動量交換が生じる．惑星は外側の円盤ガスとの相互作用で角運動量を失うが，内側のガスとの相互作用では角運動量を得る（リンドブラッド共鳴）．通常の円盤では，外側との相互作用が勝り，惑星は角運動量を失って太陽の方に落下する傾向にある．一方，馬蹄形軌道*29をとる惑星公転半径付近の円盤ガスと惑星の相互作用によっても角運動量交換が生じる（共回転共鳴）．こちらは円盤での熱輸送のタイムスケールに依存し，領域によっては惑星を外側に動かす寄与をする．さらに複数の巨大惑星が移動して接近した場合，相互に影響を及ぼしあって複雑な動きをする．

惑星の動径方向移動のタイムスケールは惑星成長時間に比べて短いため，その場での惑星成長を仮定している標準シナリオに対して大きな変更を迫るものである．しかし，上述の複雑さのため，今のところ，惑星移動を取り入れた惑星形成過程の描像はコンセンサスが得られていない．7 章で述べるように中心星に近い巨大な系外惑星（ホット・ジュピター）は，このような惑星移動を経験したと考えられる．しかし，太陽系の木星や土星がそのような大きな移動を経験したか否かは定かではない．

なお，こうしたペブルや惑星の動径方向の移動があると，孤立質量の概念が不明確になることに注意すべきである．

6.3.4　地球型惑星形成の最終段階

寡占的成長の結果，原始惑星が各領域ごとに孤立して形成される．木星型惑星の領域では，この原始惑星がコアとなって，周囲の円盤ガスを抱き込みガス惑星

*29 惑星に乗った回転座標系で，惑星軌道付近の円盤ガスが描く，太陽を中心として空隙の中間に惑星を挟む馬蹄形（C 字型）の縁をたどるような閉軌道のこと．

を形成する．この過程については6.4節で論ずる．

ここでは，地球型惑星の領域での惑星集積の最終段階を見てみよう．(6.39)式より，地球型惑星の領域には，火星質量程度の原始惑星が十数個形成される．これらは寡占的成長の時間スケールでは安定に見えるが，より長時間の天体力学的な相互作用によって軌道が不安定化する．

さらに木星・土星の形成は，地球型惑星形成にも強い影響を与える*30．木星の直接の重力摂動は小惑星帯あたりまでしか及ばないが，永年共鳴位置の移動（後述）という現象によって，地球型惑星領域全体に影響を与え得る．

惑星の軌道楕円は他の惑星や円盤ガスからの重力を受けると近日点方向がゆっくりと回転する．今，木星と円盤ガス，それに地球型惑星領域にある原始惑星を考えよう．木星の近日点方向は円盤ガスの重力摂動で回転する．一方，原始惑星の近日点方向も円盤ガスと木星の摂動で回転し，その速度は，重力摂動が弱まる内側にあるほど遅くなる．木星と原始惑星の近日点回転の速度が一致する軌道長半径 a に原始惑星が存在すると，周期平均された木星の摂動トルクが常に一定方向に働くため，原始惑星の軌道離心率 e は増大する．これを e に関する永年共鳴という．円盤ガスが散逸して質量が減少していくと，木星の近日点回転速度は低下するため，永年共鳴位置は内側へと移動する．最終的には円盤ガスはなくなるが，土星が存在するため，永年共鳴位置は金星軌道の少し内側で止まる．

この永年共鳴位置の移動は，円盤ガスの効果を加味すると，地球型惑星の進化の最終段階における一つの描像を与える．移動の段階では円盤ガスは残存しているはずだが，それがかなり希薄（最小質量モデルのガス量の 10^{-3} 程度）であっても，ガス抵抗により惑星軌道を円軌道にさせる働きがある．よって，永年共鳴が通過する部分にある原始惑星はいったん e が増大するが，その後ガス抵抗で円軌道化されるとともに a は小さくなる．小惑星帯の原始惑星は，内側に移動し，一部は地球・金星領域まで達して両惑星へ集積する．一方，地球・金星領域の原始惑星の e も一時的に増幅され，軌道交差により集積が進行する．最終的には現在程度の質量に成長した地球・金星は残存ガスにより円軌道化される．永年共鳴位置が通過しなかった水星はもとの原始惑星サイズからほとんど成長しないま

*30 ガス惑星の形成は，外側にあった原始惑星をより外側に移動させたと考えられている．これが天王星や海王星となった．

まだった.

この仮説は魅力的だが，木星の形成やガス円盤の散逸のタイミングや進み方を今後検証していく必要がある．さらに，前小節で述べた巨大惑星の移動があったとすれば，その影響によって，現在の地球型惑星や小惑星帯の姿が規定された可能性もある.

なお，こうした地球型惑星の最終段階の集積は，天体としての惑星の初期進化を規定する．たとえば，地球の月は，火星サイズの原始惑星が集積最終期に地球表層をかすめるように衝突した結果，破片が地球周辺にばらまかれ，それが再集積して形成されたという，ジャイアントインパクト仮説が有力である（4.2 節)．この仮説は Fe の欠乏など月のバルクの化学組成を定性的に説明するだけでなく，地球中心核（コア）形成や海洋蒸発など地球初期進化の議論にも大きな影響を与える．寡占的成長の結果生じた原始惑星の更なる集積が惑星形成の最終ステージに起こるという上記モデルは，この仮説と整合的である.

6.4　木星型惑星の形成

木星型惑星の大きな特徴は，水素とヘリウムを主成分とする大質量のエンベロープを持つことである（3 章参照)．6.1.4 節で述べた通り，木星型惑星のエンベロープは，太陽と元素組成が類似であることから，原始太陽系円盤のガス成分（円盤ガス）が集積してできたものと考えられる．一方，木星型惑星の内部平均密度は高く，構成元素として水素とヘリウムだけでは説明できないため，原始太陽系円盤内の固体成分（重元素）も取り込んだと考えられる．しかし，それらは必ずしも同時に集積したわけではないだろう．惑星内部の水素に対する重元素の相対存在度が太陽内部のそれに比べて明らかに高いことから，固体とガスはそれぞれ別のプロセスを通して集まったと考えられる．具体的には，固体の集積によって原始のコアが形成され，それが重力的に円盤ガスを獲得することでエンベロープが形成され，巨大なガス惑星となったという説が有力である．このような形成モデルは「コア集積モデル」とよばれる．本節では，コア集積モデルに基づいて，円盤ガス獲得過程を解説する.

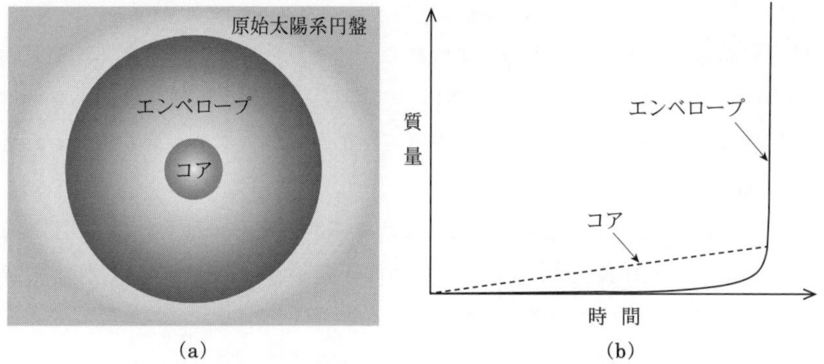

図 **6.9** (a) 原始木星型惑星の概念図．形成期の原始コアは，原始太陽系円盤ガスに囲まれており，円盤ガスを重力的に引きつけ原始エンベロープをまとっている．(b) 数値計算結果にもとづいた原始コア（破線）と原始エンベロープ（実線）の成長（質量増加）の様子．コアの質量がある臨界値を超えると，エンベロープの質量増加が暴走的に生じる（暴走的ガス捕獲）．

6.4.1 エンベロープを保持するための必要条件

原始太陽系円盤の中で形成される原始コアは，円盤ガスに常に取り囲まれている（概念図 6.9 (a)）．そして，前者は後者を重力的に引きつける．しかし，円盤ガスを大気（原始エンベロープ）として重力的に束縛する（保持する）ためには，原始コアがある質量以上になる必要がある．なぜなら，ガスは乱雑な熱運動をしており，それを重力によって押さえ込むことができて初めて束縛することができるからである．物理的にいえば，円盤ガスのエンタルピーと惑星から受ける重力ポテンシャルの和[*31] が負である場合に，円盤ガスは重力的に束縛されうる．

原始コアの中心からの動径を r とすると，この必要条件は次のように表すことができる．

$$r \leqq R_{\rm acc} \equiv \left(1 - \frac{1}{\gamma}\right) \frac{GM_p m}{kT} \tag{6.41}$$

ここで，M_p は原始惑星の質量，m は円盤ガス分子 1 個の平均質量，γ は円盤

[*31] ガスは，移動の際に周囲のガスと圧力を介して仕事の受け渡しをするので，エネルギー保存則には内部エネルギーではなく，エンタルピーが現れる．

ガスの比熱比，T は温度，G は重力定数，k はボルツマン定数である．$R_{\rm acc}$ は集積半径あるいはボンディ半径とよばれる．つまり，集積半径（$R_{\rm acc}$）が原始コアの半径（$R_{\rm c}$）より小さいと，(6.41) 式は満たされず，原始惑星はエンベロープを保持することができない．したがって，エンベロープを保持するための必要条件は $R_{\rm c} < R_{\rm acc}$ である．

たとえば，円盤ガスとして水素分子からなる理想気体を考え，温度 T として $T^{\rm H}$ (5.2 au) = 120 K を用いると，原始コアの質量（$M_{\rm c}$）がおよそ 0.01 $M_\oplus$ 以上の場合に (6.41) 式が満たされることがわかる．つまり，原始惑星が水素を主成分とするエンベロープを保持するには，少なくとも月質量程度に成長する必要がある．

6.4.2 原始エンベロープの構造と質量

(6.41) 式で示したように，原始エンベロープは $r \leqq R_{\rm acc}$ の領域内に束縛されたガスである．したがって，原始エンベロープの質量は，それ自体の構造に依存する．原始エンベロープのガス密度が全体として高ければ，その質量も大きくなるのである．これが現在の惑星大気とは異なる，原始太陽系円盤に接続している大気の特徴といえる．

原始エンベロープは動径方向に近似的に静水圧平衡状態にあるので，その力学構造は

$$\frac{\partial P}{\partial r} = -\frac{GM_r}{r^2}\rho \tag{6.42}$$

で記述される．ここで，P と ρ はそれぞれ圧力と質量密度であり，M_r は半径 r の球面の内側に含まれる総質量で，

$$M_r = \int_0^r 4\pi r'^2 \rho \, dr' \tag{6.43}$$

と定義される．

(6.42) 式を積分する際に必要な P と ρ の関係は状態方程式として与えられる．通常，状態方程式は温度を含む．原始エンベロープ内の温度分布は，供給されるエネルギー量（熱源）とその輸送効率によって決まる．原始エンベロープのおもな熱源は，集積する固体（微惑星など）が解放する運動エネルギーと，エン

ベロープ自体の収縮よって解放される重力エネルギーである．半径 r の球面を単位時間に流れるエネルギーフラックス L で表すと，

$$L \simeq \frac{GM_{\rm c}}{R_{\rm c}}\dot{M}_{\rm c} - \int_{R_{\rm c}}^{r} T\frac{\partial s}{\partial t}\,dM_r \tag{6.44}$$

と書くことができる．第 1 項が前者を表し，第 2 項が後者を表す．ここで，s は単位質量あたりのエントロピーである．また，$\dot{M}_{\rm c}$ は単位時間に集積する固体の総質量であり，それが原始コアの成長に直接つながる場合はコア成長率と見なすことができる．

こうして原始エンベロープ深部で解放されたエネルギーは，放射あるいは対流によって原始エンベロープの外側に運ばれ，最終的に原始惑星系円盤に捨てられる．放射が卓越している領域では，温度分布は

$$\frac{\partial T}{\partial r} = -\frac{3\kappa\rho}{16\sigma T^3}\frac{L}{4\pi r^2} \tag{6.45}$$

で決まる．ここで，σ はステファン–ボルツマン定数である．κ は電磁放射に対する消散係数（オパシティ）であり，原始エンベロープ中では固体微粒子（塵またはダスト）とガス分子からの二つの寄与が考えられる．一方，対流が卓越している領域では，温度分布は断熱温度分布に非常に近い．

これらの方程式を近似的に解いて，暴走的ガス捕獲（次小節）が発生する以前の原始エンベロープの構造を見てみよう．暴走的ガス捕獲が発生する以前は，原始エンベロープの質量はコア質量に比べて小さいので，(6.42) 式において $M_r \simeq M_{\rm c}$ とする．また，この時期の原始エンベロープを構成するガスは理想気体とみなしてよいので，理想気体の状態方程式

$$P = \frac{k}{m}\rho T \tag{6.46}$$

を用いる．熱源に関しては，暴走的ガス捕獲以前は固体集積による寄与が卓越しているので，(6.44) 式において第 2 項を無視する．さらに，簡単化のために，エネルギー輸送として放射輸送のみを考え，消散係数 κ を空間的に一定であるとみなす．このとき，原始エンベロープの構造は解析的に解くことができる．エンベロープ深部での密度分布は

$$\rho \simeq \frac{\pi\sigma}{12\kappa L}\left(\frac{GM_{\rm c}m}{k}\right)^4 \frac{1}{r^3} \tag{6.47}$$

となる．さらに，(6.47) 式 に $4\pi r^2$ をかけて，$R_{\rm c}$ から $R_{\rm acc}$ まで積分すれば，近似的に原始エンベロープの質量（$M_{\rm env}$）を次のように得る．

$$M_{\rm env} \simeq \frac{\pi^2\sigma}{3\kappa L}\left(\frac{GM_{\rm c}m}{k}\right)^4 \ln\left(\frac{R_{\rm acc}}{R_{\rm c}}\right). \tag{6.48}$$

(6.48) 式からいくつかの重要な情報が得られる．まず，原始エンベロープの質量はコアの質量に強く依存し（$M_{\rm env} \propto M_{\rm c}^4$），コアの成長に伴ってエンベロープが急速に成長することがわかる．次に，エンベロープ質量はエネルギーフラックス L（すなわち，固体集積率 $\dot{M}_{\rm c}$）と消散係数 κ に反比例する．これは，エンベロープの熱的な構造と関係する．つまり，L あるいは κ が大きいほどエンベロープは膨らんだ構造をとり，結果としてエンベロープの質量が小さくなる．最後に，$\ln R_{\rm acc}$ という弱い依存性を除いて，原始エンベロープの質量は境界条件（円盤ガスの温度や密度，原始惑星の太陽からの距離）に依存しないこともわかる．

6.4.3 暴走的ガス捕獲と臨界コア質量

詳細な数値シミュレーションの結果に基づいて，定性的な原始エンベロープの質量成長の様子を図 6.9 (b) に示した．図のように，原始エンベロープの質量はコア質量の増加とともに大きくなるが，その成長率は一定ではない．コア質量がある値に到達したときに一気に増加する．この過程 は「暴走的ガス捕獲」あるいは「暴走的ガス集積」と呼ばれる．また，このときのコア質量は「臨界コア質量」と呼ばれる*32.

この暴走的な過程は次のように解釈することができる．原始エンベロープの中では，コアの重力をガスの圧力で支えている．その圧力を維持するには，エネルギーの供給が必要である．臨界コア質量より軽いコアに束縛されている比較的希薄な原始エンベロープは，集積する固体が解放する運動エネルギーを熱源として温まっている（(6.44) 式第 1 項）．その後，コアが成長し原始エンベロープの質

*32 厳密には，(6.44) 式の右辺第 1 項のみを考慮して原始エンベロープの構造を解いた場合に，平衡解が存在する最大コア質量で定義される．

量が増大すると，エンベロープの深部も重力源となり上層部をひきつける．これを原始エンベ ロープの「自己重力」という．原始エンベロープの自己重力が卓越すると，もはや固体集積によって供給されるエネルギーだけでは不十分になり，原始エンベロー プは収縮をはじめ，それ自体の重力エネルギーの解放（(6.44) 式第 2 項）によっ て静水圧平衡状態を保とうとする．しかし，収縮の結果，原始エンベロープ深部の密度はさらに上昇する．その結果，さらなる自己重力の増大によって原始エンベロープが収縮し，さらに円盤ガスを獲得する．このような正のフィードバックによって，暴走的な円盤ガス捕獲が起こるのである．

この考察からわかるように，暴走的ガス捕獲が発生するのは，エンベロープ質量がコア質量と同程度になり，エンベロープの自己重力が有効になるときである．したがって，(6.48) 式で与えられる M_{env} を M_{c} と等しいとすることで，臨界コア質量（M_{c}^*）を近似的に求めることができる．それによると，

$$M_{\mathrm{c}}^* \sim A\dot{M}_{\mathrm{c}}^{3/7}\kappa^{3/7} \tag{6.49}$$

である．ただし，A は

$$A \equiv \left(\frac{\pi^2 G^3 \sigma}{3}\right)^{-3/7}\left(\frac{m}{k}\right)^{-12/7}\left(\frac{4\pi\bar{\rho}_{\mathrm{c}}}{3}\right)^{1/7}\left(\ln\frac{R_{\mathrm{acc}}}{R_{\mathrm{c}}}\right)^{-3/7} \tag{6.50}$$

である．これに，典型的な値として，$\dot{M}_{\mathrm{c}} = 1\times10^{-6}M_{\oplus}\mathrm{y}^{-1}$，$\kappa = 0.01\ \mathrm{cm}^2\ \mathrm{g}^{-1}$，$m = 3.9\times10^{-24}$ g，$\bar{\rho}_{\mathrm{c}} = 4\ \mathrm{g\ cm}^{-3}$, $R_{\mathrm{acc}}/R_{\mathrm{c}} = 100$ を代入すると，$M_{\mathrm{c}}^* = 14\ M_{\oplus}$ を得る．

詳細な数値シミュレーションによって求めた臨界コア質量（M_{c}^*）の値を，固体集積率（$\dot{M}_{\mathrm{c}}$）の関数として図 6.10 に示した．ここで，f は固体微粒子による消散係数の大きさに関係するパラメータで，分子雲の観測結果を参考にして原始太陽系円盤に元々存在したものと同じだけの量とサイズの固体微粒子が原始エンベロープに存在した場合を $f = 1$ とした．これは $\kappa \sim 1\ \mathrm{cm}^2\ \mathrm{g}^{-1}$ に相当する．原始太陽系円盤に存在した固体微粒子の多くは固体コアに取り込まれるため，$f < 1$ であると考えられているが，どの程度小さいかは不確定である．$f = 0$ はガス分子の消散係数のみを考慮した場合に相当する．実際の原始エンベロープ内では対流領域が存在するため，$\dot{M}_{\mathrm{c}}$ と f に対する M_{c}^* の依存性は (6.49) 式より弱いことがわかる（図 6.10）．

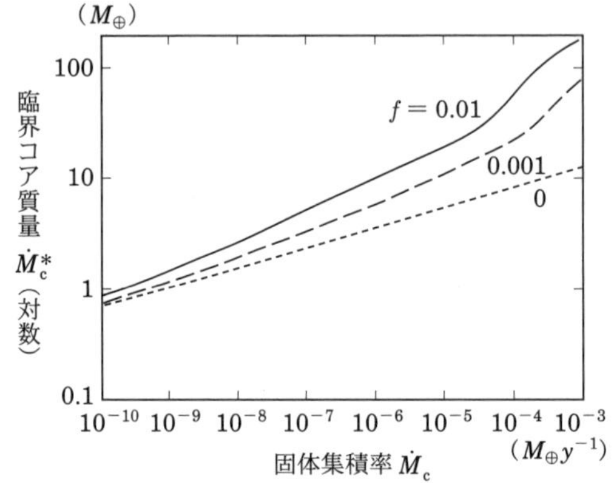

図 6.10 臨界コア質量の固体集積率に対する依存性．線種の違いはエンベロープ中の固体微粒子の消散係数の違いであり，実線，破線，点線はそれぞれ $f = 0.01, 0.001, 0$ の場合に相当する（Hori and Ikoma 2010, *ApJ*, 714, 1343 の図を改変）．

このように，固体集積率が小さくなると，臨界コア質量は小さくなる．つまり，固体の集積が鈍化すれば，いずれ暴走的なガス捕獲が生じる．そういう意味で，6.3 節で述べた孤立質量が実際上の臨界コア質量に相当すると考えることもできる．しかし，その場合に注意しなければいけないことは，円盤ガス捕獲に要する時間である．コア質量が小さいと重力が小さいため，円盤ガス捕獲に当然時間がかかる．数値シミュレーションの結果によると，その依存性は非常に強く，ガス捕獲の典型的なタイムスケール $\tau_{\rm env}$ は

$$\tau_{\rm env} \sim 1 \times 10^{10} f \left(\frac{M_{\rm c}^*}{M_\oplus}\right)^{-3.5} \ {\rm y} \tag{6.51}$$

である．円盤ガスの寿命は 1000 万年程度と言われているので，少なくとも $\sim 7\,f^{2/7} M_\oplus$ よりも大きなコアが必要である．ただし，図 6.10 を見てもわかるように，f が小さくなる（$\lesssim 10^{-3}$）とガス分子の効果が現れるため，$\tau_{\rm env}$ は f に比例しなくなる．

6.4.4 円盤ガス集積の終了と木星型惑星の最終質量

上の議論では，原始エンベロープへのガスの供給源が無限に存在することを仮定していた．その場合，惑星への円盤ガスの降着は，原始エンベロープの重力的

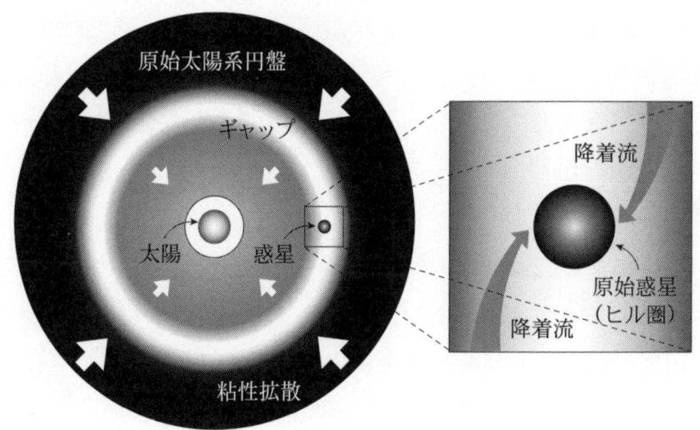

図 6.11　原始木星型惑星が円盤ガス捕獲を行っている時期の原始太陽系円盤の構造（原始太陽系円盤を上から見た概念図）.

収縮によって律速され，惑星質量の増加に伴ってどんどん加速していく．しかし実際には，原始太陽系円盤からのガスの供給率には限りがあり，ある時点で原始エンベロープの収縮に追いつかなくなる．そして，ガスの供給が惑星質量の増加を律速するようになる．図 6.11 に，その頃の原始太陽系円盤の構造（概念図）を示した．

そもそも，たとえ惑星周辺に円盤ガスが十分に存在したとしても，惑星への円盤ガスの降着率には上限がある．図 6.11 では惑星近傍の様子も拡大して示したが，原始太陽系円盤内の限られた領域にあるガス（降着流）しか原始惑星のヒル圏に流れ込むことができない．流体シミュレーションの結果によれば，降着流領域のガス面密度を $\Sigma_{\rm acc}$ とすると，惑星へのガス降着率 $\dot{M}_{\rm g}$ は

$$\dot{M}_{\rm g} \simeq 0.3 \left(\frac{h_p}{a_p}\right)^{-2} \left(\frac{M_p}{M_*}\right)^{4/3} a_p^2 \Omega_p \cdot \Sigma_{\rm acc} \tag{6.52}$$

と表すことができる．ここで，a_p は惑星の軌道半径，h_p と Ω_p はそれぞれ a_p における円盤ガスのスケールハイトと中心星まわりの角速度，M_p と M_* はそれぞれ原始惑星と中心星の質量である．これによると，例えば，最小質量円盤モデルの 5 au で暴走的ガス捕獲が起きた場合，惑星質量が 100 $M_\oplus$ 程度になる頃には，降着流による円盤ガス供給が惑星質量の増加を律速するようになる．

次に，惑星周辺に十分な量のガスが供給されない場合，惑星の質量増加はさ

らに遅くなる．図 6.11 に示したが，原始惑星の質量がある程度大きくなると，原始太陽系円盤内に溝（ギャップ）が開き，それによって降着流領域のガス密度が小さくなり（(6.52) 式で $\Sigma_{\rm acc}$ が小さくなり），質量増加の効率が落ちる．6.3 節で微惑星が原始惑星によって重力的に散乱されることを見たが，円盤ガスも同様に原始惑星による重力散乱を被る．しかし，固体とは対照的にガスは連続体であり，粘性による拡散や圧力勾配によってギャップを埋めることができるため，惑星質量が小さい場合は定常的にギャップが開くことはない．最小質量円盤や標準的な円盤では，圧力勾配の効果によって決まる条件がより厳しい条件を与えることが知られている．この条件は，原始惑星のヒル半径（$\sim r_{\rm H}$, 6.3 節）が原始太陽系円盤の厚み（$\sim h_p$, 6.2 節）と同程度になる場合に相当する（熱的条件）．したがって，定常的なギャップが形成され始める原始惑星質量 $M_{\rm gap}$ は，$r_{\rm H} \sim h_p$ より

$$M_{\rm gap} \sim 3 \left(\frac{h_p}{a_p}\right)^3 M_\odot \tag{6.53}$$

となる．最小質量円盤モデルでは，(6.53) 式は

$$M_{\rm gap} \sim 1 \times 10^{-3} M_\odot \left(\frac{a}{5\,\rm au}\right)^{3/4} \tag{6.54}$$

となり，5 au でおよそ木星の質量（約 $1 \times 10^{-3} M_\odot$）を与える．

しかし，ギャップ内のガス分布に関する近年の理論研究によれば，ギャップは従来考えられていたものよりも浅く広い構造を取り，ギャップ内の降着流領域のガス密度 $\Sigma_{\rm acc}$ はそれほど低くならない．そのため，原始惑星の質量が $M_{\rm gap}$ に到達した後も，惑星へのガス降着および質量増加が継続することが知られている．結果として，多くの場合，ギャップ形成が原始惑星の質量増加を律速するのではなく，原始太陽系円盤全体としての粘性拡散によって原始惑星軌道に円盤ガスを送り込む過程が律速する（図 6.11）．そして，惑星への降着以外の要因（光蒸発や他の惑星への降着など）で系から奪われるガスを除いて，原始惑星は原始太陽系円盤に元々あったガスをすべて獲得して，その質量成長を終えることになる．

ギャップ形成によって木星型惑星の質量が決まるという古典的な考え方は，(6.54) 式で示した通り，太陽系の木星の質量と整合的であった．しかし，

最近の考え方が正しいとすると，最小質量円盤において原始木星は木星質量の 10 倍あるいはそれ以上のガスを獲得するという見積もりになる．このことは，原始木星が，かなり進化（散逸）した円盤の中でガス捕獲を開始したことを示唆する．そもそも，(6.53) 式は，木星よりも土星の方が低質量であるという事実を説明できていなかったが，散逸しつつある円盤の中でガス捕獲を行うと考えると，木星と土星の質量の違いを定性的には説明が可能である．また，7 章で述べるように，系外惑星系の多様性を説明するには，惑星が円盤ガスとの角運動量のやりとりを通して中心星に向かって落下することが必要である．しかし，太陽系ではそれが起きてないように見える．この事実を説明する際にも，散逸しつつある円盤内で形成したという考え方が良さそうである．

6.5 大気の起源

個々の惑星を特徴付けるものとして，惑星の大きさや軌道の他に，大気の存在が挙げられる．そして，我々が惑星を観測したときに，最も多くの情報を得ることができるのは大気についてである．このような点から，個々の惑星大気の特徴がいかにして生じたのかを議論することは非常に興味深く，太陽系全体の起源と進化にも密接に関連している．

6.5.1 惑星大気の特徴

惑星大気の特徴は，大きく二つに分類することができる．惑星全体の質量と比較したときに，微量の大気しかもたない地球型惑星と，惑星質量に匹敵する大気をもつ木星型惑星である（表 6.1）．また，大気の主成分も，両者で大きく異なっている．木星型惑星は水素とヘリウムを主成分としているのに対して，地球型惑星は，炭素，窒素，酸素で構成される化合物である．このことから，大気の起源がそもそも木星型惑星と地球型惑星で大きく異なっていることがわかる．

木星型惑星の大気は，地球質量の 10 倍程度の固体の原始惑星（原始コア）が原始太陽系円盤ガスを暴走的に重力捕獲してできたと考えられている（6.4.3 節参照）．したがって，木星型惑星大気の組成は，原始太陽系円盤ガスの組成，つまり水素とヘリウムを主体とする太陽と同じような組成を持つこととなる．

一方，地球型惑星大気の組成はどうであろうか．図 6.12 に，地球型惑星大気

表 6.1 惑星大気の占める割合と主成分.

地球型惑星				木星型惑星			
	大気の割合	主成分（体積比）			大気の割合	主成分（体積比）	
水星	~ 0	希薄な Na,K 大気		木星	97–100%	H_2	86.3%
金星	9.9×10^{-5}	CO_2	96.5%			He	13.5%
		N_2	3.5%	土星	76–92%	H_2	89.7%
地球	8.5×10^{-7}	N_2	78.1%			He	9.9%
	(0.023%：海)	O_2	20.9%	天王星	5–15%	H_2	83%
		^{40}Ar	0.94%			He	15%
		H_2O	0–2%			CH_4	2%
火星	3.9×10^{-8}	CO_2	95.4%	海王星	5–15%	H_2	79%
		N_2	2.7%			He	18%
		^{40}Ar	1.6%			CH_4	3%

太陽組成：H_2 84%，He 16%.

の元素存在度を，太陽光球面で観測された太陽の組成（以降，太陽組成と呼ぶ）で規格化したものを示す．図からわかるように，地球型惑星大気の元素存在比は，太陽組成のそれとは大きく異なっている．顕著なのは，希ガスと呼ばれる化学反応性が乏しい元素（Ne, Ar, Kr, Xe）が同程度の質量数を持つ他の元素（H, N, C）とくらべて著しく少ないことである．地球上において希ガスが希ガスと呼ばれる所以である．また，重い元素ほど太陽組成とくらべたときに多く含まれている傾向がある．大気量は個々の地球型惑星で異なっているが，元素存在比のパターンは類似している．ただし水素に関しては地球にだけ多く存在している．これは，水分子中の水素を勘定に入れており，他の地球型惑星とくらべたときに，地球にだけ海が存在していることによる．

以上のことから，地球型惑星の大気は，太陽組成を持った原始太陽系円盤ガスの捕獲では直接説明することはきわめて困難である．たとえ捕獲したとしても，なんらかのメカニズムでその大部分を散逸させる必要がある[*33]．いずれにしても，地球型惑星大気の元素存在比に類似したなんらかの供給源が必要である．そ

[*33] 有力なメカニズムとして大気の流体的散逸（ハイドロダイナミックエスケープ）が考えられている．若い太陽から放射された強い極紫外線および X 線が惑星大気の上層部を加熱し，軽い水素が大規模に散逸した可能性がある．

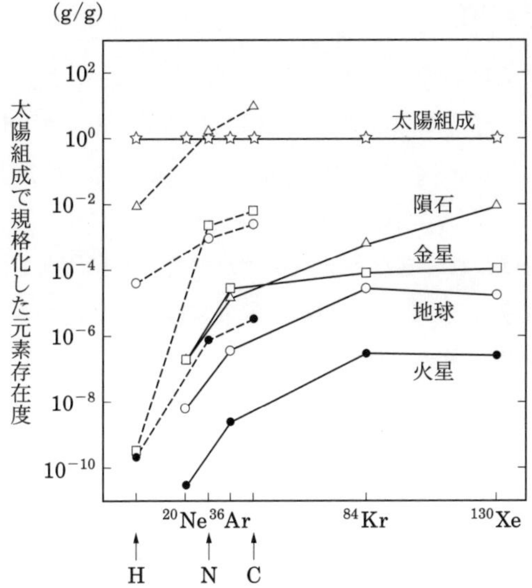

図 6.12 太陽組成で規格化した地球型惑星大気と炭素質コンドライト隕石の元素存在度．地球大気については，海水の水分子中の H と，推定される炭酸塩岩中の C を含めた．実線は，希ガスの元素存在度のパターンを表し，破線は，希ガス以外の H, N, C の元素存在度のパターンを表している．地球型惑星大気の元素存在度は太陽組成とは大きく異なっており，隕石のパターンに比較的類似していることがわかる．

の供給源をつきとめる有力な手がかりとして，小惑星帯から地球に飛来する隕石がある．揮発性元素を多く含む炭素質コンドライト隕石の元素存在比を図 6.12 に示す．炭素質コンドライト隕石の元素存在比のパターンが，地球型惑星大気のそれによく類似しているのがわかる[*34]．地球型惑星の大気の起源が，炭素質コンドライト隕石中の揮発性元素そのものであったかどうかは定かではないが，原始太陽系円盤ガス中で固体成分となったケイ酸塩（岩石）に，揮発性元素が取り込まれ，その揮発性元素が，地球型惑星大気の源となった可能性が高い．希ガスが岩石にあまり取り込まれなかったのは，希ガスの低い反応性によるものである．

[*34] 厳密には，いくつか類似しない点も指摘されている．たとえば，Xe/Kr 比や Ne 同位体比が異なる．

6.5.2 地球大気の形成

地球型惑星の大気はいつどのようにして形成されたのだろうか？試料を手にとって調べることが容易である地球大気に関しては，古くから研究がなされてきた．1950 年代に，ルーベイ（W.W. Rubey）は地表付近の揮発性元素の総量とその循環の収支を計算し，地球大気は火山ガスの噴出によって，地球史を通じて連続的に脱ガスが行われてきたと結論づけた．たしかに現在も脱ガスは起こっている．しかし，地球大気の形成に関わる脱ガスは，地球史のきわめて初期に集中的に起こったと現在は考えられている．

このことは Ar 同位体比から示唆される．地球マントル中の ^{40}Ar/^{36}Ar 比は 10^3–10^4 の値をもち，これは元素合成時に理論的に期待される値 10^{-4} とくらべて著しく高い．このような高い ^{40}Ar/^{36}Ar 比は岩石中の ^{40}K の崩壊（半減期約 13 億年）によって生じた ^{40}Ar が地球マントル中に蓄積したためである．したがって，現在の地球大気の Ar がマントルからの脱ガスによって，ごく最近に形成されたとするならば，現在のマントルと同程度の ^{40}Ar/^{36}Ar 比を持つ大気が観測されるはずである．しかし，現在の地球大気中の ^{40}Ar/^{36}Ar 比は 295.5 ときわめて低い．このことは，マントル中の ^{40}K の大部分が崩壊する前に脱ガスが起こったことを意味する．詳細なモデルによると，現在の大気中の Ar の 80%以上が，地球形成後，数億年以内に脱ガスしなければならないことがわかっている．同様の議論が，Xe 同位体比についても行われ，同様の結論が得られている．脱ガスするときに，Ar や Xe だけが選択的に大気中に放出されたとは考えにくい．したがって，地球大気は地球形成後のかなり初期に形成されたはずである．

また，海についてもかなり初期には存在していたことを裏付ける地質学的な証拠が残っている．たとえば，大量の水がなければ形成されない堆積岩や，水中で溶岩が噴出して固まったときに顕著にみられる枕状溶岩などが，38 億年前の地層から発見されている．

6.5.3 揮発性元素の供給

かなり初期に地球大気や海が形成したことはほぼ間違いはないが，大気や海を構成する揮発性元素が地球にどのようにして供給されたのだろうか？大きく二つの可能性が現在議論されている．一つは地球本体そのものを形成した地球軌道

(1 au) 付近の微惑星に，微量の揮発性元素が含まれていたとする説である．この場合，原始の地球が月程度の大きさにまで成長した段階で大気が形成しはじめたと考えられる．二つめは，1 au 付近の微惑星にまったく揮発性元素が含まれていないことを前提とし，揮発性元素を確実に含んでいる小惑星帯以遠の小天体が，少量だけ地球に飛来したとする説である．

前者の場合，微惑星に揮発性元素が取り込まれるためには，原始太陽系円盤ガス中での 1 au 付近の温度が低温である必要がある．原始太陽系円盤がきわめて光学的に薄いと仮定した古典的な円盤モデル (6.2.1 節参照) では，1 au 付近でそのような低温状態は実現されない．しかし，ダストのような太陽の光をさえぎるものがたくさん浮遊していれば，低温状態が実現可能であることも指摘されている．後者の説の場合，そもそも地球大気と海の総量 (1.4×10^{21} kg) は，地球本体 (6.0×10^{24} kg) とくらべたとき，ほんのわずかでしかないため，揮発性元素を含む小天体がわずかでも地球に供給されればよい．どちらのプロセスが実際に働いたかは，現段階ではよくわかっていない．場合によっては，両方のプロセスが働いた可能性も十分にある．

6.5.4 その他の地球型惑星

地球以外の地球型惑星の大気の起源についてはどうであろうか．程度の問題はあるにせよ，ほぼ地球と同様の大気形成プロセスが働いたと考えられている．そして，現在の地球型惑星大気の特徴の違いの多くは，大気形成後の進化によって決定付けられたと考えられている．

水星は，いったん大気が形成されたとしても，質量が小さいため，重力的に長期にわたって大気を保持することは難しく，現在のようなほとんど大気を持たない惑星となった (2.1.2 節参照)．火星は，水星よりも質量は大きいものの，地球とくらべると 1/10 程度しかないため，やはり，現在のような薄い大気になってしまった可能性が指摘されている．一方，地球とほぼ同じ大きさの金星 (地球質量の 0.8 倍) については，地球と同様の大気形成および進化を経た可能性が高い．しかし，金星は地球よりも太陽に近いため，地表面温度が地球よりも高くなり，海が水蒸気として宇宙空間へ散逸してしまったと考えられている (2.4 節参照)．

以上のことを考えると，地球という惑星は，きわめて生命の誕生と進化にとって都合のよい質量と軌道をもった天体であったといえるのかもしれない．

第7章

系外惑星系

私たちの太陽系はどのようにして生まれてきたのだろうか？ そして，地球や木星のような惑星は太陽系外にも存在するのだろうか？ そこでは生命が育まれているのであろうか？ 他の惑星系には太陽系とどれだけ違うものがあるのか？ 違う姿の惑星系では違う生命が棲んでいるのだろうか？ 太陽系そして地球は特殊なのか，一般的なのか？ これらの疑問は科学者の興味のみならず，人類・社会が宇宙・生命に対峙して抱く根源的な問いであろう．

この長年にわたり人々の心をとらえてきた問いに，私たちはようやく科学的に答えることが可能になりつつある．その背景には，何と言っても，1995 年に始まる主系列星を公転する系外惑星の発見がある．2020 年までに約 4000 個にもおよぶ「系外惑星」（太陽とは別の他の恒星のまわりを回る惑星）が発見されており，木星クラス（地球質量の 100 倍以上）の巨大惑星だけではなく，地球クラスの惑星も発見された．

7.1 系外惑星の観測の現状

7.1.1 系外惑星の発見

天文学的手法による系外惑星の探索が本格的に始まったのは，20 世紀中盤のことである．惑星は恒星とは異なりみずから明るく光り輝かないため，惑星自体を直接検出することはきわめて難しく，探索はもっぱら間接的な方法で行われてきた．まず，1940 年代から 1960 年代にかけて，惑星が引き起こす中心星の固有運動のふらつきをとらえるアストロメトリ法（7.1.2 節参照）によって，へびつかい座 70 番星，はくちょう座 61 番星などで相次いで惑星発見が報じられた．なかでも有名なのは，アメリカのバンデカンプ（P. van de Kamp）が数十年に渡って観測し，惑星発見を発表したバーナード星[*1]である．この発見は当時の教科書に載るほど有名であったが，その後アメリカのゲートウッド（G. Gatewood）らによる追観測で確認することができず否定されてしまった．同様に，それまでにアストロメトリ法で発見の報告があった他の恒星の惑星もすべて追観測で否定され，以後アストロメトリ法による系外惑星探索は 2020 年現在に至るまで地上からの成果は出ていない．

1980 年代に入ると，恒星の視線速度のふらつきをとらえるドップラーシフト法（7.1.2 節参照）が系外惑星探索に応用され始めた．それまでの視線速度測定精度は高々数 $100\,\mathrm{m\,s^{-1}}$ で，褐色矮星[*2]を検出するのが限界であったが，1979 年にカナダのキャンベル（B. Campbell）とウォーカー（G.A.H. Walker）がガス吸収セル（7.1.2 節参照）を用いた手法を開発し精度が一気に $10\,\mathrm{m\,s^{-1}}$ まで向上，系外惑星検出が現実味を帯びてきた．ウォーカーらは 1980 年からの 12 年間，この手法を用いて 21 個の太陽に似た恒星（太陽型星）を対象に系外惑星探索を行ったが，周期 15 年以内の軌道に木星の 1–3 倍以上の質量をもつ惑星を発見することはできなかったという報告を 1995 年にまとめた．同時期に観測していた他のグループも同様に悲観的な結果であった．

ところが，このウォーカーの報告が出版された直後，スイスのマイヨール（M. Mayor）とケロズ（D. Queloz）がドップラーシフト法を用いて初めての系外惑星発見に成功した．それは木星の 0.45 倍の質量をもつ惑星が太陽型星であるペガスス座 51 番星のまわりをわずか 4.2 日の周期で公転しているという驚くべきものだった．この発見は他のグループによる追観測でも確認され，人類初の

[*1] その後バーナード星のまわりには 2018 年にドップラーシフト法によって地球質量の約 3 倍の惑星の存在が報告されているが，かつてバンデカンプが発表したものとは別のものである．

[*2] 惑星より質量が大きいが，中心部で水素の核融合反応を起こす恒星よりは質量の小さい，いわば惑星と恒星の中間に分類される星．一般に，水素の核融合は起こらないが重水素の核融合が起こる，木星の約 13–80 倍の質量をもつ星がこれに分類される．

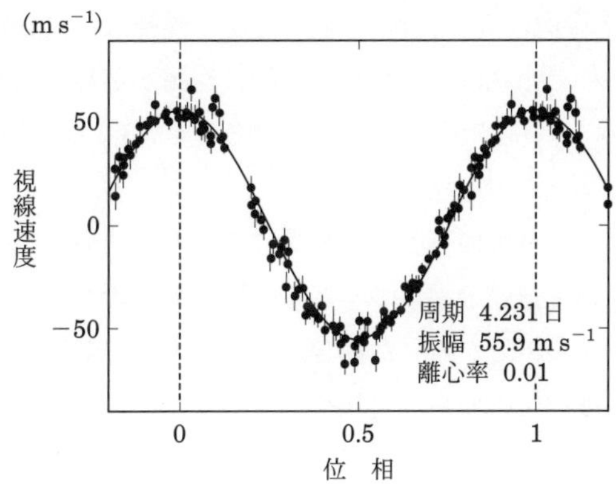

図 7.1 ペガスス座 51 番星の視線速度変化. 横軸は位相.

(一般の恒星における) 系外惑星発見となった (図 7.1) *3. その後, 地上観測の規模拡大とケプラー (Kepler), テス (TESS) 等の宇宙望遠鏡による大規模サーベイ観測の実施に伴って発見数は急激に増加し, 2020 年現在約 4000 個が報告されている.

7.1.2 系外惑星の検出

ここでは, 系外惑星のおもな検出方法を解説する. 惑星そのものからの光を観測する直接撮像法, 惑星重力による背景の恒星の光への影響を観測する重力マイクロレンズ法以外は, 惑星の存在が中心星にもたらすさまざまな効果を観測する間接法である. ドップラーシフト法に関しては, 視線速度精密測定技術についても解説する.

おもな検出法

(1) 直接撮像法

系外惑星を直接検出するには, 惑星の反射光か熱放射のどちらかをとらえることになるが, きわめて近い角距離に中心星があるため, 高コントラストと高感度, 高解像度を同時に実現することが大きな課題となっている (7.3.2 節参照).

*3 マイヨール, ケロズの両氏は太陽型星まわりの系外惑星発見の功績によって 2019 年度のノーベル物理学賞を受賞した.

2020 年現在，直接撮像によって約 25 個の惑星（候補天体含む）の発見が報告されており，発見された惑星はいずれも相対的に検出が容易な角距離の大きい（軌道半径の大きい），かつ高光度の巨大惑星である（7.3.4 節参照）．

(2)　アストロメトリ法

惑星をもつ恒星は，惑星の万有引力を受け惑星との共通重心のまわりを公転する．これを恒星の固有運動のふらつきとして検出するのがアストロメトリ法である．太陽系を 10 pc の距離から見た場合，太陽は木星の影響を受けて 0.5 ミリ秒角ふらつく．これは大気のゆらぎに比べてはるかに小さく地上からの検出はきわめて困難である．アストロメトリ法では，中心星から遠く離れた重い惑星ほど検出しやすい．

(3)　ドップラーシフト法

惑星との共通重心のまわりの公転運動は，視線方向の運動としてもとらえられる．ドップラーシフト法では恒星からの光のドップラー偏移を通してこの視線方向の運動を検出する．太陽と木星の系の場合，太陽の公転速度は約 $13\,\mathrm{m\,s^{-1}}$ であり，この系を真横から見ると太陽の視線速度は振幅 $13\,\mathrm{m\,s^{-1}}$ で周期的に変化する．太陽と地球の場合はその振幅は $10\,\mathrm{cm\,s^{-1}}$ である．視線方向に対して運動する天体からの光は，ドップラー効果により速度に応じて波長が変化する．速度 $13\,\mathrm{m\,s^{-1}}$ の場合は，可視光で約 $2 \times 10^{-14}\,\mathrm{m}$ の波長のずれとなって検出される．1995 年，マイヨールらはこの手法を用いてペガスス座 51 番星に初めて系外惑星を発見した．このような微小な視線速度変化を検出する観測技術については 248 ページで解説する．

ドップラーシフト法では，アストロメトリ法とは反対に中心星に近い重い惑星ほど検出しやすい．また，この方法では軌道傾斜角が決まらないため惑星の質量は下限値しか求まらない（ただし，アンサンブル平均では，この下限値は真の値の $\pi/4 \sim 80\%$ で，不定性はさほど大きくない）．

(4)　トランジット法

惑星の軌道面が我々の視線方向と平行な場合，つまりその系をほぼ真横（軌道傾斜角 90 度）からみているとき，惑星は中心星の前面を通過する（トランジット）．このとき惑星は恒星面の一部を隠すため恒星の明るさが一時的に減少する．この光度変化量は恒星と惑星の断面積の比によって決まり，太陽–木星の場合は

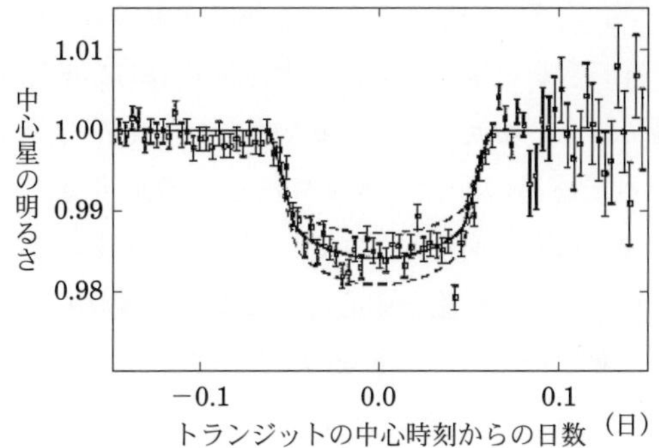

図 7.2 トランジットによる HD 209458 の明るさ変化．横軸はトランジットの中心時刻からの日数，縦軸は中心星の明るさ（トランジットの外のときの明るさを 1 とする）（Charbonneau *et al.* 2000, *ApJ*, 529, L45）．

約 1%，太陽–地球の場合は約 0.01%変化する．トランジットが検出されると，惑星の大きさのほか，軌道傾斜角の不定性が除かれるためドップラーシフト法と合わせて惑星の真の質量が求められ，惑星の密度を推定することができる．2000 年，シャルボノー（D. Charbonneau）らはドップラーシフト法の視線速度変化に合わせて HD 209458 の光度変化を初めて検出し（図 7.2），独立な二つの手法によって惑星の存在が確立された．また，同一系内に複数の惑星が存在する場合，惑星同士の重力相互作用によってトランジット惑星の周期にずれが生じることを利用して他の惑星を発見することもできる．

(5) パルサータイミング法

惑星との共通重心のまわりを公転する中性子星からの規則的パルスは，ドップラー効果によって周期的変動を示す．これを電波観測により検出するのがパルサータイミング法である．1992 年，ウォルスザン（A. Wolszczan）によってパルサー PSR 1257+12 のまわりを公転する 2 個の超低質量天体が発見された．いずれも地球質量の数倍程度の天体である．正式にはこれが人類が初めて発見した系外惑星だが，その成因が異なる可能性も大きく，一般の恒星のまわりの惑星とは区別して扱われている．

(6) 重力マイクロレンズ法

遠方にある天体からの光が，途中にある恒星の重力によって屈折し焦点を結ぶことを重力マイクロレンズという．レンズ天体（途中にある恒星）が相対的に移動し，かつ像が分解できない場合，遠方の天体は特徴的な増光を示す．レンズ天体が惑星をもつ場合，その増光曲線には鋭いスパイク状の増光が付随し，これを検出することによって惑星の存在が示唆される．2020 年までに地球質量の約 2 倍から木星質量の約 20 倍の惑星まで約 100 例の報告がある．マイクロレンズ現象では，他の方法では検出不可能な中心星から比較的離れた小さな惑星も観測可能であるが，通常一度限りのイベントなのでフォローアップが難しいという問題がある．

視線速度精密測定

系外惑星の発見は，恒星の視線速度変化の精密測定技術の飛躍的な進歩によってもたらされた．近年のエシェル分光器と大フォーマット CCD 検出器の開発によって，高分散かつ広波長域の分光観測が可能になり，恒星の多数の吸収線を視線速度測定に利用して統計的な誤差を小さくすることができるようになった．しかし，観測機器などに起因する系統誤差はそれよりはるかに大きく，これをいかにして回避するかが視線速度精密測定における課題となっている．ここでは，その代表的な方法を二つ解説する．

(1) ガス吸収フィルター法

恒星の光をガス吸収セル（特定のガスを封入した容器）に通して分光し，恒星のスペクトルに波長が安定したガスによる吸収線を重ね合わせ波長の基準とする．この基準に対する恒星の吸収線の波長変化を測定することによって，分光器の温度変化などによる検出器上での見かけのスペクトルのずれを取り除くことができる．この方法の原型は，地球大気（酸素など）の吸収線を基準に用いる方法に見られる．1980 年代前半に，カナダのキャンベルとウォーカーがフッ化水素セルを，アメリカのマーシー（G.W. Marcy）とバトラー（R.P. Butler）がヨウ素を封入したヨードセルを開発し，$10\,\mathrm{m\,s^{-1}}$ 以下の精度が達成されるようになった．さらに後者のグループは，ヨウ素の吸収線輪郭の変化を利用して分光器の器械輪郭の微妙な変化を補正する手法を開発し，$1\,\mathrm{m\,s^{-1}}$ 以下の測定精度を達成した．この方法は比較的簡単な装置を取り付けるだけで高い測定精度が得られるというメリットがある一方，測定に使用できる波長範囲がガスの吸収線が存在する狭い範囲に制限されるため，数十 $\mathrm{cm\,s^{-1}}$ 以下のような超高精度を得るためには非常に多くの光子を集めなければならないというデメリットがある．

(2) 比較光源光同時取得法

恒星のスペクトルと比較光源による波長参照用のスペクトルを検出器上にほぼ同時に並べて取得する．それぞれ基準となる雛型のスペクトルとの相対的なずれ分を求め，恒星スペクトルのずれ分に比較光源光スペクトルのずれ分を補正することによって，恒星本来の視線速度変化量を求める．この方法では，分光器への入射光パターンや分光器の器械輪郭の形を一定に保つことが重要である．1990 年代に入って，スイスのマイヨールらのグループは，分光器への光の導入に光ファイバーを用いて入射光パターンを安定化させ，かつ分光器自体の温度管理を入念に行う高分散分光器 ELODIE を開発し $10\,\mathrm{m\,s^{-1}}$ の測定精度を実現した．同グループは，さらに高精度の温度管理を行う同型の分光器 HARPS, ESPRESSO の開発によって $1\,\mathrm{m\,s^{-1}}$ 以下の精度を実現している．現在，さらに高精度を実現すべく世界中で新しい分光器の開発が行われているが，数十 $\mathrm{cm\,s^{-1}}$ 以下の超高精度を目指す場合は，一般にガス吸収セル法よりも広い波長範囲を測定に利用できる本手法が基本的に採用されている．

7.1.3 系外惑星の性質

2020 年現在，おもにドップラーシフト法とトランジット法によるサーベイによって約 4000 個の系外惑星が発見されているが，それらは我々の太陽系とは大きく異なる様相を呈しており，非常に多様性に富んでいることが明らかになっている．ここではその性質を簡単にまとめる（以下，データは 2020 年現在のもの）．軌道長半径の大きな惑星が発見されるようになるにつれ，太陽系の木星，土星に近い軌道や質量の惑星がだんだんと発見されるようになってきており，また，中心星近傍では地球質量（または地球サイズ）程度の惑星も発見されるようになってきているが，太陽系と瓜二つの惑星系はまだ見つかっていない．

(1) 頻度

長期間のドップラーシフト法によるサーベイの結果から，太陽型星が公転周期 10 年未満に土星質量以上の巨大惑星をもつ頻度は約 10%，すべての質量を含め少なくとも 1 つ惑星をもつ頻度は約 65%と言われている．また，公転周期 100

日未満の短周期惑星は約 50%の頻度で存在し，その多くが 30 地球質量未満の「スーパー・アース」（∼1–10 地球質量）または海王星質量（∼20 地球質量）惑星である．一方，ケプラー宇宙望遠鏡によるトランジット法サーベイの結果からは，太陽型星の約 55%に地球サイズ以上の短周期惑星が存在し，最も多いものは地球と天王星・海王星の間のサイズの（太陽系には存在しない）惑星であると言われている．しかし，これはあくまで現在の観測精度，観測期間で検出できる惑星の頻度であり，特に低質量，小サイズ，長周期の惑星については不確定性が大きい．

（2）　惑星質量

ドップラーシフト法で質量が測定されている惑星は，概ね地球質量程度から木星質量の 15 倍程度のものまで見つかっている．質量が大きくなるにつれ急激に数は減少し，木星質量の 13 倍を超えるような褐色矮星候補の頻度は非常に低い．これは“褐色矮星の砂漠”と呼ばれており，褐色矮星と惑星の形成過程の違いを反映するものと考えられている．低質量惑星では約 30 地球質量の惑星の頻度が相対的に小さく（図 7.3（左上）），これ以上質量が大きくなると急速にガスを降着して巨大惑星に成長することを示唆している．

（3）　惑星半径

トランジット法で半径が測定されている惑星は，概ね地球半径程度から木星半径の約 2 倍程度のものまで見つかっている．小型惑星（地球半径の 6 倍以下）は木星クラスの大型惑星（地球半径の 6 倍以上）に比べてはるかに存在頻度が高いが，中心星近傍（公転周期 100 日以下）では地球の 1.5–2 倍の半径をもつ惑星の頻度が相対的に低い（図 7.3（右上））．このことは，地球半径の 1.5 倍以下の短周期惑星は海王星サイズ（∼2 地球半径）の惑星の大気がほとんどはぎとられて残った岩石コアであることを示唆している．

（4）　公転周期，軌道長半径

軌道長半径 a は楕円軌道の長径の半分で，中心星からの距離を公転周期で平均したものにほぼ等しい．ドップラーシフト法で発見された惑星の a は，約 0.02–20 au（天文単位），周期にして約 2 日から約 50 年の範囲に分布している．公転周期約 15 年を超える惑星は観測期間の制限によって一周期をカバーできていない場合が多く，軌道の不確定性が大きい．直接撮像では数千 au もの軌道

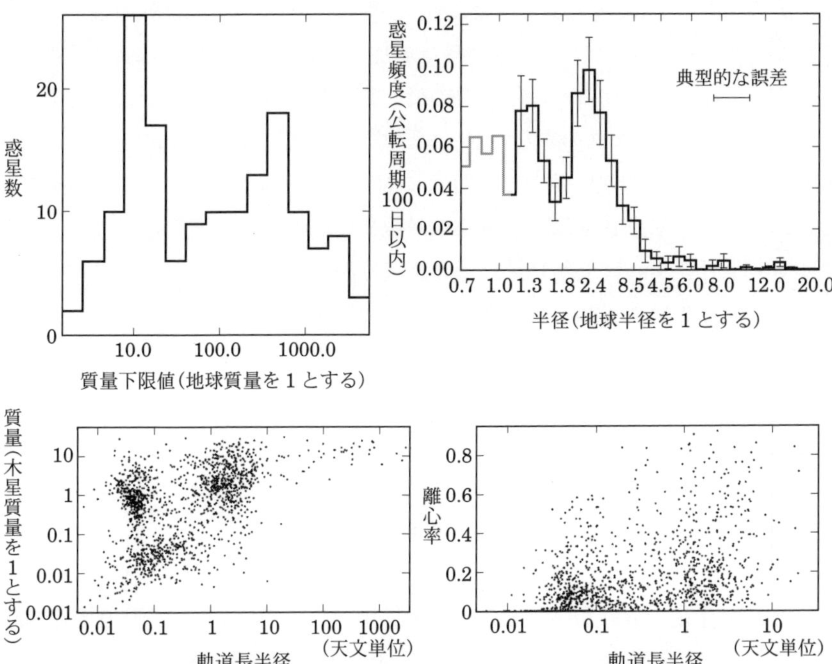

図 7.3 これまでに見つかった系外惑星の性質．（左上）質量分布（Mayor *et al.* 2011, arXiv:1109.2497v1）．（右上）半径分布（Fulton *et al.* 2017, *AJ*, 154, 109）．（左下）軌道長半径と質量の分布（データは NASA Exoplanet Archive に基づく）．観測手法の違いによるバイアスは補正していない．短周期巨大惑星（ホット・ジュピター）は見つけやすいため発見数は多いが，存在頻度は高々1%程度であることに注意が必要．（右下）軌道長半径と離心率の分布（データは NASA Exoplanet Archive に基づく）．

半径をもつ惑星も見つかっている．巨大惑星は約 0.1 au 以内に分布する「ホット・ジュピター」などと呼ばれる一群と，約 1 au 以遠に分布する一群とがある．ホット・ジュピターは公転周期が短いため見つけやすく発見数は多いが，存在頻度にすると高々 1%程度であることに注意が必要である．実際は軌道長半径が大きくなるにつれて巨大惑星の存在頻度は増加しており，観測的には軌道長半径の大きなものほど見つけにくいはずなので，この傾向は真の傾向だと言える．また，比較的観測バイアスの少ないドップラーシフト法で発見された惑星のみを見ると，木星質量以上の惑星は 1 au 以遠に固まって分布し短周期惑星は希少であるのに対して，木星質量以下の惑星は対数的に広がって分布しホット・ジュピターも若干目立つ．海王星質量以下の惑星は周期 30 日くらいに多く分布する．トランジット法によるサーベイからは公転周期 1 日以下の超短周期惑星も見つかっている（図 7.3（左下））．

（5） 離心率

離心率 e は軌道の歪みを表すパラメータで，0 が円軌道で 1 が放物線軌道であるが，観測されている惑星の軌道離心率は 0 から 0.95 程度まで広い範囲に分布している（図 7.3（右下））．ただし，離心率が非常に大きな（$e > 0.5$）惑星は中心星との潮汐作用が効くような近点距離（$r_{\min} = a(1-e) < 0.1$）をもつ軌道にはほとんど存在していない．また，巨大惑星（> 0.1 木星質量）は 0 から 0.95 程度までの幅広い離心率をとるのに対し，それより低質量の惑星は約 0.3 以下の比較的小さな離心率をとる傾向がある．離心率が大きな惑星を「エキセントリック・プラネット」と呼ぶことも多い（e がいくら以上という厳密な定義はない）．

（6） 多重惑星系

一つの恒星に複数の惑星が存在する多重惑星系は多数報告されている．巨大惑星は 30–50%が多重惑星系，低質量の惑星はそれ以上の割合で多重惑星系をなすとも言われている．これらの中には公転周期が 2：1 や 3：1 などの共鳴関係にある軌道をとる惑星系もある．

（7） 中心星の違い

現在最も多く惑星が見つかっているのはスペクトル型が FGK 型の矮星，いわゆる太陽型星である．質量の小さい M 型矮星でも近年精力的に惑星探索が行われており，木星クラスの惑星はほとんど見つかっていないが低質量惑星の存在頻度は高いことが示唆されている．一方，質量の大きい早期型主系列星はスペクトルに吸収線の数が少なく，高速自転により線幅も広がっているため，ドップラーシフト法による惑星探索は困難であり，質量の大きな恒星のまわりの惑星探索はこれらが進化した恒星である準巨星や巨星が対象となっている．これらのサーベイからは，巨大惑星の頻度は中心星質量が大きいほど高く，1.9 太陽質量の星（主系列では A 型星に相当）では約 20–30%に達すると言われている．より質量の大きい恒星における惑星系に関してはまだよく分かっていない．

中心星の金属量と巨大惑星の頻度には相関があり，金属量の多い恒星ほど巨大惑星が見つかる確率が高い．[Fe/H]$>+0.2$ の恒星で巨大惑星が見つかる確率は 10%以上なのに対し，[Fe/H]<0 の恒星では数%以下である．この相関は，惑星形成モデルとしてコア集積モデル（7.2.1 節，金属量が多い環境ほど固体材料が多く巨大惑星が形成されやすい）を支持する根拠の一つと考えられている．

単独星のまわりだけでなく，連星系でも惑星が発見されている．連星のどちらか一方の恒星を回るものも，両方の恒星を回るものもある．単独星のまわりの惑星との性質（質量，軌道長半径，離心率分布）の違いが示唆されている．

（8） 惑星半径，密度，大気，その他

トランジット法とドップラーシフト法の両方で確認された惑星については平均密度，組成が推定されている．例として，巨大惑星のうち HD 209458b[*4]は理論的な予想より半径が大きく低密度（1.3 木星半径，$0.4\,\mathrm{g\,cm^{-3}}$），逆に HD149026b は小さく高密度であり（0.7 木星半径，$1.2\,\mathrm{g\,cm^{-3}}$），HD149026b は巨大なコアをもつとされている．また，海王星に似た惑星や地球のような岩石惑星候補も見つかっているが，異なる組成から同じ平均密度を作り出すことができるため注意が必要である．

トランジットを起こす惑星系では，トランジット中の惑星の大気が恒星の光の一部を余計に吸収することを利用して惑星大気の成分を検出することもでき，HD 209458b を始めとするいくつかの系外惑星ではナトリウムや惑星のまわりに広がった水素ガスなどの検出が報告されている．惑星が恒星の背後に隠れているとき（secondary eclipse）に系全体からの赤外線強度が減少することを利用して，惑星からの熱放射成分も観測されている．また，トランジット中の中心星の見かけの視線速度変化（ロシター・マクローリン効果）から中心星自転軸と惑星公転軸のずれを測定することができる．太陽系の惑星については両軸はほぼ揃っ

[*4] 系外惑星の名前は，中心星の名前にアルファベットの小文字をつけて表す．その星で最初に見つかった惑星が b, 2 番目が c, 3 番目が d の順．

ているが，系外惑星系では揃っていない系も多数存在し，惑星形成後の軌道進化やそもそも原始惑星系円盤の回転軸がずれていた可能性などが示唆されている．

7.2 系外惑星の多様性の起源

7.2.1 太陽系形成標準モデルと系外惑星の矛盾

第 6 章では太陽系の形成過程の標準モデルについて説明した．惑星系は原始惑星系円盤から生まれる．この円盤は，H, He ガスが全体の質量の 98 %以上を占め，残りが固体ダストで構成される．ダストから微惑星が形成され，その微惑星が合体集積して地球型惑星や木星型惑星のコアが形成される（6.3, 6.4 節）．コアには円盤の H, He ガスが流れ込み，H, He ガスを主成分とする巨大な木星型惑星が形成される．円盤ガスが流入するためにはコアの質量は地球の 5–10 倍以上になることが必要である（6.4 節）．一般に，コアの軌道周辺にあってコアに集積される領域（フィーディング・ゾーン）の固体物質量は円盤の外側にいくほど多くなる．したがって，円盤の外側領域で大きなコアが形成され，木星型惑星が形成されやすくなる（ただし，あまり外側にいくとコアの形成時間が円盤ガスの存在時間を越えるので木星型惑星の形成は制限される）．特に，温度が 150–170 K 以下となって氷が凝縮する領域（太陽系の場合は小惑星帯以遠）では，さらに固体物質量が多くなるので，木星型惑星が形成しやすくなる．また，円運動をしている円盤ガスを集積して形成するので，木星型惑星はほぼ円軌道（軌道離心率 $e \ll 1$）で生まれると考えられる．

このコア集積モデルは円盤からの形成から自然に導かれるものであり，太陽系の地球型惑星，木星型惑星の並びをうまく説明する．ところが前節で見たように，発見された系外惑星で質量が木星程度もしくはそれ以上のものには，軌道長半径が極端に小さなホット・ジュピターが存在し，1 au 以遠では軌道離心率 e が（例えば 0.2 を超えるような）大きなエキセントリック・ジュピター（エキセントリック・プラネット）が多数を占めている．

これらの木星型惑星と思われる系外惑星は，上記の太陽系の標準形成モデルとは矛盾していると考えられ，発見時には，円盤が自己重力や他の恒星が通過した影響で分裂して木星型惑星が形成したというモデルも提唱された．円盤分裂モデルでは，木星型惑星は惑星系の外側領域に円軌道で形成されなくともよい．しかし，円盤分裂モデルは太陽系の標準形成モデルが確立される前に提唱されたモデルのリバイバルであり，現在の太陽系惑星をうまく説明できないという不都合により消えていったモデルである．円盤分裂モデルでは惑星の組成は中心星と同じになるはずなので，地球型惑星や天王星，海王星といった氷惑星とは明らかに矛盾する．木星や土星も太陽よりは重元素が有意に多い．また，7.1.3 節で述べた中心星の金属量と巨大惑星の頻度の相関はコア集積モデルを支持する．

太陽は銀河系円盤で平凡な恒星であり，現在の惑星分布から推定される原始太陽系円盤は，観測されるTタウリ型星の円盤の平均的なものに近いと考えられている（6.2 節）．観測されている系外惑星の多くは太陽型星のまわりで発見されたものなので，木星型惑星の形成過程は太陽系と多くの系外惑星系で共通していると考えることが自然である．

ホット・ジュピターやエキセントリック・ジュピターという系外惑星系の木星型惑星の多様性の起源に関して，現状で最も支持されている考えは，これらの惑星は，太陽系の木星や土星のように，比較的大きな軌道長半径の円に近い軌道で生まれて，その後，軌道が大きく変化したというものである．ただし，そうならば，太陽系の木星や土星はなぜ形成後に軌道が大きく変わらなかったのかという問題が残ることには注意がいる．

また，系外惑星系の半数以上は短周期のスーパー・アースのみが発見されている系であり，スーパー・アースが複数並んでいるものも多い．その短周期スーパー・アースの軌道の外側に木星型惑星が発見されていることは少ない．十分に離れた外側領域に木星型惑星が存在するのかどうかについては，議論になっているが，決着していない．この多数派ともいえるスーパー・アースの惑星系も太陽系とは大きく異なる．原始惑星系円盤の内側領域にもとから存在する固体成分の量は多くないので，スーパー・アースはある程度遠方の軌道で形成されてから内側に移動してきたか，材料物質が移動してから内側領域で集積したのではないかと考えられているが，観測されている短周期スーパー・アースの軌道・質量分布を統計的に整合的に説明する理論モデルはまだ完成されていない．スーパー・アースは質量が木星型惑星より桁で小さいので，軌道半径が 1 au を超えると観測が難しくなり，理論の制約も簡単ではないことも，理論モデルが完成していないことの一因である．

一方で，木星型惑星に関しては 5 au 以内の分布は観測的によくわかっているので，その形成や軌道進化の理論モデルを制約することはスーパー・アースに対するものよりは容易である．したがって，ここでは木星型惑星の軌道変化について述べるにとどめ，多数を占める短周期スーパー・アース系の形成については未解決の問題として残すことにする．

7.2.2 ホット・ジュピターの起源

ホット・ジュピターの起源に対して，有力なモデルのひとつは，中心星から離れた場所で形成された木星型惑星が，円盤ガスが中心星へ降着していく流れにひきずられて，中心星の近くまで移動するというものである．木星型惑星のガス成分は円盤ガスを獲得したものなので，木星型惑星形成時には円盤ガスが存在する．惑星質量が地球質量の数十倍以上になると，惑星重力で惑星軌道近傍の円盤ガスがはね飛ばされて円盤にギャップが開く．逆に惑星はギャップの内側および外側の縁から遠ざけられるので，結果として惑星軌道はギャップの中に固定され，円盤との相対運動はとまる．しかし，円盤自身は乱流粘性によって中心星へゆっくりと降着するので（6.3 節），惑星もひきずられて，中心星方向に移動すると考えられている（図 7.4）．移動の時間スケールはその場所での円盤の拡散時間のオーダーになる．

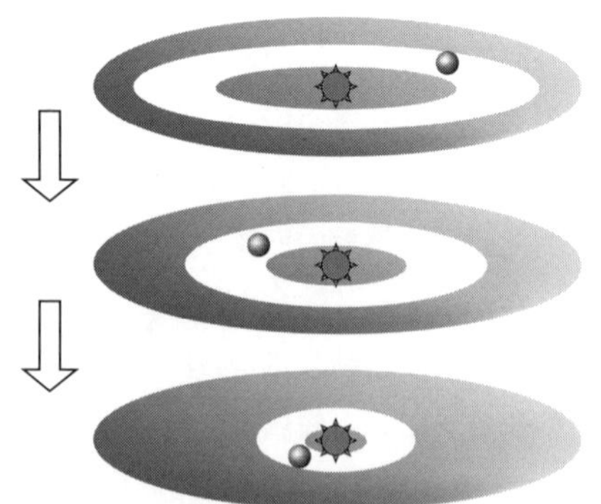

図 7.4 惑星の移動の模式図．惑星が円盤にギャップをあけて，円盤の中心星への降着とともに内側に移動する．

拡散時間は，粘性を ν, 軌道半径を r とすると，r^2/ν で与えられ，一般に ν は r^2 よりは r の依存性は弱い．したがって，拡散時間は r が小さくなるほど短くなるので，惑星の移動は加速度的に進行し，円盤の内縁まで一気に到達することになる．円盤内縁まで達すると円盤ガスは熱電離し，中心星磁場にそって中心星に流れ込むが，惑星は取り残される．さらに中心星の潮汐変形による力も移動を止めようとする．これらの効果により，中心星付近に移動してきた木星型惑星が円盤内縁部にたまる傾向があり，それが観測されているホット・ジュピターであろうと考えられている．

上記は，木星型惑星の軌道移動の「古典的」理論モデルである．そのモデルでは円盤ガスはギャップによって食い止められ，そのことでガスは惑星を内側領域にむけて押していくというイメージにもとづいている，だが，数値シミュレーションの精密化により，円盤のギャップは密度が低いながらも真空ではなく，惑星軌道より外側の円盤ガスは，ギャップを高速ですり抜けて内側領域に到達し，ガスがギャップで食い止められないことがわかり，木星型惑星の軌道移動の本質はすり抜けるガスとの重力相互作用であるという意見が強くなってきていることには注意がいる．このモデルでは古典的モデルよりも，惑星質量が大きくなると移動が遅くなることを示し，重い木星型惑星が 1 au 以遠に残りやすいことを予測するので，新しいモデルによる理論予測のほうが観測データと整合的であることが指摘されている．

7.2.3 エキセントリック・ジュピターの起源

木星型惑星の軌道を円から楕円に変化させるためには，何かの重力摂動が必要となる．摂動源としては，同じ系の他の惑星，ガス円盤，連星系の場合の伴星などが考えられる．図 7.3 によると，観測されている系外惑星では軌道離心率が 0.5 を越えるようなものも多数存在している．このような大きな軌道離心率を生じさせることが可能なのは，同じ系の他の木星型惑星か連星系の場合の伴星であるが，エキセントリック・ジュピターの大部分は単独星のまわりで発見されているので，他の木星型惑星による重力散乱が原因と考えるのが妥当であろう．

大きな離心率を生じさせる強い重力相互作用が働くような軌道配置はもともと不安定であって，そもそも，そのような配置で惑星が形成されるのかという疑問がでてくる．だが，数値シミュレーションによると，巨大惑星が3個以上の場合は，惑星が形成される時間スケールでは安定だが，それよりも桁で長い時間スケールでは不安定になり得ることがわかった．円軌道で惑星が形成された後に，だいぶたってから軌道が不安定になると，軌道が交差して何度も近接散乱がおきて，内側にあった惑星が外側に移動したり，ある惑星は系外に放出されたりする．また惑星同士の衝突も起こる．もともと軌道交差していなかった惑星たちが軌道交差をするようになることを「軌道不安定」と呼ぶ．

惑星が2個の場合は，軌道間隔が惑星質量に応じてきまるある限界値以下だと軌道が不安定ですぐに離心率が増大して軌道交差が起こり，それ以上の軌道間隔だと離心率は小さな幅で振動するだけで，軌道は安定である．この場合は，惑星が形成されるのは安定な軌道間隔のときなので，その後も軌道は安定なままで，エキセントリック・ジュピターは形成されない．

ところが，惑星が3個以上になると状況が変わる．数値シミュレーションによると，惑星が3個以上の惑星系では，惑星の軌道間隔がどれだけ大きくても，有限の時間で突然軌道不安定がおこる．その不安定がおこるまでの時間は軌道間隔と惑星質量の非常に敏感な関数として経験的に与えられている．つまり，木星型惑星の形成時間スケール（10^5–10^7 年）では軌道は安定だが，中心星の主系列段階の寿命 $\sim 10^{10}$ 年以内に不安定になるということが十分起こり得るのである．

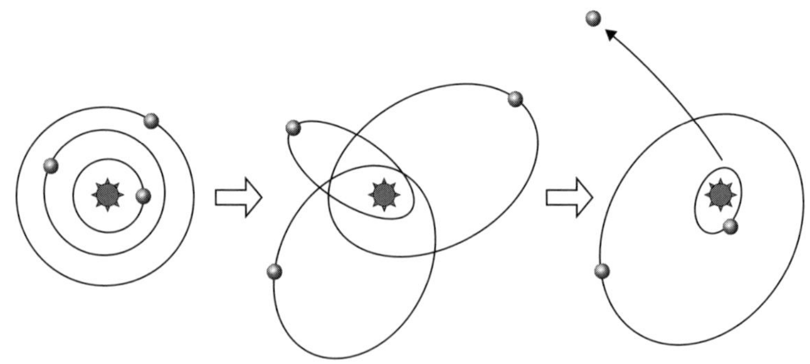

図 7.5 惑星の軌道不安定の模式図．3個の巨大惑星がほぼ円軌道で形成された後に相互重力の影響で軌道が歪んで軌道交差がおこる．1個の惑星が放出され，2個が安定な楕円軌道の惑星として残る．

惑星3個以上で軌道交差が始まると，多くの場合，ひとつの惑星が系外にはねとばされ，のこりの惑星が大きな軌道離心率をもって残る．3つの惑星の軌道交差の場合，残る惑星は2つだが，それらの軌道間隔は大きく，楕円軌道であっても安定になる場合が多い．外側に残る惑星の軌道長半径はかなり大きくなる場合が多く，ドップラーシフト法で検出できるのは一番内側のものだけである．このことは，2021年までに発見されたエキセントリック・ジュピターの多くが単体のであることと矛盾しない．また，軌道不安定で軌道離心率が跳ね上げられるならば，当然，いったん軌道不安定が起きれば，重力が強い木星型惑星の軌道離心率のほうがスーパー・アースの離心率よりも大きくなるはずで，これも観測と一致している（7.1.3節），

この軌道不安定はホット・ジュピターの形成モデルのひとつとしても提案されている．内側の長楕円軌道に飛ばされた惑星の近点が中心星に近い場合，惑星と中心星の潮汐相互作用により，近点距離をほぼ保存したまま，軌道離心率が減少するので，ホット・ジュピターになる．この場合，当初の近点距離によっては，軌道離心率の減少が恒星年齢では中途の状態ということもある，また，惑星同士の強い散乱で軌道面傾斜角が大きく変動したあとに潮汐による円軌道化が起こると， 軌道面傾斜角の大きなホット・ジュピターが形成され，場合によっては中心星の自転の方向とは逆方向の公転をするホット・ジュピターになる．このようなホット・ジュピターは数多く発見されており，7.2.2節で考えたような円盤との相互作用で内側に移動したホット・ジュピターもある一方で，ここで述べたような成因でホット・ジュピターになったものもあると考えられている．ただし，その割合については，まだわかっていない．

7.2.4 系外惑星系の多様性の起源

太陽系では木星や土星は太陽から離れた場所にほぼ円軌道で留まっている．系外惑星でも木星質量よりも有意に重い惑星では軌道長半径が大きなものが多い．一方で，木星質量程度以下の惑星の軌道半径は，小さなもの（ホット・ジュピター）から大きなものまで広く分布し，発見された木星型惑星の多くがエキセントリック・ジュピターである．この多様性はどのような要因によって引き起こされるのだろうか．

ひとつの可能性は惑星系の母胎となる原始惑星系円盤のバラエティである．6.1 節，6.2 節で議論されているように，分子雲コアの収縮で恒星は形成され，角運動量が抜けきらなかった部分が原始惑星系円盤になる．もとの分子雲コアの角運動量には分布があり，角運動量輸送の効率にもばらつきがあるので，結果として，原始惑星系円盤のサイズや質量には桁のばらつきが観測されている．その原始惑星系円盤の乱流拡散をコントロールするガス流体の不安定性や円盤ガスを蒸発させる中心星紫外線強度にもばらつきがある．円盤は水素・ヘリウムを主成分とするが，岩石や氷といった固体成分を作る元素の存在度には桁まではいかなくても，星生成領域によって，かなりのばらつきがある．円盤の状態が異なれば惑星移動は変わる，惑星集積についても近年注目を集めているペブル集積（6.3.3 節）は円盤の状態に敏感に依存する．どの円盤パラメータが惑星系のどの性質をコントロールしているのかについては，数多くの議論があり，2021 年現在，まだ議論は収束には向かっていない．

ここでは，例として，木星型惑星の軌道移動（7.2.2 節）や軌道不安定（7.2.3 節）が円盤質量によって受ける影響について指摘しておく．観測的には，太陽系を作った円盤（$M \sim 10^{-2} M_\odot$）よりも桁で質量が大きい円盤も桁で小さい円盤も存在することが示唆されている．

円盤の消失には紫外線による蒸発も寄与しているかもしれないが，典型的には $10^{-8} M_\odot$/年ほどの円盤から恒星への降着流があることが観測されている，平均的円盤質量は $\sim 10^{-2} M_\odot$ なので，この降着によって円盤が消える時間スケールは 10^6 年となり，これは観測から示唆されている円盤の寿命の 10^6–10^7 年と辻褄があっており，粘性拡散や円盤風による円盤角運動量輸送による降着流が，円盤散逸に中心的に寄与していることが示唆される．軌道移動の古典的モデルでは，円盤の降着に乗っかる形で木星型惑星の軌道が内側に移動すると考えていたが，その場合，紫外線による蒸発が重要でない限り，ほとんどの木星型惑星がホット・ジュピターになってしまうことになる．一方で，軌道移動の新しいモデルでは，惑星軌道は円盤降着流に乗るわけではなく，重い木星型惑星では移動が遅く，降着流だけによる円盤消失の場合でも，中心星から離れた軌道に残ることになる．

十分重い円盤では重い木星型惑星が形成される可能性が高いので，中心星から離れた軌道に木星型惑星が残るのかもしれない．系外木星型惑星と比べると，太陽系の木星も土星も質量はあまり大きくない，また，7.2.1 節で述べたように，コア集積モデルでは外側のガス惑星ほど大きい傾向になるが，木星よりも土星のほうが質量が小さい．これらのことは，円盤消失前ぎりぎりに木星が完成し，軌道半径が大きい土星では惑星形成が遅いので，ガス集積の途中で円盤ガスがなくなったことを示しているのかもしれない．その場合，木星も移動する時間があまりなかったので，現在の位置に残ったと考えることもできる．

一方で，質量の大きな円盤では，コアの集積も早く，木星型惑星が 3 個以上形成する可能性がある．すると，軌道不安定がおきやすくなる．太陽系では，円盤がそこまで重くなかったので，木星型惑星は木星と土星の 2 つだけしか形成されなかったことで軌道不安定はおこらず，円軌道で残ったのかもしれない．

ここまで木星型惑星について述べてきたが，スーパー・アースの軌道分布の説明や，なぜ太陽系では短周期のスーパー・アースが形成されなかったのかについては，今後の課題である．

7.3 系外惑星の直接観測とその展望

7.3.1 第 2 の地球・生命探しに向けて

現在，地上・スペースにおいて数多くの系外惑星検出計画が進行し，提案されている．ただし，その観測手法の多くが間接方法と呼ばれるもので（7.1 節参照），惑星そのものの画像を得たり，スペクトルを調べたりする直接方法ではない[*5]．言うまでもなく，次の重要なマイルストーンは，

(1) 木星型惑星そのものを直接的に撮像すること，

(2) 地球型惑星を間接的であれ検出すること，

(3) 地球型惑星を直接撮像し，生命の証拠をつかむこと，

であろう．

若い星のまわりの巨大木星型惑星の直接検出については，現在の 8–10 m クラ

[*5] 「間接観測」では，惑星からの光を恒星からの光と区別できない．惑星の存在によるさまざまな影響を検出する．「広義の直接観測」では，惑星からの光を恒星からの光と区別して観測できるが，画像として惑星を区別できない．たとえば，惑星が恒星に隠されたときに生じる熱放射量の微小な減少を検出することや，惑星からの反射光スペクトルを分光的・偏光的に恒星光と区別してとらえることは広義の直接観測にあたる．「狭義の直接観測」は惑星を画像に収めることと定義する．

スの地上望遠鏡や稼動し始めた大型光赤外干渉計にとって最も重要な観測的課題とされている．さらに，その惑星大気の分光は有効口径 6.5 m のスペース赤外線望遠鏡（NASA の JWST）によって観測可能なスペクトルの波長範囲を広げるができる．しかし，木星の約 1/300 の質量しかない地球型惑星を検出するのは，直接法はもちろん間接法においてさえも容易ではない．

系外惑星探査計画において，この最も困難だが重要なステップである「地球型系外惑星の直接検出と生命の兆候の確認」に真正面から挑戦する計画もある．たとえば，我々の近くにある M 型矮星や太陽型星のまわりにおいて．生命を育むことが可能な領域，いわゆる生存可能領域（habitable zone）に位置する地球に似た大気を持つ惑星からの光を検出することが検討されている．

ここでは，系外惑星検出の直接観測方法を簡単に説明し，関連する諸計画についての展望を示す．

7.3.2 系外惑星の直接検出の困難さ

系外惑星を直接観測するためには，

（1） 主星の反射光あるいは惑星自身の熱放射として暗い惑星を検出するだけの高感度，

（2） 主星のすぐ近くにある惑星を見分けるための高解像度，

（3） 暗い惑星が明るい主星のハロー（星像の裾野）に埋もれてしまわない高コントラスト（あるいは，ダイナミックレンジ），

の 3 者を同時に実現する必要がある．

たとえば，我々から 10 pc 離れたところから太陽系を見た場合，地球の明るさは可視光波長の V バンド（波長 0.6 μm）で約 29 等，中間赤外波長の N バンド（波長 10 μm）で約 20 等になる．地球・太陽間の角距離は $0.1''$ しかない．これらは，それぞれの数値だけを見ると，現在の観測技術でも達成できている．最大の問題は，太陽・地球の明るさの比（コントラスト）である．図 7.6 は太陽系の惑星と太陽のスペクトルエネルギー分布である．惑星のスペクトルは，波長 0.4–5 μm あたりの可視光・近赤外波長では太陽からの「反射光」が主となるが，波長 7–20 μm あたりの中間赤外より長い波長では，惑星自体の熱放射の寄与のため両者の明るさの比は多少緩和される．それでも，この明るさの比を上記の角

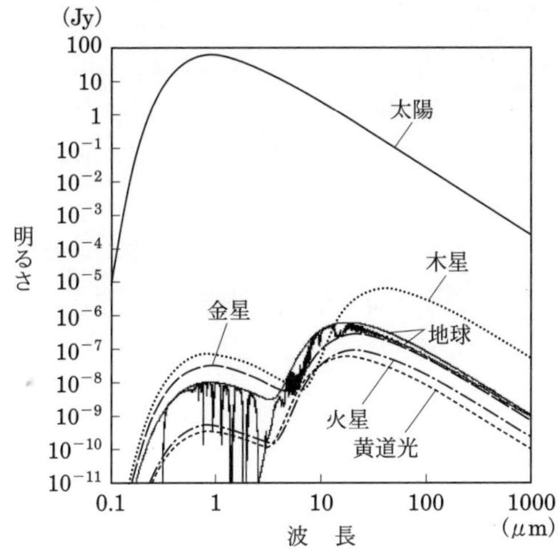

図 7.6　10 pc においた太陽系のスペクトルモデル．太陽，木星，地球，金星，火星，黄道光が示されている．惑星の天体のスペクトルは太陽からの反射光と惑星みずからの熱放射の 2 成分から成る．惑星自体からの熱放射が寄与しはじめ，コントラストが多少とも緩和されるのは近赤外を越えた波長（約 5 μm 以上）である（Traub & Jucks 2002, *AGU Monograph Series*, 130, 369）.

距離で達成できる観測装置は現在のところ存在しない．過去の間接検出の成功がドップラーシフト法のための分光技術の進展に裏づけされていたように，系外惑星の直接検出への挑戦にも，観測そのもの以上に技術開発が必須である．そのためのコントラストを向上させるための技術を総称して高コントラスト技術と呼ぶ.

7.3.3　地上における系外惑星の直接検出

7.3.2 節で紹介した恒星・惑星のコントラストは年齢約 46 億年の我々の太陽系の値に基づいたものである．惑星を探査する天体の種類を選択することによって，このコントラストを低減することが可能である．たとえば，年齢 100 万年の「若い恒星」のまわりに木星型惑星が存在すると，その光度は現在の木星より約 1000 倍明るく，コントラストは約 6–7 桁にとどまる．これは，若い天体は収縮による重力エネルギーを放射し，かつ，水素核融合による恒星と惑星の光度比が生じないためである．また，「白色矮星」のまわりに惑星が存在する場合も主星は近赤外線波長で相対的に暗いためコントラストは小さくなる．このような惑星は，8–10 m クラスの地上望遠鏡によっても検出することが可能である．しかしながら，惑星検出は通常の撮像装置では困難で，いくつかの最新技術の応用が不可欠である．

他方，波長選択によるコントラスト低減は地上観測では難しい．恒星・惑星のコントラストとの関係も考慮すると中間赤外線が有利だが，地上では熱雑音が最大になる波長に対応するためである．

補償光学

地上からの系外惑星検出にとって重要な技術の一つは，大気ゆらぎをリアルタイムで補正する補償光学（adaptive optics）である．これは，参照星と呼ばれる天体（観測天体，あるいは，その近くの恒星）の波面を測定し，大気ゆらぎによって乱された波面を変形可能な鏡面によって時々刻々と補正する技術である．現在はもっぱら，可視光波長で波面測定を行い，赤外線波長で天体を観測する．補償光学で補正された星像（PSF（point spread function）とも呼ぶ）は，コア（core）と呼ばれる中心部分，同心円状のいくつかのエアリー（Airy）リング，および，ハロー（halo）からなり，それらの割合は補正度合によって変わる（図 7.7）．

解像度はコアの半値幅（FWHM）で表され，観測する近赤外線波長のすべてあるいは一部で回折限界[*6]が達成されている．補償光学によって，望遠鏡の解像度が向上するだけでなく，コアにエネルギーが集中することによって感度も向上する．惑星検出のためにはハローをできるだけ低減することが重要なため，できるだけ高次までの波面補正が可能な数千素子以上の超多素子補償光学（extreme adaptive optics）も実用化されている．

コロナグラフ

主星のハローに埋もれた惑星を検出するためには，さらに別の技術が応用される．ステラーコロナグラフ（stellar coronagraph）は，像面に遮光マスク，瞳面にリヨストップ（Lyot stop）と呼ばれる回折光用マスクを設けることによって，明るい恒星光を遮光し，星像のハローを低減する（図 7.8）．これは古典的リヨ

[*6] 望遠鏡口径で決まる解像度（$\sim 1.2 \times$ 波長/口径）．

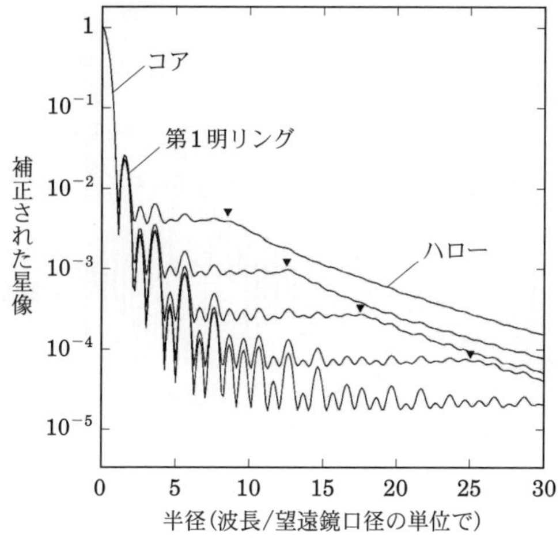

図 7.7 補償光学を用いた場合の星像と補正の程度による変化. 曲線は上から順に 18, 26, 36, 51, 71 素子のときの星の明るさの動径分布を λ/D の単位で表したもの. 回折限界の場合と比べるとそれぞれ 0.30, 0.53, 0.69, 0.82, 0.90 のピーク比になっている (Sivaramakrishnan *et al.* 2001, *ApJ*, 552, 397).

コロナグラフと呼ばれているが, 最近では数多くの新しいコロナグラフの手法が提案されている. 中心の恒星からの明るい光は装置中でゴーストを生じたり, CCD を飽和させたりするが, コロナグラフはこのような効果も低減できる. コロナグラフの原理は, 太陽コロナを皆既日食時以外にも観測可能にするために, リヨ (Lyot) によって開発された (1939 年).

その他の関連技術

これらの技術と併用して, あるいは独立に, 残存するハローの効果を低減することが可能である. 同時多波長撮像法は, 比較的近接した異なる観測波長での画像をできるだけ同じ光学系 (光路) で撮像し, 星像の差をとることによって, 残存ハローが引き起こす斑点状のスペックル雑音を除去することができる. 低温の惑星大気に起因するメタン等の吸収の有無を利用して, 低温度惑星の検出を効率的に行うことができる. 同時多偏光撮像法は, 直交する 2 方向の偏光画像をできるだけ同じ光学系で撮像する. 恒星や若い星のまわりのダスト円盤等の星周構造

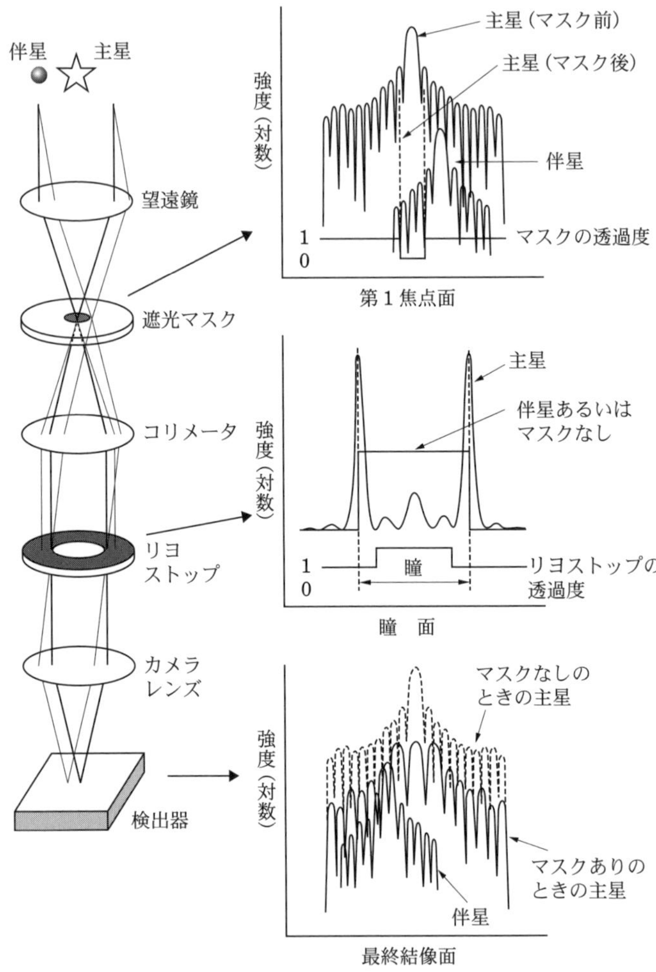

図 7.8 コロナグラフの光学系と対応する像の変化．第 1 焦点面，瞳面，最終結像面の星像（Murakawa *et al.* 2004, *PASJ*, 56, 509）．

の観測に非常に有効であり，反射光で偏光した惑星の検出も期待されている．

一方，角度差分撮像法は，地球の自転による天球面上での視野回転を利用して静的なスペックル雑音を除去する手法で，視野回転角が大きい場合は有効である．

7.3.4 直接撮像観測の進展

2005 年頃に，いくつかの若い褐色矮星や恒星に近接する非常に低光度の伴星天体の存在が連続して報告された（2M 1207, GQ Lup, DH Tau）．これらは 8 m 級望遠鏡を用いて近赤外線波長で直接撮像された超低質量天体と考えられる．このような天体の質量を求めるには，観測で求められた天体の光度を，主星の年齢および低質量天体の進化理論と比較する．その結果，これらは木星の 10 倍程度の質量と推定されており，惑星質量天体の候補となった．しかし，2M 1207 は，主星が約 24 木星質量の褐色矮星であり，原始惑星系円盤から生まれた惑星というよりは，褐色矮星の二重連星と考えられる*7．また，GQ Lup や DH Tau の伴星は，主星から 100–300 au も離れており，太陽系と比較した議論を行うことは難しかった．

しかし，2008–2010 年になって，いくつかの A 型星のまわりに太陽系程度の軌道を持つ惑星質量の伴星が，8–10 m 口径の地上望遠鏡において近赤外線波長で直接撮像されるようになった．中でも，A 型星 HR8799 は約 10 木星質量の巨大惑星 4 個が公転するユニークな惑星系であることが直接撮像で発見された．同じく A 型星である「がか」座ベータ星では，軌道長半径 12 au で公転周期が 16 年の巨大惑星が発見された．いずれも，その後の観測から直接に軌道が決定され，さらに面分光器を用いた直接分光観測により惑星スペクトルまで取得されている．一方，ハッブル宇宙望遠鏡による可視光観測も系外惑星の撮像に用いられた．同じく A 型星であるフォーマルハウトでは，リング状の残骸円盤の内側において，恒星から 115 au 離れた位置に巨大惑星と考えられる点状天体が発見された．しかし，この天体は地上望遠鏡による赤外線観測では検出されず，ハッブル宇宙望遠鏡による追観測でも約 10 年の間に次第に強度が減少し，ケプラー軌道からずれて行くため，消失しつつある塵の雲が散乱光で輝いていたものと示

*7 光度が惑星並みに暗い天体は，伴星ではなく孤立したものならば，星形成領域では候補はすでに何例もある（浮遊惑星とも呼ばれる）が，対応する主星がない場合は，通常，惑星とは分類されない．

唆されている.

すばる望遠鏡では，8–10 m クラスの地上望遠鏡の中で一早く専用の補償光学コロナグラフ CIAO を実現したが，2009–2016 年には，前小節のようなさまざまな技術を応用した第二世代の高コントラスト装置 HiCIAO による系外惑星および円盤の直接撮像を目指した戦略枠観測（SEEDS プロジェクト）を推進した．その結果，G 型星（太陽型星）である GJ504（図 7.9）や GJ758，B 型星であるアンドロメダ座カッパ星のまわりに巨大惑星を発見した．さらに，多数の若い星のまわりに太陽系スケールの原始惑星系円盤の微細構造（空隙構造や渦巻腕構造）を初めて解明した．これは，円盤表面における小さなダストによる中心の若い星からの近赤外線散乱光を見ており，最近の ALMA 望遠鏡によるミリ波連続波の観測が描いた同様の構造が円盤中の大きなダストによる熱放射をとらえているのと相補的である.

最近では，大気の乱れを高度に補正する極限補償光学技術を実用化した高コントラスト装置（ジェミニ望遠鏡の GPI，VLT 望遠鏡の SPHERE，すばる望遠鏡の SCExAO 超補償光学系と CHARIS 面分光器）が，さらに大規模の直接観測による系外惑星探査を行ったが，巨大惑星の発見例はあまり増加していない（51 Eri，HIP 65426）．一方，PDS70 という T タウリ型星の原始惑星系円盤内に発見された惑星は，近赤外線連続光だけでなく水素輝線放射が見られ，質量降着を伴う最も有力な若い惑星候補として重要である．しかしながら，直接撮像された伴星型の系外惑星候補のうち，100 au 以下の軌道長半径を持ち，13 木星質量以下で，主星が褐色矮星ではないものは，まだ 10 例程度しかない.

さらに，次世代 30 m 級望遠鏡（TMT, ELT, GMT）においては，その超高解像度を活かしつつ，近赤外線あるいは中間赤外線の高コントラスト観測装置を開発することによって，近傍の M 型星まわりの地球型惑星の直接観測が可能になると期待されている.

7.3.5 スペースからの系外惑星の直接検出

もし望遠鏡の口径が同じならば，大気ゆらぎの影響のないスペースからの観測は，惑星の直接観測のための感度・解像度・コントラストのすべての向上にとって有利である．さらに，大気の吸収からも解放されるため，波長の制限も

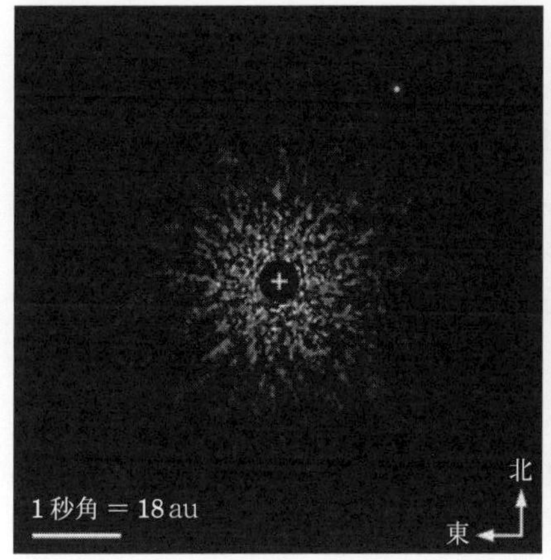

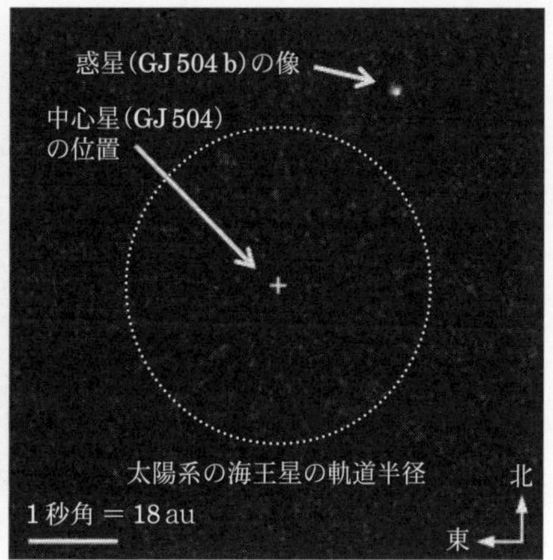

図 7.9 すばる望遠鏡に搭載された HiCIAO カメラによる，太陽型恒星まわりの惑星 GJ504 b の赤外線カラー合成画像（口絵 16 参照）．コロナグラフにより中心の明るい主星（黒く隠された部分の十字の位置にある）の影響は抑制されている．右はノイズに対する信号強度を画素ごとに表したもので，惑星検出が十分に有意であることが分かる．また，主星の中心部から放射状に広がっている斑状の信号は，主星の光による雑信号であることも示している．明るさから推定された惑星質量は約 4 木星質量で，中心星から約 44 au の距離にある（国立天文台提供）．

なくなる．そもそも系外惑星表面の地球に似た大気をリモートセンシングするためには，地球大気の影響がないほうがはるかに簡便である．ただし，高精度の巨大望遠鏡をスペースに打ち上げることは，現在の技術では限界がある．以上を考慮すると，スペースにおける系外惑星，特に，地球型系外惑星の直接検出手段としては，可視光で高精度の中口径スペース望遠鏡を用意すること，あるいは，赤外線でスペース干渉計を用意することが有望であると考えられる．過去には，NASA の TPF，ESA（European Space Agency）の Darwin，日本の JTPF などの計画が検討された．現在は，NASA の将来旗艦ミッション候補として，HabEx（Habitable Exoplanet Observatory）や LUVOIR（Large UV/Optical/IR Surveyor）などが検討されている[*8]．

[*8] これらの名称自体は，今後変更されうる．

可視光高コントラスト望遠鏡

中口径以上のスペース望遠鏡において，高コントラストで，クリーンで安定した星像を追及することによって，可視光において近傍の恒星のまわりの地球型惑星検出が可能である．可視光高コントラスト望遠鏡のための技術の要は，望遠鏡の瞳面あるいは像面において，波面の位相あるいは振幅に対してさまざまな加工を行うという，広義のコロナグラフ技術である．ただし，コロナグラフを有効に働かせるためには，望遠鏡そのものへの工夫（副鏡支持部分*9の影響を逃れるための軸はずし望遠鏡*10や分割鏡*11の不採用など）や，それだけでは取り除けない波面・振幅誤差の後置光学系による補正（補償光学の利用）が不可欠である．ハッブル宇宙望遠鏡は口径が 2.4 m だが，惑星検出に必要な高コントラスト望遠鏡ではない．系外惑星探査を主目的とする 3 m クラス以上の可視光スペース望遠鏡の計画は HabEx などいくつかある．なかでも最大規模のものとして，LUVOIR は口径 10 m 級のスペース望遠鏡により太陽型星を含む多数のハビタブル惑星の直接撮像・分光を目指している．これらは，地上 30 m 級望遠鏡が M 型矮星まわりのハビタブル惑星の直接撮像・分光を狙うのと相補的である．

赤外線ナル干渉計

小口径のスペース望遠鏡数台を干渉計として用いることによって，高コントラストを実現し，赤外線で近傍の恒星をまわる地球型惑星の検出を行うことも可能である．たとえば，2 台の望遠鏡からなる天体干渉計を考えると，観測天体の方向によって，二つの望遠鏡で受ける光には光路差が生じる．これを人工的に光路差を作る遅延線によって補正すると，各望遠鏡からの光は光路差ゼロで干渉する（通常の天体干渉法）．しかし，ここで片方のビームに π の位相シフトを与えると，光軸上に向けた恒星からの光は打ち消し合う干渉を起こすが，光軸からずれた方向から来る光（惑星からの光）には光路差が残るために，完全に打ち消し合う干渉とはならない．これがナル干渉計（nulling interferometer）の原理である．望遠鏡の数を増やして恒星光の打ち消しの領域を広げたり，コロナグラフと

---

*9 望遠鏡の第 2 鏡（副鏡）を支える構造物を副鏡支持部という．

*10 主鏡を傾けて，副鏡が光束をさえぎらないようにした望遠鏡を軸はずし望遠鏡という．

*11 分割鏡は，主鏡が一枚鏡でなく多数の鏡を並べたもの．

組み合わせてコントラストをさらに向上させることもできる.

NASA の TPF–I は，口径 3.5 m の望遠鏡を固定した基線長 40 m の架台に固定することを計画したものであった．ESA の Darwin のように，基線長を可変にするために自由編隊衛星に望遠鏡を搭載するアイデアなどもあった．いずれも実現されなかったが，これらの検討は，その後の HabEx，LUVOIR，LIFE（Large Interferometer For Exoplanets）などの新計画の検討に活かされている.

生存可能指標と生命存在指標

上記のような方法で可視光あるいは赤外線で惑星が直接検出されると，そのスペクトルを調べることによって，惑星大気の情報を得ることができる．いくつかの分子は，生命の生存可能指標（habitability signature），あるいは，生命存在指標（biomarker）として利用することができる．代表的なものとして，水，酸素（あるいは，オゾン），メタン，二酸化炭素，クロロフィルなどがある．ただし，表面のタイプ（砂漠，海，雲など）によって，観測されるスペクトルは大きく変化するので，観測を解釈するためには詳細なモデルとの比較が必須と考えられる．生命存在の証拠まで含めた第 2 の地球の探査は，21 世紀の科学の最大のテーマの一つである.

第8章

惑星と生命の起源

生命の起源を考える上で，天文学・惑星科学は欠かせない分野である．地球だけを考えても，あるいは直前の 7 章で扱った系外惑星という生命発生の可能性の場を考える上でも，重要であろう物理・化学的素過程を基礎として研究が急速に進みつつある．本章では，生命の起源に繋がるいくつかのアプローチを紹介する．8.1 節では生命の材料である有機物と水（氷）について，実験室の結果を基に基礎的な物性を扱う．8.2 節では生命の発生の場となった初期の地球の環境と歴史について紹介する．さらに 8.3 節ではおもに実験室における生命の材料生成に繋がる研究について概観する．この分野は非常に新しく，学問の枠組みそのものも確立していない．生物天文学とか，天文生物学などと名称もまちまちなところが，そのような状況を表しているのだが，それだけに生命の起源に対するアプローチがいかに多様であるかが理解できるだろう．

8.1　氷・有機物

氷や有機物は，地球上では身近な物質である．しかし，地球の密度が $5500\,\mathrm{kg\,m^{-3}}$ であることから明らかなように，地球は主としてケイ酸塩鉱物や金属からできていて，水や有機物は地球の表面にわずかに存在するにすぎない．一方，宇宙には大量の氷や有機物が存在する．元素の宇宙存在度を見ると，C, N,

O の存在度は Si, Mg, Fe より一桁大きいので，宇宙には氷や有機物が大量に存在することが予想される．実際，分子雲にある固体微粒子が集ってできた彗星のダストの観測では，氷：有機物：ケイ酸塩が質量比でほぼ 1：1：1 であった．

この節では，氷と有機物が宇宙のどこにあり，また，それらがどのようにして形成されたかを述べる．通常，H_2O の結晶を氷と呼ぶが，より広い意味で「氷」という用語を使用する．すなわち，低温（~150 K 以下）で固体物質として存在する CO_2, N_2, CO なども氷と呼ぶ．

以下では，はじめに H_2O だけからなる普通の氷の特徴を説明し，ついで CO_2, CO などの H_2O 以外の分子を含む氷の特徴を述べる．さらに，氷より高温まで存在できる固体物質である有機物の生成過程を紹介する．

8.1.1 H_2O 氷入門

私たちが通常接している H_2O だけからなる氷は，図 8.1 に示すような結晶構造を示す．大きな球は酸素原子，小さな球は水素原子を表しており，水分子内の酸素と水素の結合を実線で，水素結合を破線で表している．酸素原子はほぼ正四面体に近い配置をしており，非常にすき間の多い構造であることがわかる．固体である氷が水よりも密度が小さい原因はこの構造にある．0 ℃で，氷の密度は 916.4 $kg\,m^{-3}$, 水の密度は 999.84 $kg\,m^{-3}$ である． c 軸の方向から見ると，六角の網目構造が規則的に繰り返されており，六方対称（hexagonal）の結晶であることがわかる．これを氷 I_h と表記する[*1]．

一方，水分子の配向，すなわち水素原子の位置に着目すると，乱れた状態で規則性のない配置であることがわかる[*2]．氷 I の特異な物性は，すき間の多い四面

[*1] 氷にはさまざまな構造のものがあり，発見された順に，ローマ数字を割り当てている．ただ，氷 I には，六方対称（hexagonal）および立方対称（cubic）の構造があるので，添字 h および c を用いてそれらを区別する．ときおり，氷 I_h や氷 I_c の「I」を，「ice」を意味する「i」と勘違いしている場合を見受けるが，「I」はローマ数字の「いち」であることに注意されたい．「氷 I_h」は「こおりいちえいち」と読む．

[*2] 水素原子の位置はまったく乱れていてどこでもよいというわけではなく，氷の規則という次の二つの条件を満たす必要がある．

(1) 1 個の酸素原子のそばには 2 個の水素原子が存在しなければならない（水分子の完全性），
(2) 2 個の酸素原子の間に 1 個の水素原子が存在し，水素結合を形成する．

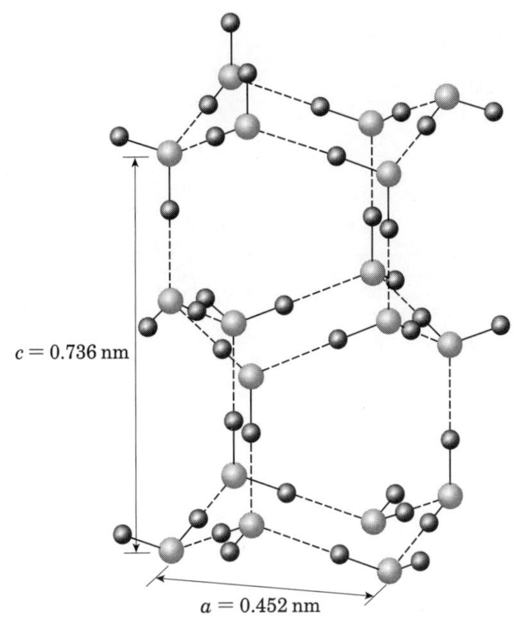

図 8.1 氷 $\mathrm{I_h}$ の結晶構造．灰色の球が酸素原子で，黒い球が水素原子を表す．破線は水素結合を表す．

体配置，水素結合，水素原子の配列の不規則性などによっているが，詳細は専門書を参照されたい．

図 8.2 に水（H_2O）の相平衡図（平衡状態図）を示す．氷 $\mathrm{I_h}$ は 2×10^8 Pa 以下の圧力，および 273 から 72 K の温度の下で安定である．氷 $\mathrm{I_h}$ の融点が圧力の増加とともに減少する（圧力融解）ことがわかる．これは他の物質ではあまり見られない氷 $\mathrm{I_h}$ に特有な現象である．相境界の傾きが負であることは，氷 $\mathrm{I_h}$ が融けて水になると体積が減少する（密度が大きくなる）ことを意味する．72 K 以下では，水素原子の配列が規則的になる氷 XI が安定相となる．しかし，氷 $\mathrm{I_h}$ から氷 XI への転移は非常に遅く（純粋な氷の場合，実験室でのタイムスケールでは，この転移は観察されていない），72 K 以下でも氷 $\mathrm{I_h}$ が準安定相として存在する．

高圧下では，氷は II から X までさまざまな結晶構造をとる．すべての番号がないのは，図 8.2 には準安定相は含まれていないからである．氷 $\mathrm{I_h}$ との大きな違いは，融点が圧力の増加とともに高くなっていることである．これは，融解に

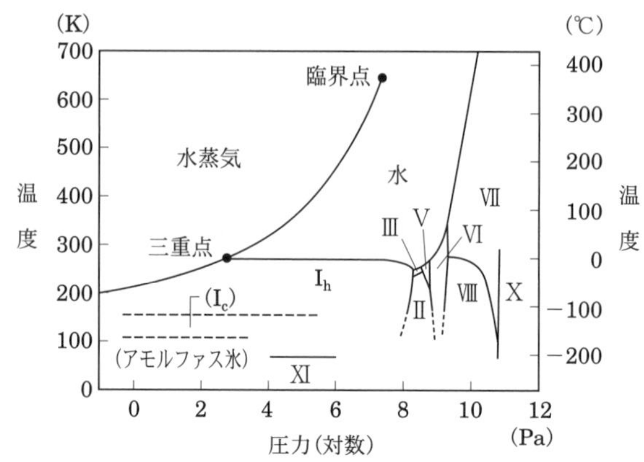

図 8.2　H_2O の相平衡図．破線は相境界がはっきりしていない部分を表す．準安定相を括弧で示す．

よって体積が増加することを意味する．すなわち，高圧氷は共存する水（液体）に沈むことになる．また，高圧氷は 0 ℃よりも高い温度でも存在できる．これらの現象は，氷衛星の内部構造を議論する場合に重要になる．高圧下でも低温では転移速度が遅いため，低温での安定相についてはよくわかっていない．

低圧下では，固体（氷 I_h），液体（水），気体（水蒸気）が安定相である．三相が共存するのは，+0.01 ℃，611.7 Pa であり，これを三重点と呼ぶ．水と水蒸気が共存する線，および，氷 I_h と水蒸気が共存する線を蒸気圧曲線と呼ぶ．特に，後者は宇宙空間での氷の凝縮を議論するときの基礎データとして重要である．

低圧下では，平衡状態図には現れない準安定相や不安定相が形成される場合がある．常温の水蒸気を低温の基板に凝結（昇華凝結，凝縮，蒸着）させると，基板の温度の低下にともない，氷 I_h, 氷 I_c, アモルファス氷が形成される．氷 I_c は立方対称（cubic）の結晶であり，酸素原子の配列はダイヤモンドと同じであるが，水素原子の配列は氷 I_h と同様に乱れている．エネルギー的には氷 I_h よりわずかに高い状態にある．アモルファス氷では，酸素原子の配列も氷 I 結晶のような規則性はなくなり，乱れた配列を持つ．エネルギー的には氷 I_c よりさらに高い状態にあり，しかも作製条件によって大きく変化し一義的には決まらないことに注意されたい．それぞれの相が形成される条件は，温度だけでは決まらず，凝結速度（成長速度）にも依存する．低温で形成されたアモルファス氷は温度の上昇につれて，氷 I_c, 氷 I_h へと転移する．この転移は不可逆的であり，一度氷 I_c になってしまうと，低温にもどしてもアモルファス氷には戻らない．同様に，一度氷 I_h になってしまうと，低温にもどしても氷 I_c やアモルファス氷には戻らない．しかし，70 K 程度より低い温度で，氷 I の結晶に紫外線，イオン，電子線などを照射すると，アモルファス氷になることが知られている．

水は非常に優れた溶媒であり，いろいろな物質を溶かすことができる．ところが，氷結晶は不純物をほとんど含まず，非常に純度の高い結晶を容易に作ることができる．種々の物質が溶けていた水を凍らせると，ガスは気泡になり，固体物質は氷結晶同士の境界面（結晶粒界）に析出する．氷結晶にとり込むことのできる不純物は，わずかの量の H^+, OH^-, F^- などだけである．一方，アモルファス氷は水と同様に，種々の物質を相当量取り込むことができる．

8.1.2 クラスレートハイドレート

水分子が作るかご型構造をもつ水和物をクラスレートハイドレートと呼ぶ．水分子が作るかごには 12, 14, 16 面体のものがあり，これらの組み合わせによって異なる構造の結晶ができる．かごの中には他の分子を取り込み，それによってこのような構造の結晶が安定に存在できる．中に入ることのできる分子としては，CO, N_2, O_2, CH_4 などがある．水分子と他の分子の比は，構造にも依存するが，分子がすべてのかごを占めた場合，5.67–5.75 である．CO, N_2, O_2, などのクラスレートハイドレートは，比較的高圧でのみ安定に存在できる．

8.1.3 氷の凝縮

宇宙の氷の化学組成や凝縮温度は，平衡凝縮モデルをもとに，予測することができる．表 8.1 に宇宙組成および分子雲組成ガスが平衡状態を保ちながら非常にゆっくり冷却するという仮想的な場合に，低温で凝縮するおもな氷の化学組成と凝縮温度を示す．宇宙組成ガスの場合，まず，H_2O の氷が 150 K 付近で凝縮する．温度の低下にともない，H_2O の氷の一部がガスと反応して，NH_3 ハイドレートや CH_4 のクラスレートハイドレートが形成される．最後に，残った CH_4 が 17 K で凝縮する．C, N, O がすべて H と化合した形の還元的な分子になっていることが化学組成上の特徴である．

表 8.1　平衡凝縮モデルによる氷の凝縮温度.

宇宙組成ガス分子	凝縮温度(K)	分子雲組成ガス分子	凝縮温度(K)
H_2O	150	H_2O	100
$NH_3 \cdot H_2O$	90	HCN	63
$CH_4 \cdot 6H_2O$	55	NH_3	53
CH_4	17	CO_2	45
		C_2H_2	39
		C_2H_4	27
		CH_4	20
		CO	16
		N_2	13

一方，仮想的な分子雲組成ガスでは，NH_3, CH_4, C_2H_2 などの還元的なガスと CO, CO_2, N_2 などの酸化的なガスが共存している．これは，分子雲中で紫外線による光化学反応が起こっており，さらに分子雲自体の圧力が低いため再平衡に達することができないからである．分子雲ガスの分子組成は宇宙組成ガスの分子組成とは異なるが，元素組成は宇宙組成ガスと同じである．平衡凝縮モデルは平衡状態を仮定するので，凝縮あるいは反応によって形成される固体も平衡相である結晶である．H_2O では氷 I_h, その他の分子でも結晶相が生成されるとみなしている．氷の凝縮の際に平衡状態が実現されることはほとんどないが，平衡凝縮モデルは平衡からのずれを議論する際の基礎として重要である．

8.1.4　アモルファス氷の生成

次に，平衡からずれた場合に形成される H_2O の構造を図 8.3 に示す．H_2O の凝縮時にアモルファス氷が形成されるためには，水蒸気のフラックス（F）[*3]が臨界のフラックス F_c より大きい必要がある．さらに，一度形成されたアモルファス氷が結晶化せずに存在できるのは，温度が結晶化の臨界温度 T_c より低い場合である．T_c は観測時間に大きく依存する．1 時間程度のタイムスケールでは 130–140 K で結晶化が起こるが，10 万年，50 億年といった宇宙でのタイムス

[*3] 単位面積・単位時間当たりに氷表面に入射する水分子の数.

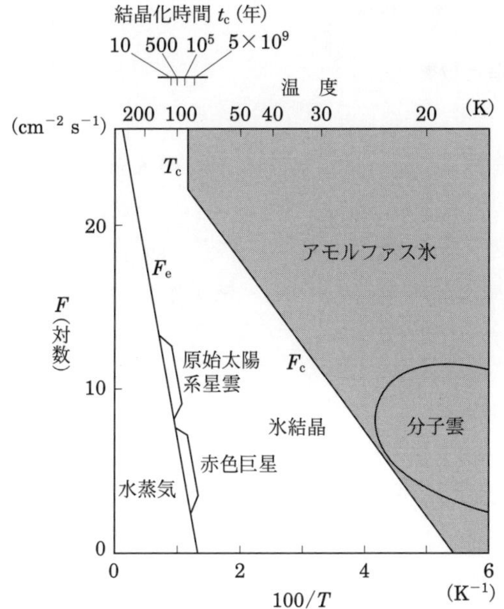

図 8.3 宇宙で形成される氷の結晶性．F_e は水蒸気と氷結晶が平衡に共存する温度・圧力条件（平衡凝縮温度）のうち，圧力をフラックスに換算して表示したもの（Kouchi *et al.* 1994, *Astron. Astrophys.*, 290, 1009）.

ケールを考えると，結晶化温度はそれぞれ，90, 80 K 程度になる．

分子雲で形成されたアモルファス氷が原始太陽系星雲で加熱される場合，46 億年以内に結晶化が起こり得るのは土星より内側の領域だけである．F_c と T_c の両方の条件を満たすのが図の灰色の領域であり，この領域でアモルファス氷が存在できる．

図 8.3 には，赤色巨星，分子雲，原始太陽系星雲の条件が示してある．赤色巨星および原始太陽系星雲では，水蒸気のフラックスが F_c より小さいため温度にかかわらず氷 I の結晶が凝縮する．一方，分子雲では水蒸気のフラックスが F_c より大きいので，アモルファス氷が形成される．

8.1.5 アモルファス氷の特徴

マクロな欠陥構造と物性

H_2O を低温の基板に凝縮させて（蒸着法）作製したアモルファス氷は，非常に大きな表面積を持ち（数 $100\,m^2\,g^{-1}$），種々の欠陥が存在することが明らかになってきた．また，直径数 nm–数 10 nm の小さな穴状の欠陥も存在し，ここに他の分子を大量にトラップすることができる．蒸着法で作製したアモルファス氷の物性は，氷 I とは大きく異なる．特に，熱伝導率や自己拡散係数，蒸気圧は氷 I とは何桁も異なり，彗星の進化や彗星からの蒸発ガスを議論する上で重要である．

蒸発過程

種々の分子を含む氷の蒸発過程を議論する場合の基礎となるのは平衡凝縮モデルであり，それぞれの分子が平衡凝縮温度で蒸発すると仮定する．すべての分子が平衡相である結晶になっているときはこの仮定が正しいが，アモルファス氷の場合には適用できない．上述の穴状の欠陥に大量の不純物分子がトラップされたり，アモルファス氷中に不純物分子が取り込まれたりしているためである．アモルファス氷に含まれる不純物分子はその分子の平衡凝縮温度で完全に蒸発してしまわず，より高い温度まで残る．図 8.4 に一例として，CO を含むアモルファス H_2O 氷の蒸発過程を示す．

最初に，アモルファス CO の蒸発が起こる（a）．20 K でアモルファス CO が結晶化し α–CO となり，30 K 程度までは α–CO が蒸発する（b）．なお，α–CO は安定な結晶相なので，その蒸発温度は平衡凝縮温度に対応する．35–40 K では，アモルファス氷表面に吸着していた大量の CO が蒸発する（c）．140 K 前後でアモルファス氷の結晶化が起こると，アモルファス氷中に不純物として含まれていた CO がほとんど蒸発してしまう（d）．

なお，低圧でクラスレートハイドレートを形成するような分子，たとえば CH_3OH などが含まれていると蒸発過程は少し変化する．アモルファス氷の結晶化温度より少し低温で，H_2O の一部と CH_3OH が反応し，クラスレートハイドレートが形成される．残ったアモルファス氷は 140 K 前後で結晶化する．このように，不純物を含むアモルファス氷は非常に複雑な蒸発挙動を示す．

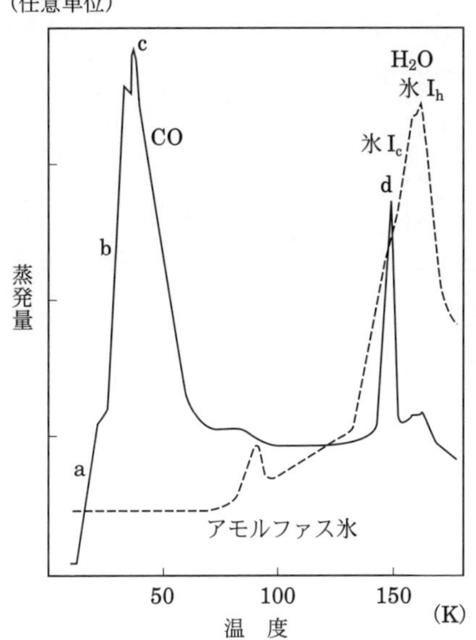

図 8.4 CO を含むアモルファス氷の蒸発過程(Kouchi 1990, *J. Cryst. Growth*, 99, 1220).

氷のスペクトル

図 8.5 に真空紫外線から遠赤外線領域の氷 I_h のスペクトルを示す.可視および近紫外領域では,氷 I_h はほぼ透明である.波長 160 nm 以下の真空紫外領域で吸収係数が非常に大きくなる(不透明)のは,7.8 eV 以上のエネルギーの光を水分子が吸収して励起し,その結果,OH と H に分解されるためである.赤外線領域では,種々の分子振動やそれらの重ね合わせおよび格子振動による強い吸収帯がたくさん見られる.

種々の天体にどのような組成,構造の氷が存在するかは,それぞれの天体の赤外線スペクトル(吸収または反射)と実験室で作った氷のスペクトルを比較することによってわかる.図 8.6–図 8.8 に氷結晶とアモルファス氷の赤外線吸収スペクトルの比較を示す.H_2O からなる氷の結晶性は,1.65 μm, 3.1 μm, 43 μm 付近の吸収帯の形やピーク位置から区別できる.氷 I では複数の鋭いピークが明瞭に観察されるのに対し,アモルファス氷では幅の広いバンドとなる.また,前述したように,アモルファス氷は他の分子を含むことが可能で,それぞれの分子

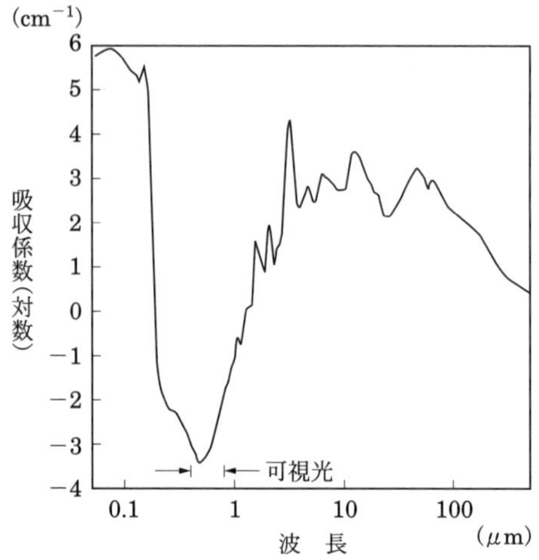

図 8.5 氷 $\mathrm{I_h}$ の吸収係数 (Warren 1984, *Applied Optics*, 23, 1206).

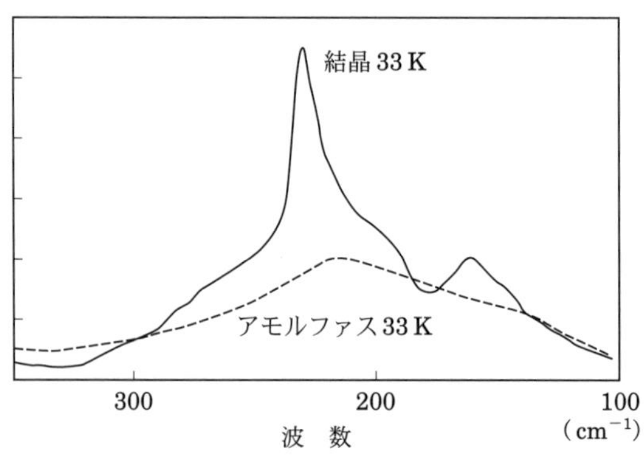

図 8.6 遠赤外領域での氷結晶とアモルファス氷の赤外線スペクトルの比較. 波数 k とは, 波長 λ の逆数で, $k = 2\pi/\lambda$ の関係にある (Schmitt *et al.* 1998, *Solar System Ices*, Kluwer, 199).

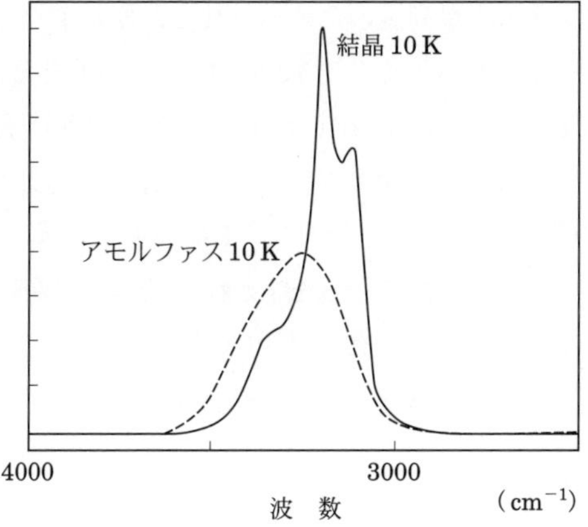

図 8.7　中間赤外領域での氷結晶とアモルファス氷の赤外線スペクトルの比較（Hagen *et al.* 1981, *Chem. Phys.*, 56, 367）.

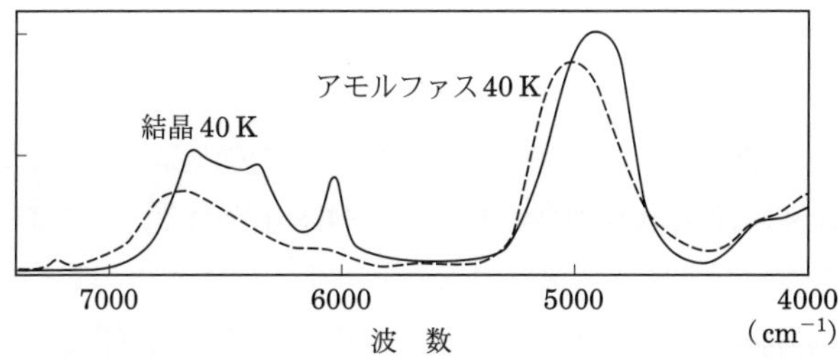

図 8.8　近赤外領域での氷結晶とアモルファス氷の赤外線スペクトルの比較（Schmitt *et al.* 1998, *Solar System Ices*, Kluwer, 199）.

に対応した吸収帯が観察される.

このようなデータをもとに，それぞれの天体にどのような組成，構造の氷が存在するかが議論されている．赤色巨星周辺の氷は氷 I の結晶であり，星から離れるにしたがって，紫外線によってアモルファス化する．最終的には，星間紫外線によって水分子が分解され，氷はなくなってしまう．分子雲の氷はアモルファスで，CO, CO_2, NH_3 などを含んでいる．分子雲の中で生まれたばかりの星である原始星のスペクトルは，単一の構造の氷では説明できず，氷 I の結晶とアモルファス氷の混合物とみなすことができる．これは，原始星に近いところでは分子雲にあったアモルファス氷が高温のため結晶化し，原始星から離れたところでは分子雲にあったアモルファス氷が生き残っているためである．

太陽系の天体にも種々の氷が存在し，主として，近赤外領域の反射スペクトルの観測から，構造，化学組成が推定される．氷衛星の表面には氷 I, CO, N_2, CO_2, CH_4 などが観測されている（詳細は，4 章参照）．氷衛星の内部には，氷 II, V, VI, VII, クラスレートハイドレート，それに液体の水が存在すると考えられている．彗星の氷はアモルファスで，CO, CO_2 などを含んでいる（詳細は，5 章参照）．火星表面には氷 I と CO_2 の存在が確認されている（詳細は，2 章参照）．

8.1.6 有機物の生成と変成

宇宙空間では，さまざまな場所で有機物や炭素質物質の生成が起こっている．ここでは，比較的大きな天体が形成される前の段階で，どこでどのような有機物が形成されるかを簡単に述べる．

進化した星

進化した星（$C/O < 1$, たとえば赤色巨星）が星の内部で核融合反応を続けるとやがて，星の外層部は炭素が多くなり，$C/O > 1$ となる．このような星から放出される C を主成分とするガスの急冷により炭素質物質の超微粒子が形成される．この過程の再現実験は坂田朗らによって行われており，CH_4 プラズマ化からの急冷生成物は QCC（Quenched Carbonaceous Composite）と呼ばれている．

分子雲

(1) 表面原子反応

分子雲では気相中のイオン–分子反応によって CO が生成されるが，それ以外の分子，たとえば H_2, H_2O, H_2CO などは気相反応では生成されず，気相の H, O, C, N 原子が極低温の微粒子表面に吸着し，それらの原子同士または原子と分子との反応，$H + H \rightarrow H_2$，$2H + O \rightarrow H_2O$，$CO + 2H \rightarrow H_2CO$, によって形成されると考えられている．しかし，これらの反応に関しては実験的困難のためほとんど研究はおこなわれてこなかった．

渡部直樹らは，CO に H が次々に付加してホルムアルデヒドやメタノールが生成される反応：

$$CO \to HCO \to H_2CO \to CH_3O \to CH_3OH$$

について実験室で研究をおこなった．その結果，分子雲では H_2CO と CH_3OH が非常に効率的に生成されることが明らかになった．$CO \to HCO$ および $H_2CO \to CH_3O$ 反応の活性化エネルギーは 2000 K 程度であり，本来 10–20 K の温度では反応は進行しないはずであるが，実際にはこれらの反応は起こっている．このことは，極低温の水素原子が 2000 K 程度のポテンシャル障壁をいわゆるトンネル効果により通り抜け，上述の反応が起こったことを示している．また，H_2, H_2O, NH_3, CO_2 などの分子も表面原子反応で生成されることが実験的に確認されている．反応中間体である OH や HCO，CH_3O ラジカルは反応性に富むため，O, C, N などの他の原子との反応も容易であり，多種多様な有機化合物が生成されるはずである．今後の研究の進展に期待したい．

(2) 光化学反応

分子雲には恒星からの強い紫外線が入らないので，表面原子反応によって形成された分子は比較的安定に存在できる．しかし，分子雲にはまったく光源がないわけではなく，宇宙線が水素分子を励起し，それが脱励起するときに紫外線が発生する．紫外線のフラックスは 10^3 個 $cm^{-2}\,s^{-1}$ 程度と小さいが，氷星間塵中で化学反応を起こすには十分な強度である．この過程の研究も実験室での再現実験がおもな手法となる．

H_2O, CO, NH_3, CH_4 などの混合ガスを超高真空中の 10 K の金属板上に凝縮させ，アモルファス氷を作製する．この氷に紫外線を照射すると，H_2O, CH_4, NH_3 の分解により種々のラジカルが形成される（図 8.9）．このようにして紫外線を照射した氷の温度を上昇させると，低温で凍結されていたラジカルが動きやすくなり，種々の有機物が形成される．さらに温度を上げていくと 170–200 K で氷は完全に蒸発してしまうが，室温になっても安定な白色 ～ 黄色の有機物（分子雲有機物）が残る．これは「イエロー・スタッフ」と呼ばれることもある．

アモルファス氷に紫外線を照射して形成された分子雲有機物の収量は紫外線照射量に比例し，氷の組成にはほとんど依存しないことがわかった．したがって，分子雲中でどのぐらいの量の有機物が形成されるかが定量的に議論できるようになった．生成された有機物は C, H, O, N を含み，アルコール，アルデヒド，カ

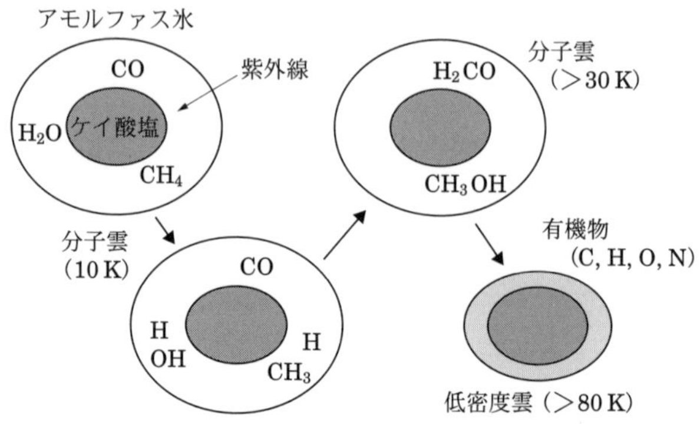

図 8.9 光化学反応による有機物の生成過程.

ルボン酸，芳香族炭化水素，アミノ酸前駆体[*4]，糖，核酸塩基などの存在が確認されている．宇宙線も紫外線と同様の効果をしかも非常に効率的に発揮する．しかし，宇宙線のフラックスは紫外線より何桁も小さいので，分子雲での有機物生成という観点からは，宇宙線の効果は無視してもよい．

低密度雲での変成

分子雲有機物は，低密度雲でさらに強い紫外線の照射を受ける．この過程の再現実験から次のことが明らかになった．白色 ~ 黄色であった分子雲有機物は茶褐色 ~ 黒褐色に変わった．分子雲有機物に存在していた種々の官能基[*5]や O, N が減少し，C が主成分になったのである．複数のベンゼン環からなる多環式芳香族炭化水素も何種類か含まれている．

これらの実験から，低密度雲では分子雲有機物が炭素化，重合化して炭素質物質に変化することがわかった．このようにして形成される炭素質物質は進化した星で形成される炭素質物質の 10 倍程度あり，宇宙での炭素質物質の主要供給源であるといえる．

[*4] 299 ページ参照.

[*5] 物質に特有の物性や化学反応性を与える原子群．ヒドロキシ基，アルデヒド基，カルボキシル基，アミノ基など.

8.2 初期惑星環境

8.2.1 初期惑星環境の推定の意義と困難

初期惑星環境を推定することには大きな意義がある．地球の場合，生命の発生はおそらく地球進化の初期段階であったと考えられており，生命の発生の場を知るうえで原始地球環境の推定は重要である．また，その後の惑星環境の進化の初期条件という意味でも初期惑星環境は重要である．惑星環境は進化の後の時代でも大きく変動することが考えられるが，激しい衝突が起こったり，紫外線強度が強い初期は環境が最も変化を受けやすい時期であり，そのことが後の時代の惑星環境に大きな影響を与える可能性は高い．

一方で，初期惑星環境の推定は困難である．その理由はいくつかある．一つは観測が少ない点である．地球の場合，現在知られている最も古い岩石は約 40 億年前のものであり，鉱物片の年代でも約 43 億年前が最古である．地球形成の時期は約 45 億年前と考えられているから，初期数億年間の直接的な試料は存在しないことになる．この時代の状況を推定するために，古い岩石から得られた同位体の情報が用いられるが，同位体データの分析が困難であることに加えて，その解釈は必ずしも一通りではないし，また測定データ自体も少ない．地球以外の惑星では初期環境の推定はさらに困難である．金星は数億年より古い地表は残っていないため，初期段階の状況を推定することは難しい．かろうじて初期惑星環境を推定できる可能性があるのは火星であろう．それでも環境変遷を年代に沿って記述するだけの十分な情報は得られていない．

もう一つは理論的な困難である．惑星形成の最中には，惑星の環境は基本的には惑星形成過程自体で規定されていたと考えてよいだろう．すなわち，惑星形成で解放される重力エネルギーが惑星環境を支配していると考えてよい．一方，現在の惑星環境については，そのエネルギー源はおもに太陽から受け取る放射と，一部は惑星内部からのエネルギー流で支配されている．形成初期の惑星においては両者の中間的な状況が実現していたと考えられる．微惑星の集積はほぼ終了しているが，現在よりははるかに多くの天体衝突が起こり，集積過程で加熱された惑星内部はおそらくきわめて高温の状態にあり，現在の惑星内部の状況とは大きく異なっていたと考えられる．

また，地球をめぐる太陽系内の環境も大きく異なっていたと想像される．一つには，中心星が若いために，そのルミノシティ[*6]は小さく，一方で，紫外線など短波長の放射は強かったと考えられる．初期惑星環境も，現在の惑星と同様におもに太陽放射と惑星内部からのエネルギーによって維持されていたと考えられるが，実際の姿は現在と大きく異なっていた可能性があり，単純には現在の状況から推定することはできない．

ここでは，初期惑星環境を規定するいくつかの要因に関して検討する．現時点では，原始地球環境に関してさえも十分な推定が行われているわけではなく，一般の惑星においては初期環境の推定はほとんどなされていないと考えてよい．したがって以下では，おもに原始地球環境を想定して，それに影響を与える諸要因を検討することにする．

8.2.2　原始大気問題

惑星環境を支配する一つの重要な要因は大気である．しかし，現時点では原始地球大気ですら，その量・組成ともに十分な推定が行われているわけではない．

ここでは，大気の酸化還元状態に注目してみよう．大気の酸化還元状態は初期惑星環境を考える上で重要な問題点の一つである．一般に生命材料物質となる有機物は還元的な環境で多く生成しやすい．一方で現在の地球大気は生物の光合成を起源とする酸素分子を除いたとしても，大気中の炭素は最も酸化的な形態である二酸化炭素になっているため，かなり酸化的な大気であるといえる．

従来，地球の原始大気は酸化的なものであったと考えられてきた．地球大気はいわゆる二次大気であり，原始太陽系内に充満していた原始太陽系円盤ガスを捕獲して作られたものではなく，何らかの固体物質から脱ガスを経て形成されたものであると考えられる．このとき何が大気の材料となる揮発性物質を供給した固体物質であるかはよく分かっていないが，太陽系空間で見られる揮発性物質を多く含む固体物質，たとえば炭素質隕石や彗星，が想定されることが多い．

ところで，これらの物質は金属鉄を含まない．すなわちすべての鉄が酸化物として存在している．地球型惑星はコアに金属鉄を含んでおり，金属鉄を含まない物質は平均的な材料物質に比べて非常に酸化的な物質である，と考えられてき

[*6] 天体が単位時間に放射するエネルギー．

た．また，金属鉄なしで酸化鉄のみと共存する気体は水素，一酸化炭素，メタンといった還元的気体をほとんど含まない．したがって，これらの物質から脱ガスして生じるはずの原始大気も酸化的なものであり，二酸化炭素や水蒸気を多く含んだものであったと考えられてきたのである．このような物質からは容易に有機物は形成されない．このことは生命の材料となった有機物が宇宙空間から運び込まれたと考える一つの理由になっている．

しかし，原始大気が酸化的なものであったか否かは実は明らかではない．その理由はいくつかある．まず第1に，原始地球上に惑星形成過程で作られた原始大気が残存していた可能性が考えられる．惑星形成過程で作られた原始大気は，惑星材料物質の中に含まれていたはずの金属鉄（現在は惑星中心のコアになっている）と反応して，還元された可能性がある．金属鉄との反応が起これば，水蒸気と水素が共存し，炭素も二酸化炭素よりは一酸化炭素の方が多くなる．このような大気が残存していたとすれば，必ずしも原始大気は二酸化炭素水蒸気大気であったと考える必然性はない．第2に，脱ガスして生じる気体が必ずしも酸化的なものであるとは言い切れない．炭素質隕石や彗星は金属鉄を含まないがゆえに酸化的な物質であると考えられているが，これらの物質は化学的に非平衡であるため，金属鉄がないからといって酸化的であると決めつけるわけにはいかない．炭素質隕石はその名の通り最大で5%の有機炭素を含んでおり，これらをすべて二酸化炭素にするだけの酸素は含まれていない．そのため，炭素質隕石から脱ガスした気体も二酸化炭素に必ずしもならない．実際に推定してみると，平衡状態で炭素質隕石からの脱ガス気体はむしろかなりの量のメタンを含むはずである（図8.10）．

このように考えると，原始惑星大気は脱ガスで生じるにせよ，酸化的な二酸化炭素水蒸気大気ではなく，むしろ水素と一酸化炭素あるいはメタンを含む大気であったと考えてもよいかもしれない．このような大気であったことを示す直接的観測的証拠はまだ見いだされていないが，原始大気は現在の大気とは組成も量も大きく異なっていた可能性があることに注意したい．以下では，そのような大気があったとしたら何が起こるかを簡単に述べておこう．

水素，一酸化炭素，メタンを含む還元的大気から二酸化炭素主体の酸化的大気への変化には，大気に酸化的物質（たとえば酸素分子）を加えるか，大気から還

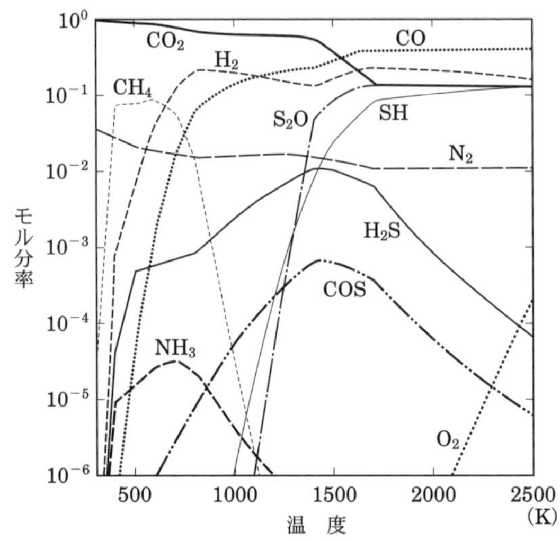

図 8.10 炭素質隕石から推定される地球の原始大気の組成．1気圧の圧力下で炭素質隕石から脱ガスする気体の組成が，各温度で化学平衡になったと仮定して示されている．炭素質隕石の衝突で発生した高温の脱ガス気体は冷却しつつ反応して組成を変えるが，低温では反応速度が遅くなり，ある温度以下では組成が事実上変わらなくなる．この温度は 1000 K から 400 K の間と考えられ，そこでの組成が脱ガス気体組成の推定値となる．なお水蒸気量は凝結によって変化するため示されていないが，高温での水素と同じかそれ以上の量がある．

元的物質（たとえば水素）を除かねばならない．コア形成の際に金属鉄と共存した原始マントルはこの時期はまだ大気より酸化的ではないし，宇宙から供給される物質もすでに見たように酸化的ではない．結局，この変化は，最も軽い還元的物質である水素の散逸に依存している．水素が宇宙空間に散逸すれば，一酸化炭素やメタンは水あるいは水蒸気と反応し，二酸化炭素に変わっていく．同時に水あるいは水蒸気は分解されて水素となる．そして水素は宇宙空間に失われていく．この変化の速さは水素が散逸する速さで決まる．水素が散逸するには惑星の重力を振り切るエネルギーが要るので，散逸の速さは，上層大気に与えられる単位時間あたりのエネルギー供給率で，その上限が決まっている．

8.2.3 原始海洋

初期惑星環境に海洋が存在したか否かということも重要な問題である．地球では約 38 億年前の岩石として変成を受けた堆積岩の存在が知られている．このことから，原始地球では，少なくとも 38 億年前には海洋が存在したことは確かである．それ以前に海洋が存在したか否かは，観測的にはそれほどはっきりしていない．しかし，約 43 億年前のジルコンという鉱物の酸素同位体の分析から，この鉱物が水中で堆積した岩石に由来するという推測がなされている．

一方で，理論的には，もし水分子が惑星表面に大量に存在したのであれば，惑星が宇宙空間に放射するエネルギーフラックスが単位面積当り約 300 ワット以下になるとそれらは液体の水となりうる．原始地球に入射する太陽放射の値は大気の反射率から推定して単位面積当り 200 ワット程度以下であると考えられており，地球内部からのエネルギーフラックスが単位面積当り 100 ワット程度以下になると海洋が形成されると考えられる．後述するように惑星内部からのエネルギーフラックスが単位面積当り 100 ワットを超えるのは惑星集積中など特殊な状況に限られる．このため，集積終了後の原始地球で海洋が存在しないという状況を考えることは困難である．

8.2.4 マントルの状態

形成初期の惑星のマントルは高温であったと推定される．地球型惑星の形成過程では大量の重力エネルギーが解放される．その結果，原始惑星大気の保温効果および，微惑星の衝突に伴う重力エネルギーの惑星内部への埋め込みによって地球型惑星内部は高温になる．とりわけ，地球型惑星の集積末期には原始惑星どうしの衝突，いわゆるジャイアントインパクトがあったと考えられている．

ジャイアントインパクトの際に原始惑星がどのような状態になるのか，正確にはよくわかっていない．しかしながら既存の数値計算結果によれば，ほぼ中心部まで融解するほどの高温が実現されると考えられている．単純に考えても火星程度の大きさの天体衝突に伴う重力エネルギーの解放が一瞬で起こるならば，惑星中心部まで融解するというのは妥当であろう．中心部まで融解した惑星が冷却するのにどれほどの時間がかかるか正確にはよくわからないが，少なくとも中心部は数千年程度の比較的短時間で冷却することが予想される．それは，中心部が融解している状況では，岩石の融点勾配と断熱温度勾配の関係から，表面付近は完全溶融状態にあり，粘性率が低く，きわめて対流熱輸送効率が良いと考えられるからである．

しかし表面付近が部分溶融状態になると粘性率は著しく上がり，熱輸送の効率が低下するために，冷却は急激に遅くなることが予測される．それでも部分溶融状態にある限り，マグマが地表に噴出することによる冷却は起こるであろう．このことに伴う冷却の速さがどの程度であるかは単純には予測できないが，ジャイアントインパクトから数億年程度経過した段階では，マントル内部はまだ高温であった可能性が高い．

すでに述べたように，初期の惑星表面は海洋で覆われている可能性が高い．海洋が形成されるときの惑星内部からの熱流量は 100 ワット毎平方メートル程度である．このエネルギー流は太陽放射などに比べれば大きいと言えないが，惑星内部からのエネルギー流としては非常に大きい．現在の地球では平均の熱流量は 100 ミリワット毎平方メートル程度以下である．100 ワット毎平方メートルもの熱流量を維持するには惑星内部はほとんど溶融状態になくてはならない．言い換えれば，海洋の形成は惑星内部がまだほとんど溶融している状態で起こることが予想される．すなわち，この段階では原始海洋の下には非常に薄い地殻を挟んで溶融状態のマントルがあることを意味する．

現在の地球の中央海嶺では熱いマントル物質が海洋下で湧き上がってくるために，活発な熱水循環が起こっている．初期の惑星においてはマントルの温度は現在より高く，同様な激しい熱水循環が起こることが期待できる．むしろ薄い地殻の冷却はこの熱水循環によって駆動されていると考えたほうが妥当であろう．生命の誕生が熱水系において起こったという考えがあるが，原始地球では現在の地球に比べてはるかに多くの場所で活発な熱水循環が起こっていたと想像される．

8.2.5 天体衝突

初期の惑星環境を特徴づけるもう一つの重要な要因は天体衝突である．月では約 40 億年前に大量の天体衝突が起こったと考えられている．これはしばしば後期隕石重爆撃と呼ばれる．この天体衝突が惑星集積段階から続いている天体衝突の最後のなごりであるのか，あるいは，この時期に何らかの理由で天体衝突頻度が高くなったのか，現時点では明らかではない．天体衝突頻度がこの時期にだけ高くなったと考える根拠としては，たとえば月の岩石の中にこれよりも古い年代の衝突によるガラスがあまり見られないことなどがあげられているが，より古い時代に作られたガラスがこの時代の衝突によって破壊された可能性も考慮すれば，必ずしもこの時代にその前の時代より衝突頻度が高かったという強い根拠にはならないように思われる．

理論的な研究による地球型惑星領域の力学的なタイムスケールから考えると，5 億年にもわたって惑星集積の材料となった小天体の衝突が続くのは不自然であると考えられている．一方で，木星などの惑星が移動することに伴って小惑星帯の中を共鳴が移動する（6.3 節参照）ことが指摘されており，そのことによって小惑星帯からの天体落下の頻度が高くなった可能性がある．月などの古いクレーターのサイズ分布と小惑星のサイズ分布が似ていることは，このような現象が起こったことを示唆しているのかもしれない．

いずれにせよ形成初期の惑星表面では天体衝突頻度が高かったと考えられる．このことは惑星の初期環境に大きな影響を持ったはずである．しかし残念ながら，現時点ではこの天体衝突の環境への影響は十分に検討されているとはいえない．ここではいくつかの可能性を指摘することにする．

天体衝突の影響として，大気の散逸や海洋の蒸発の可能性が指摘されている．大気の散逸は，衝突の際に岩石の蒸発がおこるほどの高速で小天体が衝突し，さらに，発生した岩石蒸気が惑星の脱出速度を超えるような速さで膨張する場合に発生する．地球程度に大きな惑星では，脱出速度が非常に大きいため，このような衝突は起こりにくいが，火星程度の惑星では頻繁に起こっても不思議ではないと考えられている．このことは，火星が原始大気を失った原因として重要であるかもしれない．しかし，天体衝突では同時に揮発性物質の持ち込みも行われるため，実際に大気を失う過程として重要なのか，大気を得る過程として重要なのかについて，さらなる検討が必要である．

大規模な天体衝突の際には，海洋の蒸発が何回も起こった可能性があると考えられている．これは，衝突で発生した岩石蒸気が広い範囲を覆うことによって海洋全体を加熱する，あるいは衝突で発生した蒸気が凝結して地球大気に再突入する際に大気を加熱することによる．しかし，衝突天体の規模がわからないので，このような衝突が実際に起こったか否かはよくわからない．

8.2.6 強い紫外線

若い太陽は強い紫外線を発していたと考えられている．その強度は太陽程度の質量をもつ若い星の観測からある程度推測されている．それによると，形成直後1 億年前後の段階で，2–36 ナノメートル程度の波長を持つ紫外線は現在の 100倍であったと想定される．このような紫外線は上層大気を加熱し，前に述べたような大気の散逸を引き起こしている可能性がある．この過程は，金星や火星が大気を失った過程として重要なものであった可能性が高く，地球の環境変化にも重大な影響を与えた可能性がある．しかし，現時点では定量的な検討はまだ不十分である．

8.3 化学進化と生命の起源

8.3.1 自然発生説の否定からオパーリン説へ

生命の起源は，宇宙の起源などとならぶ人類に残された最大の謎であろう．しかし，生命の起源が自然科学上の研究課題となったのは比較的新しく 19 世紀半ばであり，それまでは，生命の「自然発生説」が広く信じられていた．紀元前 4世紀，アリストテレス（Aristoteles）は『動物誌』の中で生物の自然発生を当然のことと記したが，これは彼の天動説などとともに中世のキリスト教教会の教義に守られ，検証すらされなかった．17 世紀になっても，たとえばハーヴェイ（W. Harvey）は『動物発生論』（1651 年）の中で昆虫などが腐食した大地から生じると断言している*7.

1660 年代になり，レディ（F. Redi）はハエが自然発生しないことを実験で示した．しかし，レーウェンフック（A. Leeuwenhoek）により見いだされた微生物については，19 世紀に入っても依然，自然発生が信じられ続けた．1861 年，パスツール（L. Pasteur）は「白鳥の首フラスコ」を用いた巧妙な実験により，微生物の自然発生を否定した（図 8.11 参照）.

ほぼ同時期，生物「種」の起源に関しては，ダーウィンらにより進化論が提唱されていた．この生物進化論によれば，生物はより下等な種から高等な種へと進

---

*7 自然発生説とその否定に関しては，H. ハリス著，長野敬・太田英彦訳『物質から生命へ』（青土社，2003）に詳しい.

図 8.11 パスツールの「白鳥の首フラスコ」. スープを入れたフラスコの首を長く引き延ばし，空気中の塵が入らないようにすると，スープ中に微生物は発生しなかった（右）. しかし，首の一番細い部分を折って，塵が入るようにすると，スープは腐り，微生物が確認された（左）. パリのパスツール博物館蔵.

化してきたことになる. つまり，最も原始的な「種」以外の生物の起源は説明可能となる. では，最初の最も原始的な生物種はどのようにして誕生したのだろうか. ここに生命の起源が初めて科学上の問題として浮上した.

地球上での生命の自然発生が否定されたことから，生命は地球外から到来したとする説が浮上した. 20 世紀初頭，アレニウス（S. Arrhenius）はこの考え方を整理し，パンスペルミア（胚種普遍説）と名付けた. これは生命の「胚種」が宇宙空間を漂い，やがて地球にたどりつき，地球生命のもととなったとする説である. この説に対しては，生命の起源の問題を地球外へ先送りしたものに過ぎない，とか，生命の胚種が宇宙線や高真空などの過酷な宇宙環境を生き延びられるのか，という批判があり，あまり高い支持は得ていない. しかし，近年，微生物の中に高真空，高放射線の宇宙環境でも生存可能なものが見つかっていること，火星起源の隕石が地球上で見つかっていることなどから，パンスペルミア説，とりわけ生命の惑星間移動の可能性が見直される機運にある. 2015–2019 年に国際宇宙ステーションのきぼう曝露部で行われた「たんぽぽ計画」の主要な目的は，微生物の宇宙での生存可能性を検証することであり，条件によってはある種の微生物が宇宙で 3 年間生存できることがわかった.

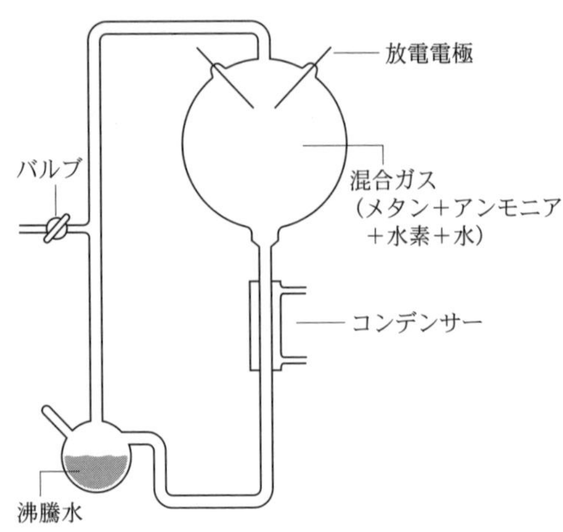

図 8.12 ミラーの放電実験装置.

1920 年代になり, 生命の起源に関するまとまった考察がオパーリン (A. Oparin) とホールデン (J.B.S. Haldene) により独立に発表された[*8]. 彼らの考えは, 物質も単純なものから複雑なものへと「進化」し, その結果として生命が誕生した, とするもので, 生物進化に対応して「化学進化」説と呼ばれている. 化学進化説は今日に至るまで, 生命の起源を考える基本的な考え方として認められてきている. ただし当初は, この物質の進化には長い時間がかかるため, それを実験的に検証するのは不可能と考えられていた.

8.3.2 原始地球大気中でのアミノ酸の生成

化学進化を実験的に検証しようとする試みは, 1950 年代に始まった. まず, 1951 年, カルビン (M. Calvin) のグループは, 二酸化炭素と鉄 (II) イオンを溶かした水に加速器からの高エネルギーのヘリウムイオンを照射し, ギ酸およびホルムアルデヒドなどの有機物が生成することを報告した. 次に, 1953 年, ミラー (S.L. Miller) はメタン. アンモニア, 水素, 水蒸気の混合気体中で火花放電を行った (図 8.12). 数日間の放電後, フラスコ下部の液体を分析したところ, 酢酸, 尿素などに混じってグリシン, アラニンなどのアミノ酸が検出され

[*8] オパーリン著, 石本真訳『生命の起原』(岩波書店, 1969).

た．アミノ酸など，生体を直接構成する有機物（生体有機物）が無機物やメタンなどの単純な分子から生成できる，ということは生命の起源への化学進化の過程が実験室で検証可能であることを示した．これを契機に多くの科学者が生命の起源研究に続々と参入していった．

化学進化の舞台としてはまず，原始地球環境が考えられる．生体有機物の生成には，原料，エネルギー，そして生成物を保存する場が必要である．以下にそれぞれについて見てみよう．

原料

有機物の原料としては原始地球大気が考えられる．原始地球大気の組成には諸説がある．ミラーはオパーリンやユーリー（H. Urey）らの考え — いわゆる一次大気説 — に従い，メタン・アンモニアに富む混合気体（強還元型混合気体）を用いた．一方，カルビンらは火山ガスなどをモデルとした非還元型原始大気モデルに従った．現在では，微惑星の衝突脱ガスに基づく新たな原始大気生成論が主流である（8.2 節参照）．この説からは，強還元型原始地球大気モデルは退けられ，二酸化炭素，窒素，水蒸気を多く含む大気であったと考えられる．しかし，一酸化炭素，メタン，水素などの還元型気体成分もある程度含む「弱還元型大気」であった可能性は排除されない[*9]．

エネルギー

化学進化エネルギーとしては，雷（火花放電）の他，太陽からの紫外線，火山からの熱，放射壊変による放射線，宇宙線，それに隕石衝突による衝撃波などが提案されており，それらの効果を調べる模擬実験も多々なされてきた．メタン・アンモニアを含む強還元型混合気体を用いた場合，火花放電，紫外線，熱，放射線，衝撃波など，いずれのエネルギーを用いてもアミノ酸の生成が認められた．つまり強還元型大気説の場合，原始地球上でのエネルギーフラックスの大きい，紫外線，熱，放電などが化学進化の主要エネルギーとなる．しかし，二酸化炭素・窒素・水蒸気のみからなる「非還元型原始大気」からはいずれのエネルギー

[*9] 微惑星の衝突脱ガスにより生じる気体は一酸化炭素，窒素を主とする（阿部豊・松井孝典のシナリオをもとに，ホロウェイが計算）．一酸化炭素は紫外線により徐々に二酸化炭素に変化してしまうが，後期隕石重爆撃期には彗星成分などとの相互作用により再び一酸化炭素が供給される可能性がある．

によっても有機物の生成はきわめて難しくなる．「弱還元型原始大気」の場合は，エネルギーの種類に大きく依存する．たとえば，一酸化炭素・窒素・水蒸気からなる混合気体からは紫外線・熱・火花放電などではほとんど有機物が生成しないのに対し，放射線（高エネルギー粒子線や γ 線，X 線など）や高温プラズマ中での反応（隕石衝突時の高温環境を想定）によればアミノ酸などが容易に生成する[*10]．

生成物保存の場

有機物は高いエネルギーに晒され続けた場合，分解して安定な二酸化炭素などに戻ってしまう．そこで熱や放射線などにより生じた有機物を分解から守る場が必要である．原始地球の場合，原始海洋がその役割を果たしたはずである．ミラーの実験においても，有機物が生成するのは上の電極が挿入された容器中で，生成した有機物は下のフラスコの水に溶け込んで放電による分解から免れるような仕組みになっている．

原始地球大気の組成はいろいろと推定はできるものの，正確な混合比などは不明である．しかし，原始大気中に一酸化炭素，メタンが幾分なりとも存在していれば，宇宙線エネルギーなどによりアミノ酸を始めとする種々の有機物の生成は可能であった．ただし，その生成率は一酸化炭素またはメタンの分圧に大きく依存すること，また，メタン・アンモニアを主成分とする強還元型大気を仮定した場合よりは有機物の生成量が大幅に少なくなることは確かである．

8.3.3 地球外有機物と生命の起源

原始地球での有機物生成が限られるとなると，クローズアップされるのが地球外からの有機物の供給である．地球生成から数億年間は，地球に多数の隕石や彗星が衝突し，特に 40 億年前頃には衝突が激しくなった時期（後期隕石重爆撃期）があったとされている．また，多量の惑星間塵も地球大気に降り注いできた．これら，隕石，彗星，惑星間塵によって運び込まれた有機物の質と量は地球生命の誕生に大きく寄与したと考えられる．

炭素を多く含む隕石，炭素質コンドライト（5.2 節参照）には多様な有機物が

[*10] 多種類のアミノ酸のほか，ウラシルなどの核酸塩基も生成する．

含まれることが知られており，代表的な炭素質コンドライトには，1969 年にオーストラリアに落下したマーチソン隕石がある．この隕石中を熱水で抽出するとグリシン，アラニンなどの少なくとも 8 種類のタンパク質アミノ酸を含む数十種類のアミノ酸が検出された．その他，核酸塩基，糖などの生体関連有機物も検出されている．同じ 1969 年には，日本の南極観測隊が多数の隕石を南極のやまと平原で回収した．この「南極隕石」の中でも Yamato 791198 などの炭素質コンドライトの抽出物からはアミノ酸や核酸塩基が確認されている．

また，地上観測や探査機による分析などから彗星中にも多様な有機物が含まれることが明らかとなった．たとえば，1986 年のハレー彗星の接近のおり，探査機ヴェガおよびジオットが彗星核に接近して撮影も行った．この際，搭載した質量分析計により彗星コマ中のダストの分析が行われ，分子量 100 を越す複雑な有機物が多々存在することが示された*11．2006 年には NASA のスターダスト計画により，ヴィルト第 2 彗星のダストが地球に持ち帰られ，複雑な有機物が検出された．2020 年に探査機はやぶさ 2 により C 型小惑星リュウグウから試料が持ち帰られ，2023 年には NASA の探査機 OSIRIS-REx によって B 型小惑星ベンヌの岩石が持ち帰られる予定である．これらの小惑星試料からは有機物が多く含まれることが期待されている．

これらの有機物は，地球生物圏の素材としての観点からも議論されている．その起源については諸説あるが，有力なものとしては星間雲中に存在する星間塵環境下で紫外線・宇宙線の働きにより生成したとするものであり，提唱者のグリーンバーグ（J.M. Greenberg）に因んでグリーンバーグモデルと呼ばれる．

星間塵アイスマントル中には，一酸化炭素・メタン・メタノールなどの炭素源やアンモニアなどの窒素源が存在することが知られている．これまで，星間塵アイスマントルを模した「氷」を作成し，これに紫外線もしくは粒子線を照射する実験が行われてきた．そしていずれの場合も，照射生成物を加水分解するとアミノ酸が生成することが報告されている．つまり，星間環境下でも水に溶けるとアミノ酸を生じる「アミノ酸前駆体」が生成することが強く示唆された．このような有機物が太陽系生成時に彗星などに取り込まれ，地球に届けられた可能性は高い．

*11 同様の分析が 2004 年にヴィルト第 2 彗星でも行われた．

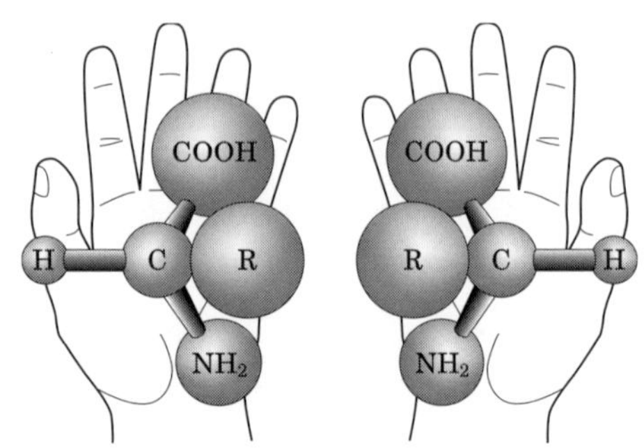

図 8.13　左手型（L 体）のアミノ酸と右手型（D 体）のアミノ酸.

8.3.4　光学活性の起源と星間有機物

アミノ酸には，その構造上，L–アミノ酸と D–アミノ酸とよばれる 2 種類のアミノ酸がある．この 2 種類は左手と右手のように鏡に映すと重なり合う構造を有し（図 8.13 参照），その化学的性質は等しい．ミラーの実験などにより合成されたアミノ酸は両者が 1 : 1 で混じり合ったものである．しかし，地球上の生物は概ね，L–アミノ酸のみを用いており，なぜそうなったかについてはさまざまな仮説が唱えられてきた．

1997 年，隕石の中にその鍵が見つかった．クローニン（J.R. Cronin）とピザレッロ（S. Pizzarello）は，マーチソン隕石中のアミノ酸を注意深く分析したところ，一部のアミノ酸に左手型（L 体）のアミノ酸が右手型（D 体）よりも多いことを見つけた*[12]．このことは，地球生物が L–アミノ酸を使う原因が，地球外から地球に届けられた有機物にあることを示唆するものである．

なぜ，隕石中のアミノ酸に L–アミノ酸が多く存在するかの理由については諸説あるが，

(1)　中性子星などから発生した円偏光により，一方のアミノ酸が選択的に合成（または分解）されたという円偏光説，

*[12] L 体の過剰は，主としてイソバリンのように中心炭素に水素が結合していないタイプのアミノ酸に見つかった．これは，中心炭素に水素がついている通常のアミノ酸は数十億年の間の反応によって，D 体と L 体の数が平均化されてしまったが，イソバリンなどはその反応が遅いために L 体の過剰が保存されているから，と説明されている．

(2) 超新星爆発により誘起された β 崩壊により多量の偏極電子が生じ，これによりL–アミノ酸が選択的に生成した，というパリティ非保存由来説，

などがある．前者の場合は，宇宙のどこかにD–アミノ酸を用いる生物がいる可能性があるが，後者の場合は，この宇宙ではすべての生物はL–アミノ酸を用いていることになる．その精密な実験的検証と，地球外生命のアミノ酸の探査が必要である．

8.3.5 原始海洋中での化学進化と生命の起源

原始大気中，もしくは星間で生成した有機物を基にして，地球上で生命が誕生したとする[*13]と，その舞台は海洋中であると考えられる．それは，生命活動に水が不可欠であること，生体中の元素組成が海水のそれにきわめて類似していること，などによる．生命が誕生した原始海洋のイメージは，「熱いコンソメスープ」とか「温かいポタージュスープ」などと形容されてきた．

しかし，1977 年，このイメージを覆す新たな発見がなされた．深海探査艇アルヴィン号は，ガラパゴス諸島付近の海底を探査中，300 ℃を越す熱水が噴き出しているのを発見した．このような「海底熱水噴出孔」はその後，世界各地で発見され，プレートの境界上に普遍的に存在するものと認識されるようになった．

さらに，1980 年代には分子生物学上の知見が加わる．ウーズ（C.R. Woose）は現存する地球上の生物のタンパク質や核酸の配列を調べることにより，すべての生物を一本の「系統樹」にまとめあげた（図 8.14）．この根元が地球上のすべての生物の共通の祖先ということになる．この根元付近の生物は高温環境下でしか生きられない高度好熱菌であることがわかったのだ．このことから，地球生命は熱い海の中で誕生したこと，つまり海底熱水環境こそが生命の起源の場である，との考えが広く支持されるようになった．

生命の誕生の時期に関しては，地質学と惑星科学から，その窓が絞られてきた．38 億年前のグリーンランドの古岩石に含まれる炭素の安定同位体比から，その当時，すでに生物がいた可能性が高いことが示唆された[*14]．一方，地球生

[*13] 8.3.1 節で述べたように，生命の地球外起源説（パンスペルミア説）も完全に否定されたわけではない．

[*14] 生物が外界から物質を取り込み，酵素反応により代謝を行う過程において，元素の重い安定同位体が除外される傾向が知られている．炭素の場合，自然界に約 1%含まれる炭素 13 の割合は代謝により減少する．

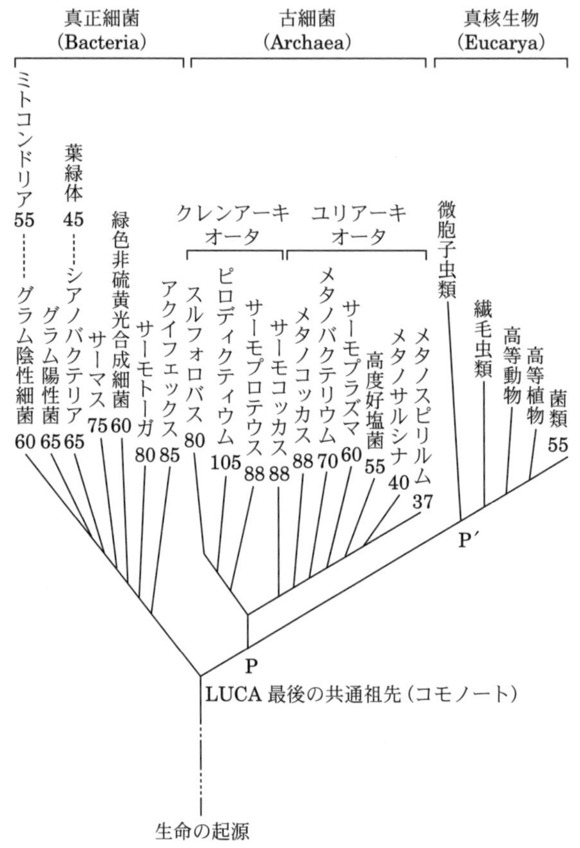

図 8.14　リボソーム中の RNA 塩基配列を基に作成した分子系統樹．生物名の後の数字は，その生物の成育に最適な温度．系統樹の根本近くに高温を好む「高度好熱菌」が集まっていることがわかる．石川統，山岸明彦他『化学進化・細胞進化』（岩波書店，2004），p.37 の図を一部改変．

成から約 40 億年前の「後期隕石重爆撃期」（8.2 節参照）までは安定な海が存在せず，生命が誕生したとしても，生き抜くことは難しいとされる．つまり，生命の誕生の舞台ができてから実際の誕生までには何億年もかかったわけではなく，生命は約 40 億年前にかなり迅速に誕生したと考えられる．このことは，他の天体上での生命の誕生の可能性を考える上でも重要な示唆を与えるものである．

8.3.6 生命の起源のさまざまな考え方

生命の起源研究で一番わかっていないことは，やはり，物質から生命への転換点がどこか，ということであろう．まず，何を持って生命とみなすか？ 一般には，生命の特徴として

(1) 外界から物質やエネルギーを取り込んで体や活動のエネルギーを作り出す（代謝を行う），

(2) 自己複製を行う，

(3) 外界と自分とを区別する境界（膜）を有する，

(4) 進化する，

などが挙げられる．地球生物においては，分子レベルでは (1) はタンパク質（酵素）が (2) は核酸が，(3) はリン脂質が鍵を握っている．特にタンパク質と核酸は互いに助け合いながら生命活動の根幹を担っており，どちらが先に生まれたかという「ニワトリとタマゴ」論争が続いてきた．

核酸派が勢いづいたのは，1982 年のチェック（T.R. Cech）らによる，「触媒活性をもつ RNA（リボザイム）」の発見からである[*15]．それまではタンパク質のみが触媒分子として代謝を司ると考えられていたのが，RNA も限定的ながら，触媒分子の働きをすることがわかった．つまり，生命の誕生の頃には，RNA のみで「代謝」と「自己複製」の二役をこなしていた可能性が生じたわけである．元来，自己複製を生命の最重要機能とみなすことの多い分子生物学者の中には，この RNA ワールド説により生命の起源は決まり，とまで言い切る者すらいる．

しかし，RNA ワールド説にも泣き所がある．それは，RNA を無生物的に作り出すのはタンパク質よりもかなり難しいことである．アミノ酸の無生物的生成はミラーの実験以来，いろいろな環境で確かめられてきた．しかし，RNA の部品のうち，核酸塩基（アデニンなど）はともかく，糖（リボース）の無生物的生成はきわめて困難である．また，核酸塩基・糖・リン酸を「正しく」結合していかないと RNA にはならないが，これは至難の業である．さらに，生命の誕生が熱水中であるとすると，RNA が熱にきわめて弱いことも問題になる．

[*15] リボザイムの発見を基に，ギルバートは RNA こそ最初の生命である，という RNA ワールド説を提唱した．

一方で，近年，代謝に重きを置くいくつかの仮説も注目されている．一つは，ヴェヒターズホイザー（G. Wächtershäuser）のパイライトワールド説である．海底熱水噴出孔に多く存在する黄鉄鉱（パイライト）などの金属硫化物上でさまざまな化学反応が連鎖的に起き，有機物が生成する可能性を示唆した．

また，ダイソン（F. Dyson）は，ゴミ袋ワールド（Garbage-bag World）説を唱えている．これは，原始海洋中に蓄積したさまざまな有機分子（その多くはガラクタであるが，いくつかの触媒分子も含む）をつめこんだ袋（オパーリンのコアセルベートなど*16）こそが最初の生命であった，とするものである*17．

生命の起源にいたるシナリオを構築する上で，最大の障壁は，地球上での化学進化の痕跡を残す分子は生物に食べ尽くされ，現在の地球上に存在しないことであろう．しかし，地球外にはそのような生命になりかけの分子が残っているかもしれない．そのような環境としては，火星，木星，木星の衛星のエウロパ，土星の衛星のタイタン・エンケラドス，C タイプ・D タイプ小惑星，彗星や太陽系外縁天体などが考えられる．今後の惑星探査の成果が待たれる．

*16 ゼラチン水溶液とアラビアゴム水溶液を混ぜると一定の条件下で微小な液滴が生じる．これは「コアセルベート」と呼ばれる．オパーリンはコアセルベートを原始細胞モデルと考えた．この他，アミノ酸からプロテイノイド微小球（S. フォックスと原田馨），マリグラニュール（江上不二夫ら），高温高圧下で生じる微小球（柳川弘志ら）などが生じることが報告され，原始細胞モデルとして提案された．

*17 実際に原始大気模擬実験や星間模擬実験を行うと，高分子量の「ガラクタ分子」が多く生成することが確認されている（小林憲正著，伏見譲編『生命の起源』（丸善，2004），pp.14–25）．

生物天文学とアストロバイオロジー

地球以外に生命を宿す天体はあるのだろうか？ これは誰もが抱く疑問であろう．この謎にアプローチするためには，天文学と生命科学の境界領域の開拓が必要である．ノーベル医学生理学賞受賞者のリーダーバーグ（J. Lederberg）は 1960 年に生命の起源や宇宙における生命の分布を扱う学問領域を圏外生物学（Exobiology）と名付けた．NASA や欧州宇宙局（ESA）の生命探査計画は，「圏外生物学プログラム」と呼ばれてきた．

一方，生命の起源や地球外生命に関心を持つ天文学者は，国際天文学連合の 51 番目の委員会として生物天文学（Bioastronomy）委員会を 1982 年に設立した．この委員会では，天文学者が得意とする電波を用いたテーマ，たとえば，地球外知性体の探索（SETI）・生命に関連する星間分子の探索・太陽系外惑星の探査などに力点が置かれてきた．

1996 年，NASA ジョンソン宇宙センターのマッケイ（D. McKay）らのグループは，火星から飛来した隕石 ALH 84001 の中に生命の痕跡を発見したと発表した．これを契機とする地球外生命への関心の高まりを背景に，NASA は「宇宙における生命の起源・進化・分布と未来」を探る学問領域をアストロバイオロジー（Astrobiology）と名付けることを提案し，1997 年に NASA アストロバイオロジー研究所を設立した．これに対応して，2001 年にヨーロッパでは欧州アストロバイオロジーネットワーク協会が設立され，日本でも 2015 年，自然科学研究機構内にアストロバイオロジーセンターが開所された．

アストロバイオロジーは，従来の圏外生物学の枠組みをさらに広げ，生物天文学の領域をも含む新たな学問領域として発達しつつある．

参考文献

第 1 章

M. チャウン著，糸川 洋訳『僕らは星のかけら——原子をつくった魔法の炉を探して』，ソフトバンククリエイティブ，2005

海老原 充著『太陽系の化学——地球の成り立ちを理解するために』，裳華房，2006

佐々木 晶・土山 明・笠羽康正・大竹真紀子著『太陽・惑星系と地球』（大谷栄治・長谷川昭・花輪公雄編集，現代地球科学入門シリーズ 第 1 巻），共立出版，2019

渡部潤一著『新書で入門　新しい太陽系』，新潮社，2007

渡部潤一著『最新惑星入門』，朝日新聞出版，2017

第 2 章

C.R. Chapman, Mercury: Introduction to an end-member planet, *Mercury*（M.S. Matthews ed.）, University of Arizona Press, 1989

R. Greely, *Planetary Landscapes*, Allen and Unwin, 1987

小松吾郎執筆「惑星と衛星の地質，内部構造」『比較惑星学』（松井孝典，永原裕子，藤原顕，渡邊誠一郎，井田 茂，阿部 豊，中村正人，小松吾郎，山本哲生著），岩波講座 地球惑星科学 第 12 巻，岩波書店，1997

田村元秀編『アストロバイオロジー』（佐々木晶，臼井寛裕執筆「火星環境史とハビタビリティ」）シリーズ現代の天文学第 18 巻，日本評論社，近刊

第 3 章

D. Morrison, T. Owen, *The Planetary System*, 3nd ed., Benjamin Cummings, 2002

M. Anand *et al.*, *An Introduction to the Solar System*, 3rd ed.（Eds. D. A. Rothery, N. McBride, I. Gilmour）, Cambridge University Press, 2018（P.A. Bland *et al.*, *An Introduction to the Solar System*（N. Nail, G. Iain eds.), Cambridge University Press, 2004）

I. de Pater, J. Lissauer, *Planetary Sciences*, updated 2nd ed., Cambridge University Press, 2015

F. Bagenal, T.E. Dowling, W.B. McKinnon eds, *Jupiter : The Planet, Satellites and Magnetosphere*（Cambridge Planetary Science), Cambridge University Press, 2004

• 木星と土星の内部構造・大気組成

R. Helled 2019, *Oxford Research Encyclopedias*, Planetary Science; D.J. Stevenson 2020, *Ann. Rev. Earth and Planet. Sci.*, 48, 465, https://doi.org/10.1146/annurev-earth-081619-052855; C. Li *et al.* 2020, *Nature Astron.*, 4, 609, https://doi.org/10.1038/s41550-020-1009-3

• 土星 SKR（PPO）と自転周期

D.A. Gurnett *et al.* 2010, *GRL*, 37, L24101, doi:10.1029/2010GL045796; C.R. Mankovich 2020, *AGU Advances*, 1, e2019AV000142, https://doi.org/10.1029/2019AV000142; J.D. Anderson, G. Schubert 2007, *Science*, 317, 1384, doi:10.1126/science.1144835

- 木星オーロラと IFT・磁気圏プラズモイド

B. Mauk *et al.* 2017, *Nature*, 549, 66, doi:10.1038/nature23648; A. Mura *et al.* 2018, *Science*, 361, 774, doi: 10.1126/science.aat1450; J.D. Nichols *et al.* 2017, *GRL*, 44, 7643, doi:10.1002/2017GL073029; T. Kimura *et al.* 2018, *JGR Space Phys.*, 123, 1885, https://doi.org/10.1002/2017JA025029

- 土星オーロラと「環の雨」

W.S. Kurth *et al.* 2009, *in Saturn From Cassini-Huygens*, p.333; J. O'Donoghue *et al.* 2013, *Nature*, 496, 193, https://doi.org/10.1038/nature12049

- 天王星・海王星

L. Lamy *et al.* 2017, *JGR Space Phys.*, 122, 3997, doi:10.1002/2017JA023918; L. A. Sromovsky *et al.* 2014, *Icarus*, 238, 137, https://doi.org/10.1016/j.icarus.2014.05.016; G.W. Lockwood 2019, *Icarus*, 324, 77, https://doi.org/10.1016/j.icarus.2019.01.024

- 大気運動（帯状流）

O. Mousis *et al.* 2019, *In Situ Exploration of the Giant Planets*, p.10; Z.J. Yu, C.T. Russell 2009, *GRL*, 36, L20202, doi:10.1029/2009GL040094; Y. Kaspi *et al.* 2020, *Space Sci. Rev.*, 216:84, https://doi.org/10.1007/s11214-020-00705-7

- 大気運動（極渦、大赤斑）

A. Adriani *et al.* 2018, *Nature*, 555, 216, doi:10.1038/nature25491; A.A. Simon *et al.* 2018, *Astrophys. J.*, 155:151, https://doi.org/10.3847/1538-3881/aaae01; R.K. Yadav *et al.* 2020, *Sci. Adv.*, 6, eabb9298, doi: 10.1126/sciadv.abb9298; K. Sugiyama *et al.* 2014, *Icarus*, 229, 71, https://doi.org/10.1016/j.icarus.2013.10.016; C. Li, A.P. Ingersoll 2015, *Nature Geosci.*, 8, 398, https://doi.org/10.1038/ngeo2405

- 雲と着色物質・雷

R.W. Carlson *et al.* 2016, *Icarus*, 274, 106, http://dx.doi.org/10.1016/j.icarus.2016.03.008; H.N. Becker *et al.* 2019, *Nature*, 584, 55, https://doi.org/10.1038/s41586-020-2532-1

- SL9 電波現象レビュー

I. de Pater, S.H. Brecht 2020, *Radio Sciences*, 55, e2018RS006715, https://doi.org/10.1029/2018RS006715

第 4 章

J.A. Burns, Planetary Rings, *The New Solar System* (J.K. Beatty, C.C. Petersen and A. Chaikin eds.), Cambridge University Press, 1998

J. エリオット，R. カー著，中村 士, 相馬 充訳『惑星のリングはなぜあるのか——木星・土星・天王星』，岩波書店，1987

第 5 章

中沢 清編『太陽系の構造と起源』，現代天文学講座 3，恒星社厚生閣，1979

小松吾郎執筆「惑星と衛星の地質，内部構造」『比較惑星学』(松井孝典，永原裕子，藤原顕，渡邊誠一郎，井田 茂，阿部 豊，中村正人，小松吾郎，山本哲生著)，岩波講座 地球惑星科学 第 12 巻，岩波書店，1997

渡部潤一，布施哲治著『太陽系の果てを探る——第十番惑星は存在するか』，東京大学出版会，2004

D.S. Lauretta, H.Y. McSween Jr. eds., *Meteorites and the Early Solar System* II, University of Arizona Press, 2006

桜井邦朋，清水幹夫編『彗星——その本性と起源』，朝倉書店，1989

M.C. Festou, H.U. Keller, H.A. Weaver eds., *COMETS* II (University of Arizona Space Science Series), University of Arizona Press, 2004

長沢 工著『流星と流星群——流星とは何がどうして光るのか』，地人書館，1997

第 6 章

松井孝典，永原裕子，藤原顕，渡邊誠一郎，井田 茂，阿部 豊，中村正人，小松吾郎，山本哲生著『比較惑星学』，岩波講座地球惑星科学 第 12 巻，岩波書店，1997

井田 茂著『系外惑星』，東京大学出版会，2007

井田 茂，中本泰史著『惑星形成の物理——太陽系と系外惑星系の形成論入門』，基本法則から読み解く物理学最前線 6，共立出版，2015

第 7 章

井田 茂著『異形の惑星——系外惑星形成理論から』，NHK ブックス，NHK 出版，2003

井田 茂著『系外惑星』，東京大学出版会，2007

田村元秀著『太陽系外惑星』，新天文学ライブラリー，日本評論社，2015

第 8 章

前野紀一著『氷の科学』，北海道大学図書刊行会，2004

日本化学会編『先端化学シリーズ IV 理論・計算化学/クラスター/スペースケミストリー』，丸善，2003

久保田 競，馬場悠男，小林憲正他著『自然の謎と科学のロマン（下）生命と人間・編』，新日本出版社，2003

嶺重 慎，小久保英一郎編『宇宙と生命の起源——ビッグバンから人類誕生まで』，岩波

ジュニア新書，岩波書店，2004
F. Dyson, *Origins of Life*, 2nd ed., Cambridge University Press, 1999
伏見 譲，パリティ編集委員会編『生命の起源――「物質の進化」から「生命の進化」へ』，丸善，2004
石川 統，山岸明彦，河野重行，渡辺雄一郎，大島泰郎著『化学進化・細胞進化』シリーズ進化学 3，岩波書店，2004
小林憲正著『アストロバイオロジー――宇宙が語る〈生命の起源〉』，岩波科学ライブラリー，岩波書店，2008
小林憲正著『生命の起源――宇宙・地球における化学進化』，講談社，2013
山岸明彦編『アストロバイオロジー』，化学同人，2013

インターネット天文学辞典，日本天文学会編，https://astro-dic.jp/
天文・宇宙に関する 3000 以上の用語をわかりやすく解説．登録不要・無料.

付表

表 1　太陽系の惑星の軌道要素*1など.

惑星	軌道長半径（天文単位（a.u.））	離心率	軌道傾斜角（度）	近日点黄経（度）	昇交点黄経（度）
水星	0.3871	0.2056	7.004	77.490	48.304
金星	0.7233	0.0068	3.394	131.565	76.620
地球	1.0000	0.0167	0.003	103.007	174.821
火星	1.5237	0.0934	1.848	336.156	49.495
木星	5.2026	0.0485	1.303	14.378	100.502
土星	9.5549	0.0555	2.489	93.179	113.610
天王星	19.2184	0.0464	0.773	173.024	74.022
海王星	30.1104	0.0095	1.770	48.127	131.783

惑星	元期平均近点離角*2（度）	対恒星平均公転周期（年）	軌道平均速度（$\mathrm{km\,s^{-1}}$）	会合周期（日）
水星	282.128	0.24085	47.36	115.9
金星	35.951	0.61520	35.02	583.9
地球	179.912	1.00002	29.78	——
火星	175.817	1.88085	24.08	779.9
木星	312.697	11.8620	13.06	398.9
土星	219.741	29.4572	9.65	378.1
天王星	233.182	84.0205	6.81	369.7
海王星	303.212	164.7701	5.44	367.5

*1 軌道要素はすべて平均要素であり，2000 年 1 月 1.5 日 = JD 2 451 545.0 の黄道と平均春分点に準拠している.

*2 元期 2021 年 7 月 5.0 日 = JD 2 459 400.5

表 2　太陽系の惑星の物理量.

惑星	赤道半径 (km)	扁率[*1]	形の力学係数 J_2	赤道重力 (地球 = 1)	体積 (地球 = 1)	衛星数[*2]
水星	2439	0	0.050×10^{-3}	0.38	0.056	0
金星	6052	0	0.004×10^{-3}	0.91	0.857	0
地球	6378	0.0034	1.083×10^{-3}	1.00	1.000	1
火星	3396	0.0059	1.956×10^{-3}	0.38	0.151	2
木星	71492	0.0649	14.70×10^{-3}	2.37	1321	72（79）
土星	60268	0.0980	16.32×10^{-3}	0.93	764	53（85）
天王星	25559	0.0229	3.51×10^{-3}	0.89	63	27（27）
海王星	24764	0.0171	3.54×10^{-3}	1.11	58	14（14）

惑星	質量[*3] (地球 = 1)	密度 ($\mathrm{g\,cm^{-3}}$)	脱出速度 ($\mathrm{km\,s^{-1}}$)	自転周期 (日)	赤道傾斜角 (度)	反射能
水星	0.05527	5.43	4.25	58.65	0.03	0.08
金星	0.8150	5.24	10.36	243.02	177.36	0.76
地球	1.0000	5.51	11.18	0.9973	23.44	0.30
火星	0.1074	3.93	5.02	1.0260	25.19	0.25
木星	317.83	1.33	59.53	0.414	3.12	0.34
土星	95.16	0.69	35.48	0.444	26.73	0.34
天王星	14.54	1.27	21.29	0.718	97.77	0.30
海王星	17.15	1.64	23.50	0.665	28.35	0.29

*1 扁率とは，赤道半径と極半径の差を赤道半径で割った値である.
*2 衛星数は 2020 年 8 月末現在．国際天文学連合によって登録・命名された数で，発見された数を括弧で示す.
*3 地球の質量は 5.972×10^{24} kg.

表 3　太陽系の元素存在度.

原子	元素	太陽光球*1				CI コンドライト*2	45.5 億年前*3	
番号		A05*4		AG89*4		AG89*4	L03*4	
1	H	$\equiv 12$*1		$\equiv 12$*1		2.79×10^{10}	$\equiv 12$	
2	He*5	10.93	±0.01	10.99	±0.04	2.72×10^{9}	10.984	±0.02
3	Li	1.05	±0.10	1.16	±0.10	57.1	3.35	±0.06
4	Be	1.38	±0.09	1.15	±0.10	0.73	1.48	±0.08
5	B	2.70	±0.20	2.6	±0.30	21.2	2.85	±0.04
6	C	8.39	±0.05	8.56	±0.04	1.01×10^{7}	8.46	±0.04
7	N	7.78	±0.06	8.05	±0.04	3.13×10^{6}	7.9	±0.11
8	O	8.66	±0.05	8.93	±0.04	2.38×10^{7}	8.76	±0.05
9	F	4.56	±0.30	4.56	±0.30	843	4.53	±0.06
10	Ne*5	7.84	±0.06	8.09	±0.10	3.44×10^{6}	7.95	±0.10
11	Na	6.17	±0.04	6.33	±0.03	5.74×10^{4}	6.37	±0.03
12	Mg	7.53	±0.09	7.58	±0.05	1.07×10^{6}	7.62	±0.02
13	Al	6.37	±0.06	6.47	±0.07	8.49×10^{4}	6.54	±0.02
14	Si	7.51	±0.04	7.55	±0.05	$\equiv 1 \times 10^{6}$*2	7.61	±0.02
15	P	5.36	±0.04	5.45	±0.04	1.04×10^{4}	5.54	±0.04
16	S	7.14	±0.05	7.21	±0.06	5.15×10^{5}	7.26	±0.04
17	Cl	5.50	±0.30	5.5	±0.30	5240	5.33	±0.06
18	Ar*5	6.18	±0.08	6.56	±0.10	1.01×10^{5}	6.62	±0.08
19	K	5.08	±0.07	5.12	±0.13	3770	5.18	±0.05
20	Ca	6.31	±0.04	6.36	±0.02	6.11×10^{4}	6.41	±0.03
21	Sc	3.05	±0.08	3.10	±0.09	34.2	3.15	±0.04
22	Ti	4.90	±0.06	4.99	±0.02	2400	5	±0.03
23	V	4.00	±0.02	4.00	±0.02	293	4.07	±0.03
24	Cr	5.64	±0.10	5.67	±0.03	1.35×10^{4}	5.72	±0.05
25	Mn	5.39	±0.03	5.39	±0.03	9550	5.58	±0.03
26	Fe	7.45	±0.05	7.67	±0.03	9.00×10^{5}	7.54	±0.03
27	Co	4.92	±0.08	4.92	±0.04	2250	4.98	±0.03
28	Ni	6.23	±0.04	6.25	±0.04	4.93×10^{4}	6.29	±0.03
29	Cu	4.21	±0.04	4.21	±0.04	522	4.34	±0.06
30	Zn	4.60	±0.03	4.60	±0.08	1260	4.7	±0.04
31	Ga	2.88	±0.10	2.88	±0.10	37.8	3.17	±0.06
32	Ge	3.58	±0.05	3.41	±0.14	119	3.7	±0.05
33	As					6.56	2.4	±0.05
34	Se					62.1	3.43	±0.04
35	Br					11.8	2.67	±0.09

原子番号	元素	太陽光球[*1] A05[*4]		太陽光球[*1] AG89[*4]		CI コンドライト[*2] AG89[*4]	45.5 億年前[*3] L03[*4]	
36	Kr[*5]	3.28	±0.08			45	3.36	±0.08
37	Rb	2.60	±0.15	2.60	±0.15	7.09	2.44	±0.06
38	Sr	2.92	±0.05	2.90	±0.06	23.5	2.99	±0.04
39	Y	2.21	±0.02	2.24	±0.03	4.64	2.28	±0.03
40	Zr	2.59	±0.04	2.60	±0.03	11.4	2.67	±0.03
41	Nb	1.42	±0.06	1.42	±0.06	0.698	1.49	±0.03
42	Mo	1.92	±0.05	1.92	±0.05	2.55	2.03	±0.04
44	Ru	1.84	±0.07	1.84	±0.07	1.86	1.89	±0.08
45	Rh	1.12	±0.12	1.12	±0.12	0.344	1.18	±0.03
46	Pd	1.69	±0.04	1.69	±0.04	1.39	1.77	±0.03
47	Ag	0.94	±0.24	0.94	±0.25	0.486	1.3	±0.06
48	Cd	1.77	±0.11	1.86	±0.15	1.61	1.81	±0.03
49	In	1.60	±0.20	1.66	±0.15	0.184	0.87	±0.03
50	Sn	2.00	±0.30	2.0	±0.30	3.82	2.19	±0.04
51	Sb	1.00	±0.30	1.0	±0.30	0.309	1.14	±0.07
52	Te					4.81	2.3	±0.04
53	I					0.9	1.61	±0.12
54	Xe[*5]	2.27	±0.02			4.7	2.35	±0.02
55	Cs					0.372	1.18	±0.03
56	Ba	2.17	±0.07	2.13	±0.05	4.49	2.25	±0.03
57	La	1.13	±0.05	1.22	±0.09	0.446	1.25	±0.06
58	Ce	1.58	±0.09	1.55	±0.20	1.136	1.68	±0.02
59	Pr	0.71	±0.08	0.71	±0.08	0.1669	0.85	±0.03
60	Nd	1.45	±0.05	1.50	±0.06	0.8279	1.54	±0.03
62	Sm	1.01	±0.06	1.00	±0.08	0.2582	1.02	±0.04
63	Eu	0.52	±0.06	0.51	±0.08	0.0973	0.6	±0.04
64	Gd	1.12	±0.04	1.12	±0.04	0.33	1.13	±0.02
65	Tb	0.28	±0.30	-0.1	±0.30	0.0603	0.38	±0.03
66	Dy	1.14	±0.08	1.1	±0.15	0.3942	1.21	±0.04
67	Ho	0.51	±0.10	0.26	±0.16	0.0889	0.56	±0.02
68	Er	0.93	±0.06	0.93	±0.06	0.2508	1.02	±0.03
69	Tm	0.00	±0.15	0	±0.15	0.0378	0.18	±0.06
70	Yb	1.08	±0.15	1.08	±0.15	0.2479	1.01	±0.03
71	Lu	0.06	±0.10	0.76	±0.30	0.0367	0.17	±0.06
72	Hf	0.88	±0.08	0.88	±0.08	0.154	0.84	±0.04
73	Ta					0.0207	-0.06	±0.03

原子番号	元素	太陽光球*1 A05*4		太陽光球*1 AG89*4		CI コンドライト*2 AG89*4	45.5 億年前*3 L03*4	
74	W	1.11	±0.15	1.11	±0.15	0.133	0.72	±0.03
75	Re					0.0517	0.36	±0.04
76	Os	1.45	±0.10	1.45	±0.10	0.675	1.44	±0.03
77	Ir	1.38	±0.05	1.35	±0.10	0.661	1.42	±0.03
78	Pt			1.8	±0.30	1.34	1.75	±0.03
79	Au	1.01	±0.15	1.01	±0.15	0.187	0.91	±0.06
80	Hg					0.34	1.23	±0.18
81	Tl	0.90	±0.20	0.9	±0.20	0.184	0.88	±0.04
82	Pb	2.00	±0.05	1.85	±0.05	3.15	2.12	±0.04
83	Bi					0.144	0.76	±0.03
90	Th			0.12	±0.06	0.0335	0.26	±0.04
92	U	−0.47		−0.47		0.009	0.01	±0.04

*1 log［H 存在度（個）］≡ 12 と定義．天文学的スケール（astronomical scale）．

*2 Si 存在度（個）≡ 1×10^6 と定義．宇宙化学的スケール（cosmochemical scale）．

*3 放射性核種および娘核種の存在度について，放射性核種崩壊の効果を補正した 45.5 億年前の太陽系元素存在度．

*4 A05: Asplund *et al.* 2005, in *Cosmic abundances as records of stellar evolution and nucleosynthesis*, 25; AG89: Anders & Grevesse 1989, *Geochim. Cosmochim. Acta*, 59, 197; L03: Lodders 2003, *ApJ*, 591, 1220.

*5 希ガス存在度は恒星の元素合成モデルや太陽風の観測より推定．

表 4 太陽系の核種存在度[*1].

原子番号	元素	質量数	原子(%)	存在度[*2](個)	原子番号	元素	質量数	原子(%)	存在度[*2](個)
1	H	1	99.99806	2.431×10^{10}	18	Ar	36	84.5946	86710
		2	0.00194	471600			38	15.3808	15765
2	He	3	0.016597	388900			40	0.0246	25
		4	99.983403	2.343×10^{6}			40[*3]		24
3	Li	6	7.589	4.21	19	K	39	93.25811	3443
		7	92.411	51.26			40	0.011672	0.431
4	Be	9	100	0.7374			40[*3]		5.37
5	B	10	19.82	3.433			41	6.73022	248.5
		11	80.18	13.887	20	Ca	40	96.941	60947
6	C	12	98.8922	7.001×10^{6}			42	0.647	407
		13	1.1078	78420			43	0.135	84.9
7	N	14	99.6337	1.943×10^{6}			44	2.086	1311
		15	0.3663	7143			46	0.004	2.5
8	O	16	99.7628	1.410×10^{7}			48	0.187	118
		17	0.0372	5260	21	Sc	45	100	34.2
		18	0.20004	28270	22	Ti	46	8.249	200
9	F	19	100	841.1			47	7.437	180
10	Ne	20	92.9431	1.996×10^{6}			48	73.72	1785
		21	0.2228	4786			49	5.409	131
		22	6.8341	1.468×10^{5}			50	5.185	126
11	Na	23	100	57510	23	V	50	0.2497	0.72
12	Mg	24	78.992	8.057×10^{5}			51	99.7503	287.68
		25	10.003	1.020×10^{5}	24	Cr	50	4.3452	559
		26	11.005	1.123×10^{5}			52	83.7895	10775
13	Al	27	100	84100			53	9.5006	1222
14	Si	28	92.22968	9.223×10^{5}			54	2.3647	304
		29	4.68316	46830	25	Mn	55	100	9168
		30	3.08716	30870	26	Fe	54	5.845	48980
15	P	31	100	8373			56	91.754	7.689×10^{5}
16	S	32	95.018	4.227×10^{5}			57	2.119	17760
		33	0.75	3340			58	0.282	2360
		34	4.215	18750	27	Co	59	100	2323
		36	0.017	76	28	Ni	58	68.0769	32541
17	Cl	35	75.771	3968			60	26.2231	12532
		37	24.229	1269			61	1.1399	545

原子番号	元素	質量数	原子(%)	存在度*2(個)
		62	3.6345	1737
		64	0.9256	442
29	Cu	63	69.174	364.5
		65	30.826	162.5
30	Zn	64	48.63	596
		66	27.9	342
		67	4.1	50.3
		68	18.75	230
		70	0.62	7.6
31	Ga	69	60.1079	21.62
		71	39.8921	14.35
32	Ge	70	21.234	25.6
		72	27.662	33.4
		73	7.717	9.3
		74	35.943	43.3
		76	7.444	9
33	As	75	100	6.089
34	Se	74	0.889	0.58
		76	9.366	6.16
		77	7.635	5.02
		78	23.772	15.64
		80	49.607	32.64
		82	8.731	5.74
35	Br	79	50.686	5.74
		81	49.314	5.58
36	Kr	78	0.362	0.2
		80	2.33	1.28
		82	11.65	6.43
		83	11.55	6.37
		84	56.9	31.38
		86	17.21	9.49
37	Rb	85	72.1654	4.743
		87	27.8346	1.829
		87*3		1.951
38	Sr	84	0.5551	0.13124
		86	9.8168	2.32069
		87	7.3771	1.7439
		87*3		1.62181
		88	82.251	19.4441
39	Y	89	100	4.608
40	Zr	90	51.452	5.83
		91	11.223	1.272
		92	17.146	1.943
		94	17.38	1.969
		96	2.799	0.317
41	Nb	93	100	0.7554
42	Mo	92	14.8362	0.386
		94	9.2466	0.241
		95	15.9201	0.414
		96	16.6756	0.434
		97	9.5551	0.249
		98	24.1329	0.628
		100	9.6335	0.251
44	Ru	96	5.542	0.1053
		98	1.8688	0.0355
		99	12.7579	0.242
		100	12.5985	0.239
		101	17.06	0.324
		102	31.5519	0.599
		104	18.621	0.354
45	Rh	103	100	0.3708
46	Pd	102	1.02	0.0146
		104	11.14	0.16
		105	22.33	0.32
		106	27.33	0.392
		108	26.46	0.38
		110	11.72	0.168
47	Ag	107	51.8392	0.2547
		109	48.1608	0.2366
48	Cd	106	1.25	0.0198
		108	0.89	0.141
		110	12.49	0.198

原子番号	元素	質量数	原子(%)	存在度*2(個)
		111	12.8	0.203
		112	24.13	0.382
		113	12.22	0.194
		114	28.73	0.455
		116	7.49	0.119
49	In	113	4.288	0.0078
		115	95.712	0.173
50	Sn	112	0.971	0.03625
		114	0.659	0.0246
		115	0.339	0.01265
		116	14.536	0.5426
		117	7.676	0.2865
		118	24.223	0.9042
		119	8.585	0.3205
		120	32.593	1.2167
		122	4.629	0.1728
		124	5.789	0.2161
51	Sb	121	57.213	0.1883
		123	42.787	0.1409
52	Te	120	0.096	0.0046
		122	2.603	0.1253
		123	0.908	0.0437
		124	4.816	0.2319
		125	7.139	0.3437
		126	18.952	0.9125
		128	31.687	1.526
		130	33.799	1.627
53	I	127	100	0.9975
54	Xe	124	0.129	0.00694
		126	0.112	0.00602
		128	2.23	0.12
		129	27.46	1.48
		130	4.38	0.236
		131	21.8	1.175
		132	26.36	1.421
		134	9.66	0.521
		136	7.87	0.424
55	Cs	133	100	0.3671
56	Ba	130	0.1058	0.0046
		132	0.1012	0.0044
		134	2.417	0.1052
		135	6.592	0.2868
		136	7.853	0.3417
		137	11.232	0.4887
		138	71.699	3.12
57	La	138	0.09017	0.000397
		138		0.000401
		139	99.90983	0.4401
58	Ce	136	0.186	0.00217
		138	0.251	0.00293
		138		0.00293
		140	88.449	1.034
		142	11.114	0.1299
59	Pr	141	100	0.1737
60	Nd	142	27.16	0.22689
		143	12.19	0.1018631
		143		0.1007121
		144	23.83	0.1990728
		145	8.3	0.06934
		146	17.17	0.14344
		148	5.74	0.04795
		150	5.62	0.04695
62	Sm	144	3.0734	0.00781
		147	14.9934	0.03811
		147		0.03926
		148	11.2406	0.0286
		149	13.8189	0.0351
		150	7.3796	0.0188
		152	26.7421	0.068
		154	22.752	0.0578
63	Eu	151	47.81	0.04548
		153	52.19	0.04965

原子番号	元素	質量数	原子(%)	存在度*2(個)
64	Gd	152	0.2029	0.00067
		154	2.1809	0.00724
		155	14.7998	0.04915
		156	20.4664	0.06797
		157	15.6518	0.05198
		158	24.8347	0.08248
		160	21.8635	0.07261
65	Tb	159	100	0.05907
66	Dy	156	0.056	0.000216
		158	0.096	0.000371
		160	2.34	0.00904
		161	18.91	0.073
		162	25.51	0.0985
		163	24.9	0.0962
		164	28.19	0.1089
67	Ho	165	100	0.08986
68	Er	162	0.137	0.00035
		164	1.609	0.004109
		166	33.61	0.08584
		167	22.93	0.05856
		168	26.79	0.06842
		170	14.93	0.03813
69	Tm	169	100	0.037
70	Yb	168	0.13	0.000323
		170	3.04	0.007551
		171	14.28	0.03547
		172	21.83	0.05423
		173	16.13	0.04007
		174	31.83	0.07907
		176	12.76	0.0317
71	Lu	175	97.416	0.0348
		176	2.584	0.000923
		176*3		0.001008
72	Hf	174	0.162	0.000275
		176	5.2502	0.0089201
		176*3		0.0088353
		177	18.5973	0.0315968
		178	27.284	0.046356
		179	13.6225	0.023145
		180	35.084	0.059608
73	Ta	180	0.0123	0.00000258
		181	99.9877	0.020987
74	W	180	0.1198	0.000153
		182	26.4985	0.03384
		183	14.3136	0.01828
		184	30.6422	0.03913
		186	28.4259	0.0363
75	Re	185	37.398	0.01965
		187	62.602	0.03289
		187*3		0.03544
76	Os	184	0.0198	0.000133
		186	1.5922	0.010728
		186*3		0.010727
		187	1.644	0.01108
		187*3		0.008532
		188	13.2865	0.089524
		189	16.1992	0.10915
		190	26.3438	0.1775
		192	40.9142	0.27568
77	Ir	191	37.272	0.2403
		193	62.728	0.4045
78	Pt	190	0.013634	0.000185
		190*3		0.000186
		192	0.78266	0.01062
		194	32.967	0.44736
		195	33.83156	0.45909
		196	25.24166	0.34253
		198	7.16349	0.09721
79	Au	197	100	0.1955
80	Hg	196	0.15344	0.00063
		198	9.968	0.0411
		199	16.873	0.0697

原子番号	元素	質量数	原子 (%)	存在度*2 (個)	原子番号	元素	質量数	原子 (%)	存在度*2 (個)
		200	23.096	0.0953			207*3		0.66497
		201	13.181	0.0544			208	58.6929	1.91222
		202	29.863	0.1233			208*3		1.90335
		204	6.865	0.0283	83	Bi	209	100	0.1388
81	Tl	203	29.524	0.0545	90	Th	232	100	0.03512
		205	70.476	0.13			232*3		0.04399
82	Pb	204	1.982	0.064573	92	U	235	0.72	0.000067
		206	18.7351	0.61039			235*3		0.005918
		206*3		0.60091			238	99.2745	0.009238
		207	22.59	0.67082			238*3		0.018713

*1 Lodders 2003, *ApJ*, 591, 1220.
*2 Si 存在度（個）$\equiv 1 \times 10^6$.
*3 45.5 億年前.

索引

さ

た

日本天文学会第 2 版化ワーキンググループ

茂山　俊和（代表）　岡村　定矩　熊谷紫麻見　桜井　　隆　松尾　　宏

日本天文学会創立 100 周年記念出版事業編集委員会

岡村　定矩（委員長）

家　　正則　池内　　了　井上　　一　小山　勝二　桜井　　隆
佐藤　勝彦　祖父江義明　野本　憲一　長谷川哲夫　福井　康雄
福島登志夫　二間瀬敏史　舞原　俊憲　水本　好彦　観山　正見
渡部　潤一

9巻編集者　井田　　茂　東京工業大学地球生命研究所（責任者（第 2 版））
渡部　潤一　国立天文台（責任者（第 1 版））
佐々木　晶　大阪大学大学院理学研究科

執　筆　者　阿部　　豊　（8.2 節（第 1 版））
生駒　大洋　国立天文台（6.4 節）
石黒　正晃　ソウル大学物理・天文学部（5.6 節）
井田　　茂　東京工業大学地球生命研究所（7.2 節）
今村　　剛　東京大学大学院理学系研究科（2.4 節）
大槻　圭史　神戸大学大学院理学研究科（4.4 節）
亀田　真吾　立教大学理学部（2.3 節）
河北　秀世　京都産業大学理学部（5.3 節）
北村　良実　宇宙航空研究開発機構宇宙科学研究所（6.2 節（第 1 版））
倉本　　圭　北海道大学大学院理学研究院（4.1–4.3 節）
玄田　英典　東京工業大学地球生命研究所（6.5 節，8.2 節（第 2 版））
香内　　晃　北海道大学低温科学研究所（8.1 節）
小林　憲正　横浜国立大学大学院工学研究院（8.3 節）
佐々木　晶　大阪大学大学院理学研究科（1.3, 2.1, 2.5 節）
佐藤　毅彦　宇宙航空研究開発機構宇宙科学研究所（3 章）
佐藤　文衛　東京工業大学理学院地球惑星科学系（7.1 節）

橘　　省吾　東京大学大学院理学系研究科（1.2, 5.2 節）
田村　元秀　東京大学大学院理学系研究科，アストロバイオロジーセンター（7.3 節）
並木　則行　国立天文台（2.2 節）
長谷川　直　宇宙航空研究開発機構宇宙科学研究所（5.1 節）
布施　哲治　情報通信研究機構鹿島宇宙技術センター（5.5 節）
百瀬　宗武　茨城大学大学院理工学研究科（6.2 節（第 2 版））
渡部　潤一　国立天文台（1.1, 5.4 節）
渡邊誠一郎　名古屋大学大学院環境学研究科（6.1, 6.3 節）

太陽系と惑星［第2版］
シリーズ**現代の天文学**　**第9巻**

発行日　2008年2月25日　第1版第1刷発行
　　　　2021年8月25日　第2版第1刷発行

編　者　井田 茂・渡部潤一・佐々木 晶
発行所　株式会社 日本評論社
　　　　170-8474 東京都豊島区南大塚3-12-4
　　　　電話　03-3987-8621(販売)　03-3987-8599(編集)
印　刷　三美印刷株式会社
製　本　牧製本印刷株式会社
装　幀　妹尾浩也

ISBN978-4-535-60761-3